건축설비설계

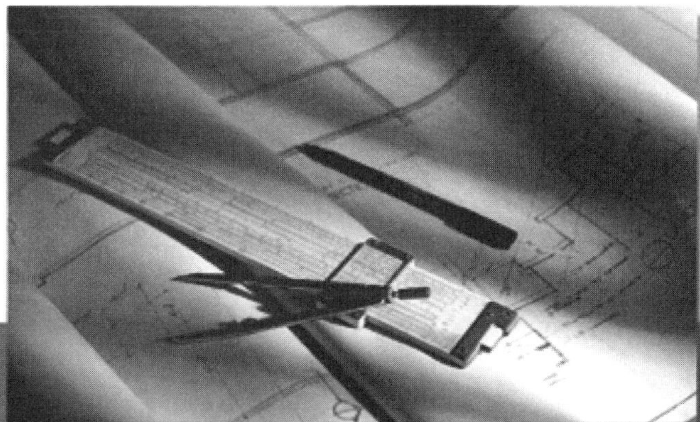

안 교 철 저

도서출판 세진사

머리말

건축물의 설계에서 건축설비가 차지하는 비중은 삶의 질이 높아지면서 점점 커지고 있습니다.

그동안 건축물은 주로 공간적인 기능을 강조 하였지만 이제는 공간적인 기능 뿐 아니라 쾌적한 환경 및 위생적인 기능과 에너지 절약적인 면을 중요시 하게 되었고 그 기능이 점차 확대되어 가고 있습니다.

본서는 건축설비과 재학생들이 공학적인 기본사항부터 시작하여 점차로 다양한 설계 과정을 단계적으로 습득할 수 있도록 엮었으며 실제로 현장에서 접하게 되는 현장도면을 설계하고 이해 할 수 있도록 집필하였습니다. 또한 공학제도의 기초부터 건축설비과 학생들이 알아야 하는 설비의 기본도면부터 일선 현장에 나가서 샾드로잉을 할 수 있고, 도면을 보고 시공, 감독할 수 있는 능력을 키울 수 있게 집필하였습니다.

끝으로 이책이 발간되기까지 도와주신 세진사 문형진사장님과 물심양면으로 기계설비 분야의 자료제공을 해주신 분들께 감사드립니다.

2009년 2월

저자

목 차

제1장 제도의 기본사항

1-1. 제도의 목적

도면이란 대상물을 평면상에 도시함에 있어 설계자·제작자 사이, 발주자, 수주자 사이 등에서 필요한 정보를 교환하기 위해 소정양식에 의해 나타낸 것으로 제도란 도면을 작성하는 것을 말한다. 도면작성 목적은 도면 작성자의 의도를 도면 사용자에게 확실하고 쉽게 전달하는데 있으며, 이를 위해 그 도면에 표시하는 정보의 보존·검색·이용이 확실히 이루어져야 한다.

1-2. 도면의 구비 요건

(1) 대상물의 도형과 함께 필요로 하는 크기·모양·자세·위치의 정보를 포함하여야 하며, 필요에 따라서 면의 표면, 재료, 가공방법 등의 정보를 포함하여야 한다.

(2) (1)의 정보를 명확하고 이해하기 쉬운 방법으로 표현하고 있어야 한다.

(3) 애매한 해석이 생기지 않도록 표현상 명확한 뜻을 가져야 한다.

(4) 기술의 각 분야 교류의 입장에서 가능한 한 넓은 분야에 걸쳐 정확성·보편성을 가져야 한다.

(5) 무역 및 기술의 국제 교류의 입장에서 국제성을 가져야 한다.

(6) 마이크로필름 촬영 등을 포함한 복사 및 도면의 보존·검색·이용이 확실히 되도록 내용과 양식을 구비하여야 한다.

1-3. 도면의 크기(KS A 0106)

도면의 크기는 대상물의 크기, 도형의 복잡성을 고려하여, 그림의 명료성을 가질 수 있는 범위에서 가능한 한 최소한의 크기를 선정한다.

다만 도면의 취급 편의를 위하여 도면의 크기를 맞출 필요가 있을 때는 달리할 수 있다.

원도 및 복사한 도면의 마무리 치수는 KS A 5201(종이 재단치수)에서 규정하는 A_0~A_4에 따른다. 다만 부득이한 경우에는 길이 방향으로 연장해도 좋다.

1-4. 테두리선

(1) 도면에 넣을 내용을 기재하는 영역을 명확히 하고, 또 용지의 가장자리에서 생기는 손상으로 기재사항을 해치지 않도록 윤곽을 설정한다.

(2) 윤곽에 사용하는 테두리선은 굵은 0.5mm 이상의 실선으로 한다.

(3) 윤곽의 크기는 표 1-1과 같이 용지의 크기에 따른다.

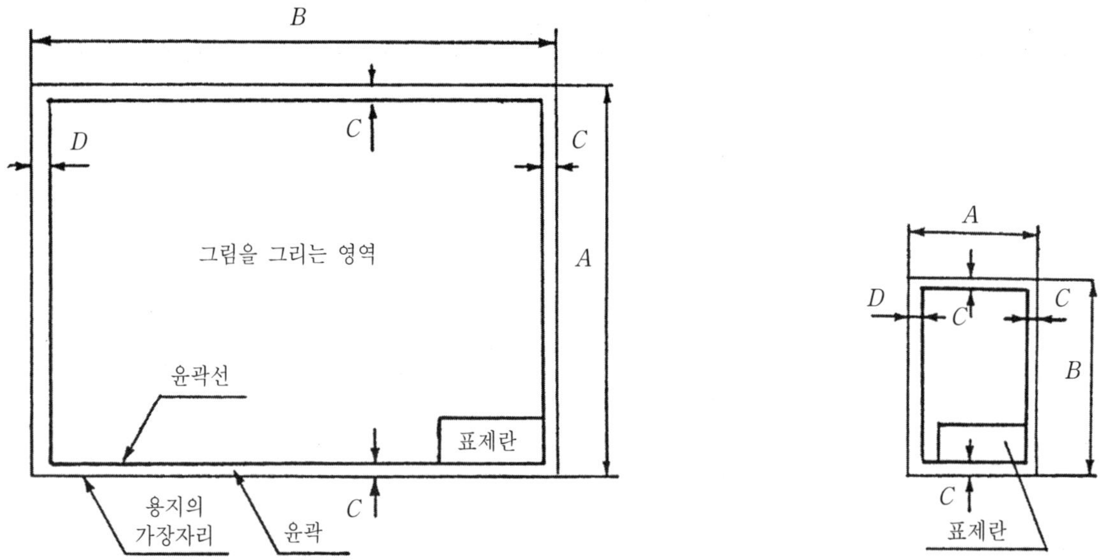

(a) A_0~A_4에서 긴 변을 좌우방향으로 놓은 경우

(b) A_4에서 짧은 좌우방향으로 놓은 경우

그림1-1

표 1-1

용지크기의 호칭		A_0	A_1	A_2	A_3	A_4
A×B		841×1189	594×841	420×594	297×420	210×297
C(최소)		20	20	10	10	10
C(최소)	철하지 않을 때	20	20	10	10	10
	철할 때	25	25	25	25	25

비고 : D부분은 도면을 처하기 위하여 접었을 때 표제란의 좌측이 되는 곳에 마련한다.

1-5. 표제란

도면에는 도면의 관리상 필요한 사항과 도면의 내용에 관한 정형적인 사항 등을 모아서 기입하기 위한 표제란을 설정한다(도면번호, 도면명칭, 단체명, 책임자 서명, 작성년월일, 척도, 투상법 등). 표제란은 도면의 윤곽선 오른쪽 아래 구석 안쪽(윤곽선을 사용하지 않는 경우에는 이에 상당하는 위치)에 마련하고 이것을 도면의 정위치로 한다.

도면 번호(도면 번호가 없는 도면에는 도면 명칭란)는 표제란 중 가장 오른편 아래에 마련하고 그 길이는 170mm 이하로 한다.

또한 편의를 위하여 보조도면번호란(또는 도면명칭란)을 표제란 이외의 적당한 곳에 마련 할 수 있다.

1-6. 제도용구

① 제도기

12품 이상

② 로트링펜

0.1) 0.3) 0.5) 0.11) 0.9)
0.2 0.4 0.6 0.8 1.0
중 4개 선택

③ 삼각스케일

15cm, 포켓용 30cm 제도용으로
배척 축척에 사용

④ 지우개판

스테인레스제 또는 셀룰로이드제

⑤ 제도용브러시

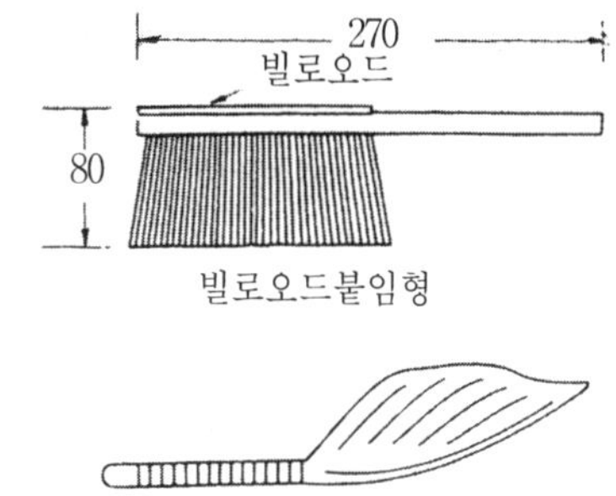

물오리 킷털형

⑥ 운형자

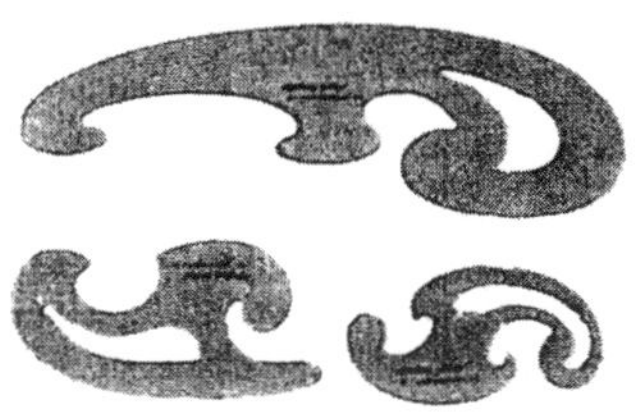

재질 : 목제, 플라스틱
10매, 20매 한곽, 단위로판매

⑦ 삼각자

45°, 60′자로 눈금이 없는 것

⑧ 연필, 샤프, 홀더

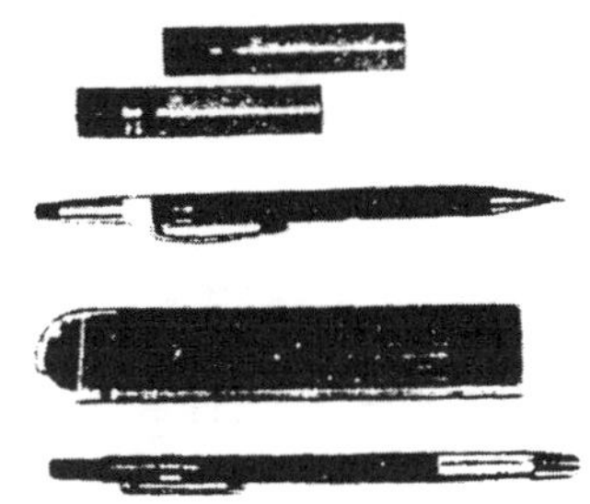

홀더 : 2m/m연필심 샤프 : 0.5m/m연필심
강하고 흐림 ← H_2, H, HB, B → 연하고진함

⑨ 제도판

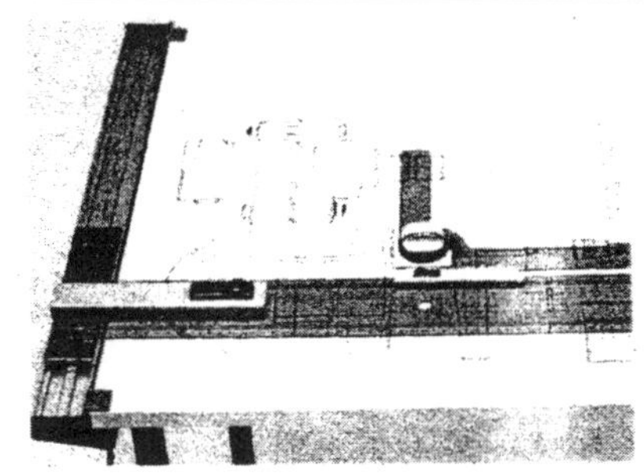

크기 600×900, 750×1050, 900×1200

⑩ T자

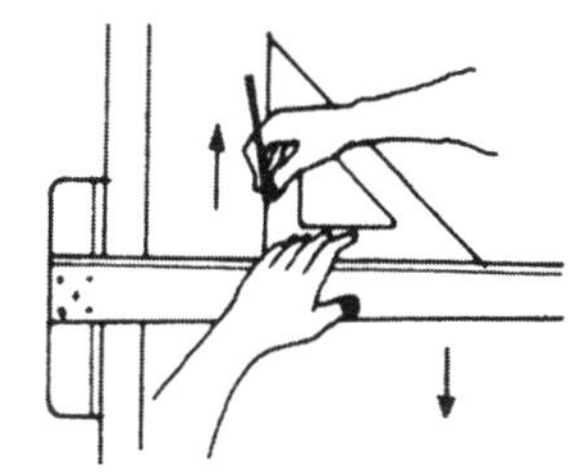

길이 : 75cm, 90cm, 120cm

⑪ 자유곡선자

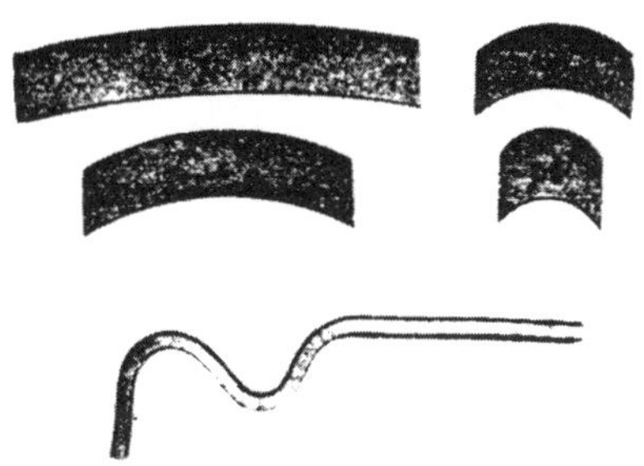

⑫ 문자판

글씨 크기가 다양하다

⑬ 드라프팅템프레이트

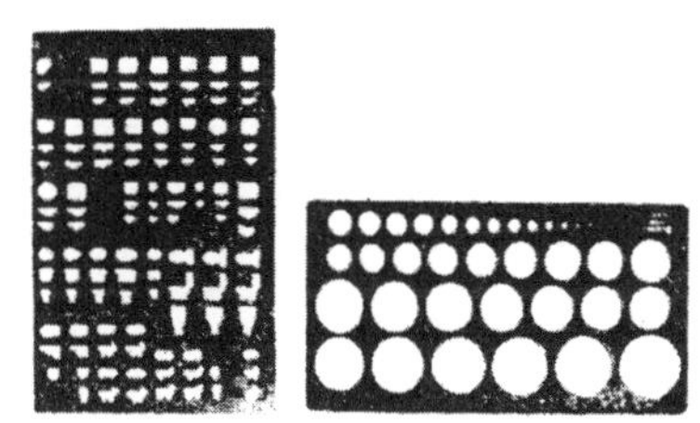

그림 1-2

(1) 제도판

제도판은 제도용지를 붙이기 위한 25~30mm 두께의 직사각형 판으로, 판자와 합판으로 만들어 진 것이 있다, 제도판의 테두리는 단단한 나무로 직선 모서리를 붙여, 필요한 경우 그 위에 T자를 올려놓아 상・하로 움직이면서 직선을 그을 수 있다. 크기에 따라 대형(120cm×90cm), 중형(90cm×60cm), 소형(60cm×40cm)으로 구분되며, 도면을 그리기 용이하게 제도판의 높이와 경사를 조정할 수 있어야 한다. 또한, 제도판 중에는 투사도판이라 하여 유리판을 부착하고 그 하부에 전등을 설치한 것으로 트레이싱 페이퍼와 같은 투사도를 복사하기 위한 제도판도 있다.

(2) T자

자의 모형이 T자형으로 생겼기 때문에 T자라 한다. T자는 잘 건조된 벚나무 등으로 만들며 머리 부분과 몸체부분이 서로 직각이 되게 고정시켰으며 머리 부분과 몸체부분의 한쪽 면에는 단단한 재료를 붙였다.

T자의 길이는 60cm~120cm정도로 제도판의 가로 길이보다 약간 긴 것이 좋다. T자는 제도판의 왼쪽 모서리에 대고 왼쪽에서 오른쪽으로 수평선을 긋거나 상하로 움직여가면서 평행선을 긋는다. 수평선에 대한 수직선을 그을 경우에는 T자 위에 삼각자를 놓고 아래쪽에서 윗쪽을 향해 선을 긋는다.

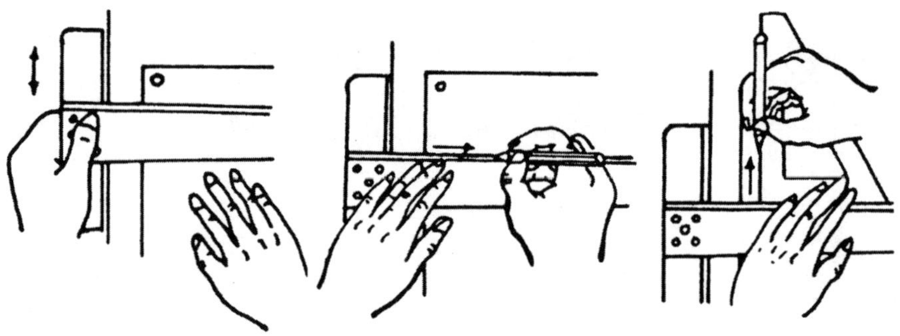

(a) 움직이는 법 (b) 수평선 긋는 법 (c) 수직선 긋는 법

그림 1-3 T자 사용법

(3) 삼각자

삼각자는 보통 내각이 45°인 이등변삼각자와 60°, 30°인 직각삼각자로 된 두 개가 한 조로 되어 있으며 대부분이 투명한 합성수지로 만들어져 있다.

삼각자의 크기는 여러 종류가 있으나 중형(30cm 정도), 소형(15cm 정도) 각기 1조씩 있으면 편리하다.

(4) 운형자

불규칙한 곡선을 그릴 때 사용되는 자로서 그림 1−4와 같이 여러 가지 모양이 있다. 재질은 나무 또는 셀룰로이드, 에보나이트와 같은 합성수지로 되어있다.

(5) 곡선자

운형자와 같이 사용되는 자로서, 다음과 같은 종류가 있다.

① 원호자 : 큰 반경의 원호를 그릴 때 사용한다. 반경이 3~500cm까지의 원호의 일부를 자로 만든 것으로 30매, 50매, 100매가 1조(組)로 되어있다.

② 자유곡선자 : 곡선의 모양을 자유롭게 조절할 수 있다. 이 자는 납이 들어있는 금속고무재로 되어 있으며, 곡선의 굽은 모양을 쉽게 조절할 수 있어 편리하나 작은 곡선을 그리는데는 불편하다.

③ 크로소이드 곡선자 : 직선에서 원형곡선으로 연결하기 위해 완화곡선을 그리기 위한 곡선자이다. 즉 크로소이드를 그릴 수 있도록 한 것으로 축척 1/1,000을 표준으로 해서 떨어져 있다.

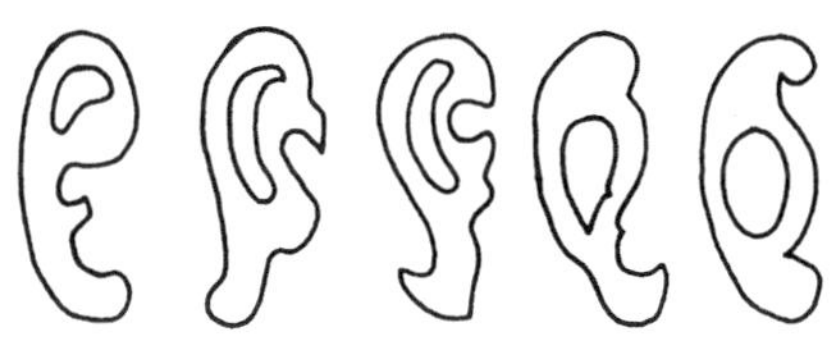

그림 1−4 운형자

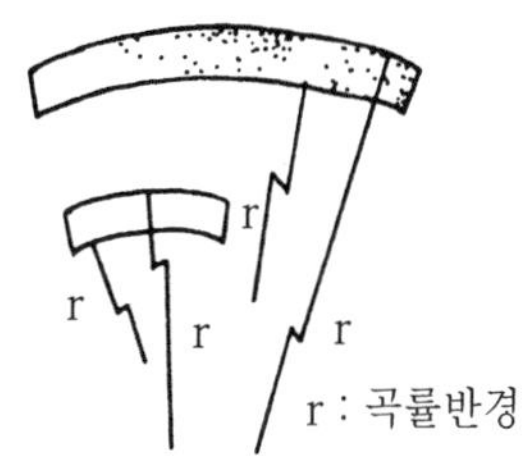

(a) 원호자

(b) 자유곡선자

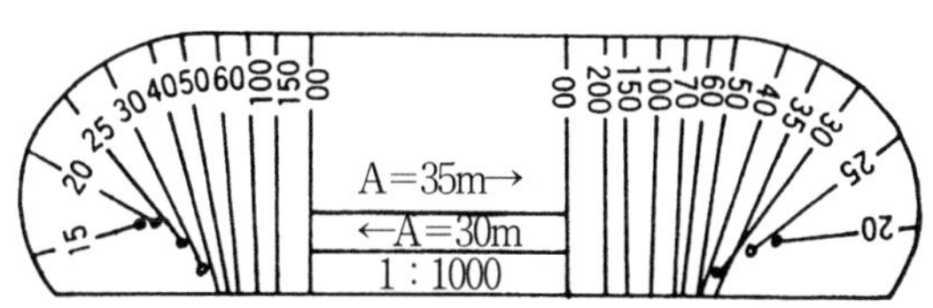

(c) 크로소이드곡선자

그림 1−5 곡선자

(6) 삼각스케일

축도를 하기 위해서 원눈금을 일정한 비율로 축소하여 눈금을 새긴 자이다. 보통 3각축척이 많이 쓰인다. 3각 축척은 3각주의 각 측면에 1/100, 1/200, 1/300, 1/400, 1/500, 1/600의 여섯 종류의 축척 눈금을 붙인 것으로, 한 도면에 여러 종류의 축척을 사용할 때 이를 이용하면 편리하다.

(7) 연필과 샤프

제도용 연필심은 경도는 6B~9H까지 있으며, 보통 문자나 숫자를 쓸 때에는 HB~H, 선을 그을 때는 2H~4H가 좋다.

제도용 연필은 심을 깎아서 사용하는 일반적인 연필, 축에 굵은 심을 끼워서 갈아 사용하는 보울더형의 연필, 가는 심을 넣어 사용하는 샤프 등 여러 종류가 있으나, 샤프는 항상 일정한 굵기의 선을 그릴 수가 있어 경도, 굵기에 따라 여러 개를 준비하면 편하다. 제도 도중 연필심이 닳아서 무딜 때에는 샌드 페이퍼(sand paper)를 갈아서 쓰며, 경질의 연필을 사용할 때에는 도면에 자국이 생기지 않도록 될 수 있는 한 가볍게 사용한다. 연필심은 그림 1-6과 같이 깎는다.

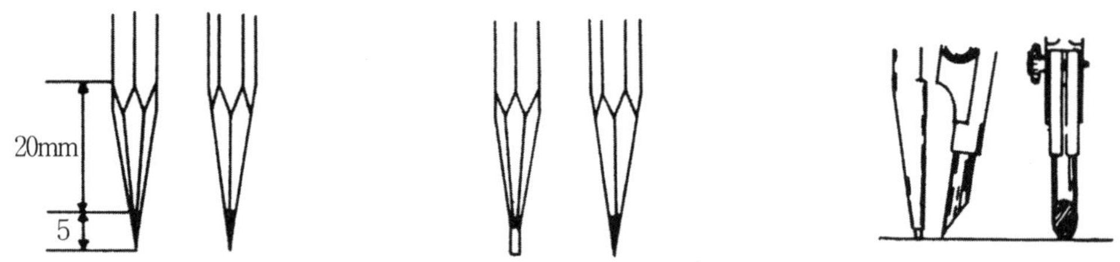

(a) 원추형(문자용 또는 선긋기용) (b) 쐐기형(선 긋기용) (c) 사단형(콤파스용)

그림 1-6 연필심의 모양

(8) 지우개와 지우개판, 제도용 브러시

지우개는 연필 지우개와 먹물 지우개 두 종류가 있다. 연필 지우개는 일반 고무지우개이며 먹물 지우개는 청고무나 모래고무(sand gum)지우개를 사용한다. 지우개로 지울 때는 도면이 손상되지 않도록 주의해야 한다.

가느다란 선을 지울 때에는 다른 부분이 지워지는 것을 막기 위해 알루미늄으로 만든 얇은 판에 구멍을 뚫은 지우개판을 사용하면 편리하며 지운 찌꺼기는 부드러운 브러시로 털어주어야 한다.

제2장 선과 문자

2-1. 선의 종류와 용도

(1) 실선

굵은 실선 · 가는 실선 · 자유 실선이 있으며, 물체의 외형을 나타내는 외형선은 굵은 실선을, 치수선 · 치수보조선 · 지시선(인출선) · 해칭선 등은 가는 실선을 사용한다.

(2) 파선

은선 또는 점선이라 하며, 보이지 않는 부분의 외형을 나타내는데 사용한다.

(3) 쇄선

가는 1점쇄선, 가는 2점쇄선, 굵은 쇄선이 있으며, 중심선 · 기준선, 물체 또는 도형의 대칭선 · 회전 위치선은 가는 1점쇄선으로, 가상 외형선 · 무게중심선은 가는 2점쇄선으로, 특히 강조하고 싶은 기준선이나 특수 지정선은 굵은 쇄선으로 각각 나타낸다.

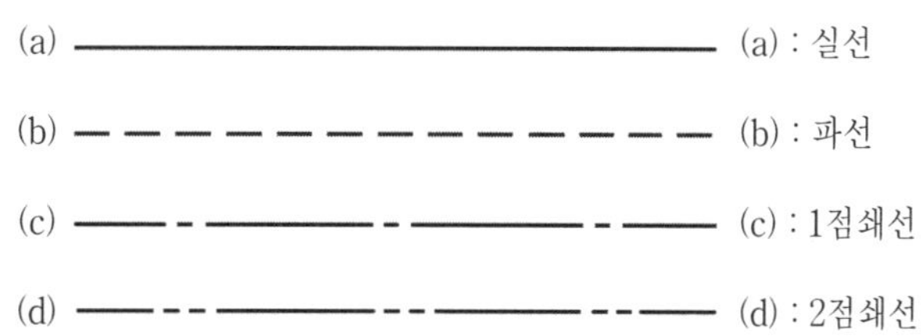

그림 2-1 선의 종류

선의 굵기는 한국공업규격 제도에 사용하는 선(KS A 0109)의 규정에 준하는 것을 원칙으로 하며, 선의 굵기와 파선 및 쇄선의 길이는 도면의 크기와 종류에 따라 가감할 수 있으나, 같은 도면내에서는 동일한 비율로 사용하여야 한다.

표 2-1 선의 종류에 의한 사용 방법

선의 종류	용도에 의한 명칭	선의 용도
굵은 실선	외형선	대상물이 보이는 부분의 모양을 나타내는데 사용한다.
가는 실선	치수선 치수보조선 지시선 회전 단면선 중심선 수준면 선	치수를 기입하는데 사용한다. 치수를 기입하기 위하여 도형에서 끌어내는데 사용한다. 기술·기호 등을 표시하기 위하여 끌어내는데 사용한다. 도형내에 그 부분의 절단면을 90° 회전시켜서 표시하는데 사용한다. 도형의 중심선을 간략하게 표시하는데 사용한다. 수면, 액면 등의 위치를 표시하는데 사용한다.
가는 파선 또는 굵은 파선	숨은선	대상물이 보이지 않는 부분의 모양을 표시하는데 사용한다.
가는 1점 쇄선	중심선 기준선 피치선	(1) 도형의 중심을 표시하는데 사용한다. (2) 중심이 이동한 중심궤적을 표시하는데 사용한다. 특히 위치결정의 근거임을 명시하는데 사용한다. 반복 도형의 피치를 잡는 기준이 되는 선
굵은 1점 쇄선	기준선 특수 지정선	기준선 중 특히 강조하고 싶은 것에 사용한다. 특수한 가공을 하는 부분 등 특별한 요구사항을 적용할 범위를 표시하는데 사용하다
가는 2점 쇄선	가산선(1) 무게 중심선	(1) 인접하는 부분 또는 공구, 지그 등을 참고로 표시하는데 사용한다 (2) 가동부분을 이동중의 특정한 위치 또는 이동 한계의 위치로 표시하는데 사용한다. 단면의 무게 중심을 연결한 선.
파형의 가는실선(2) 또는 지그재그선(2)	파단선	대상물의 일부를 파단한 경계 또는 일부를 떼어낸 경계를 표시하는 선.
가는 1점쇄선으로 끝부분 및 방향이 바뀌는 부분을 굵게 한것(3)	절단선	단면도를 그릴 때 그 절단위치를 대응하는 그림을 표시하는데 사용한다.

가는 실선으로 규칙적으로 나열한것 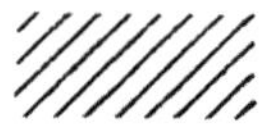	해칭	토형의 한정된 특정한 부분을 다른 부분과 구별하는데 사용한다. 보기를 들면 단면도의 절단면을 표시한다.

주 (1) 가상선은 투상법상으로는 도형에 나타나지 않으나 편의상 필요한 모양을 표시하는데 사용한다.
(2) 파형의 가는 실선은 프리핸드로 그린다.
또 지그재그선의 지그재그 부분은 프리핸드로 그려도 좋다.
(3) 다른 용도와 혼용될 우려가 없을 때에는 끝부분 및 방향이 바뀌는 부분을 굵게 할 필요는 없다.

2-2. 문자(KS A 0107)

1. 일반사항

(1) 읽기 쉬울 것 : 문자는 한자 한자를 정확히 읽을 수 있도록 명확하게 쓴다. 연필로 쓰는 문자는 도형을 표시한 선의 농도에 맞추어 쓴다.

(2) 균일할 것 : 같은 크기의 문자는 그 선의 굵기를 되도록 맞춘다.

(3) 도면의 마이크로 필름 촬영에 적합할 것 : 도면을 마이크로 필름에 촬영하여 그것을 이용하는 경우에 분명히 읽을 수 있도록 문자와 문자와의 간격은 문자 굵기의 3배 이상으로 한다.
다만, 인접한 문자의 굵기가 서로 다른 경우에는 굵은 쪽의 문자 굵기의 3배 이상으로 한다.

2. 문자

(1) 한자 및 한자의 사용방법은 상용한자표에 따른다. 다만, 획수가 16이상인 한자는 되도록 한글로 쓴다. 또한 한자의 서체는 KS A 0202(기계조작용 표준서체(한자))에 준하는 것이 좋다.

(2) 한글자와 서체는 활자체에 준하는 것이 좋다.

(3) 숫자는 주로 아라비아 숫자를 사용한다.

(4) 영자는 주로 로마자의 대문자를 사용한다. 다만, 기호 그밖에 특별히 필요한 경우에는 소문자를 사용해도 좋다.

(5) 숫자, 영자의 서체는 J형 사체(斜體), B형 사체 또는 B형 입체(立體)의 어느 한가지를 사용하며, 혼용하지 않는다(그림 2-2 참조). 다만, 특별히 필요한 경우에는 이에 따르지 않아도 좋다.
① J형 사체 및 B형 사체는 수직에 대하여 오른쪽으로 15° 기울인다.
② J형 사체는 오랫동안 제도용 문자로서 사용해온 것 중 1, 4, f, i, j 및 t의 문자를 수정한 것이다.

(1) J형 사체

크기 9 mm 1234567890

크기 4.5 mm 1234567890

크기 6.3 mm

ABCDEFGHIJ
KLMNOPQR
STUVWXYZ
abcdefghijklm
nopqrstuvwxyz

(2) B형 사체

크기 9 mm 1234567890

크기 4.5 mm 1234567890

크기 6.3 mm

ABCDEFGHIJ
KLMNOPQR
STUVWXYZ
abcdefghijklm
nopqrstuvwxyz

(3) B형 입체

크기 9 mm 1234567890

크기 4.5 mm 1234567890

크기 6.3 mm ABCDEFGHIJ

KLMNOPQR

STUVWXYZ

abcdefghijklm

nopqrstuvwxyz

그림 2-2 숫자·영자의 서체

3. 문자의 크기

(1) 한자 및 한글자의 크기 표시는 기준 테두리의 높이로 한다.

(2) 숫자·영자는 문자의 선굵기 중심에 있어서의 문자의 기준 높이 (H)로 한다.

단위 : mm

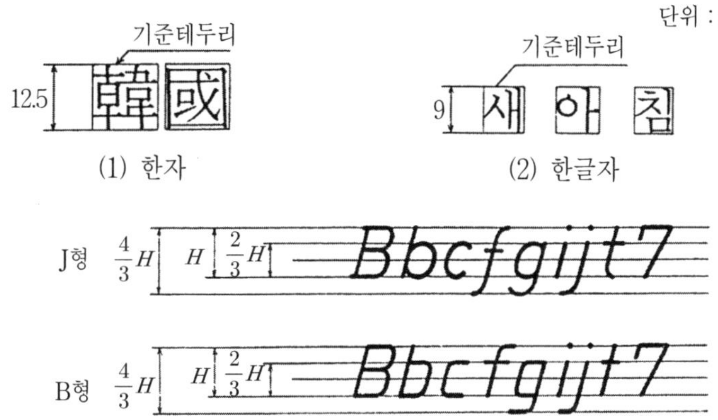

그림 2-3 문자의 크기

제3장 투상도법

도면으로 작성하고자 하는 대상물을 일정한 규칙에 의해 도면 용지의 평면상에 도형으로 나타내는 방법을 투상법이라 한다.

물체를 가공, 제작하기 위해서는 투상법에 의해 작성된 도면에 의해 정확하게 설계자의 의도대로 제품이 만들어지고 그 도면에 의한 검사측정이 이루어진다.

투상법은 물체의 생긴 형상을 도면으로 나타낼 때 보는 방향과 도면배치의 위치에 따라 제1각 투상법과 제3각 투상법으로 나눈다.

3-1. 정투상법

(1) 정투상

물체를 그림 3-1과 같이 네모진 유리 상자 속에 넣고 바깥쪽에서 들여다보면 물체를 유리판에 투상하여 보고 있는 것과 같다. 이 때, 투상선이 투상면에 대하여 수직으로 되어 있는 것, 즉 시점이 물체로부터 무한대의 거리에 있는 것으로 생각한 투상을 정투상(orthographic projection)이라 하고, 그림 3-2와 같이 이러한 투상법을 정투상법이라 한다.

물체를 정면에서 투상하여 그린 그림을 정면도, 위에서 투상하여 그린 그림을 평면도, 옆에서 투상하여 그린 그림을 측면도라 한다.

투상법은 제3각법에 따르는 것을 원칙으로 한다. 다만 필요한 경우에는 제1각법에 따를 수도 있다.

같은 도면에서는 제3각법과 제1각법을 혼용하지 않으나 필요에 따라 혼용할 경우에는 그 부분에 투상 방법(투상각법)을 기입하여야 한다.

(2) 건축, 토목 도면의 방향

건축, 토목 제도에서는 도면의 방향을 다음과 같이 설정하여 그린다.

① 평면도, 배치도 등에서는 북쪽을 도면의 위로 하여 그리는 것을 원칙으로 한다.

② 입면도, 단면도 등에서는 물체의 위아래와 도면의 위아래가 일치되는 것을 원칙으로 한다.

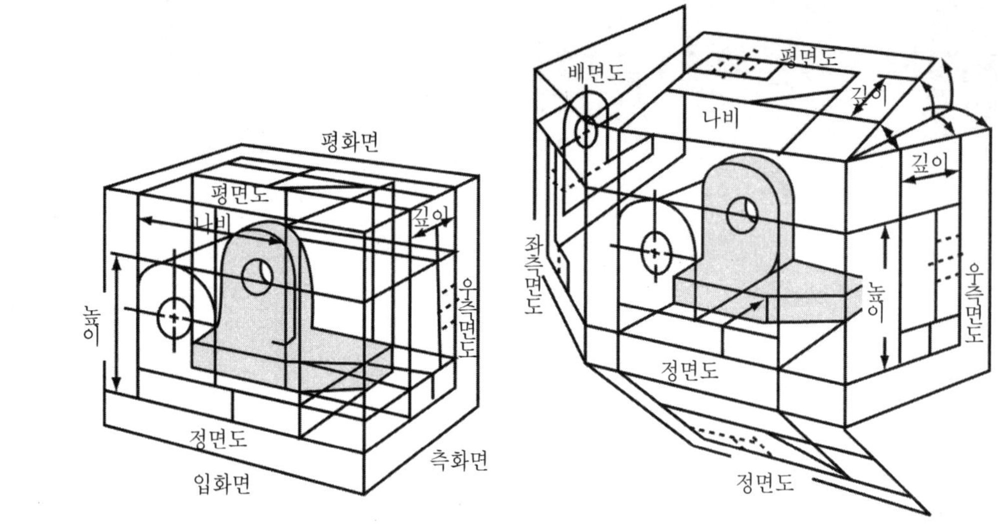

(a) 유리상자　　　　(b) 유리상자의 전개

그림 3-1 유리 상자

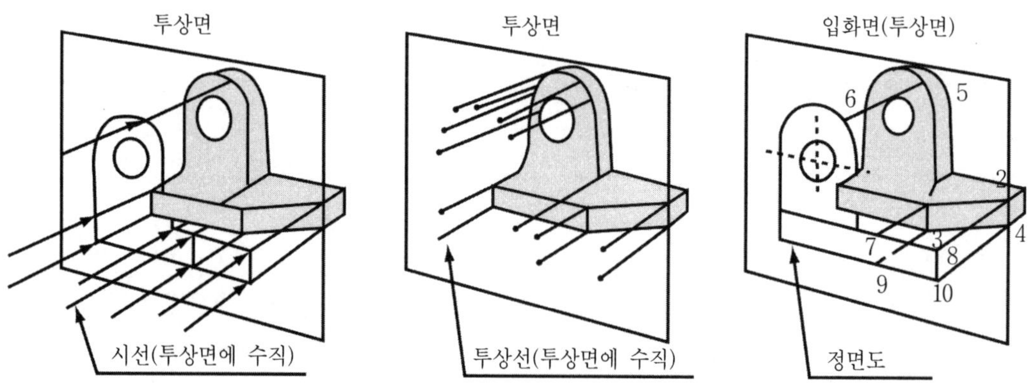

(a) 도형을 구하는 방법　　　　(b) 정면도

그림 3-2 정투상

(3) 제3각법

물체를 투상면의 뒤쪽에 놓고 투상하면 그림 3-1의 (a)와 같이 나타난다. 이를 제3각법(third angle projection method)이라 한다. 이 때, 정면도를 기준으로 하여 그 좌우, 상하에서 본 모양을 본 쪽에서 그리면 그림 3-3과 같이 그릴 수 있다. 이를 제3각법의 투상도 또는 제3각법의 6면도라 한다(눈 ⇨ 투상면 ⇨ 물체).

(4) 제1각법

물체를 투상면의 앞쪽에 놓고 투상하면 그림 3-4와 같이 나타난다. 이를 제1각법(first angle projection method)이라 한다. 이 때, 정면도를 기준으로 하여 그 좌우, 상하에서 본 모양을 본 반대쪽에서 그리면 그림 3-5와 같이 그릴 수 있다. 이를 제1각법의 투상도 또는 제1각법의 6면도라 한다(눈 ⇨ 물체 ⇨ 투상면).

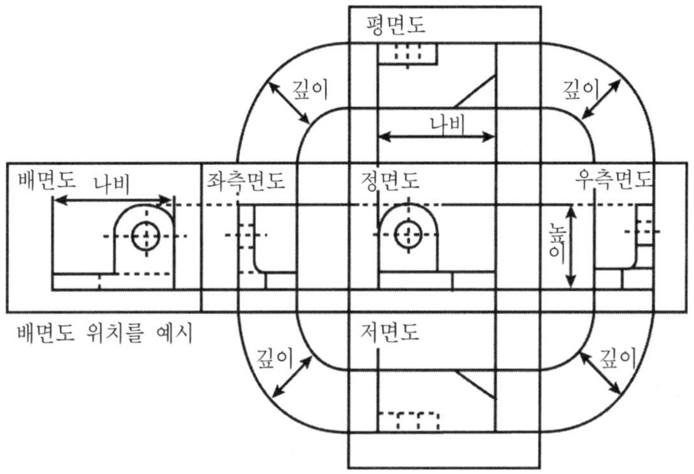

그림 3-3 투상도의 배치(제3각법)

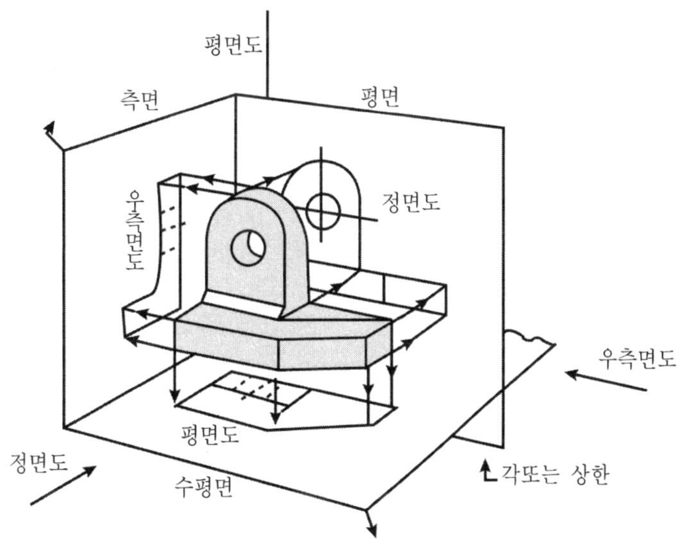

그림 3-4 제1각법

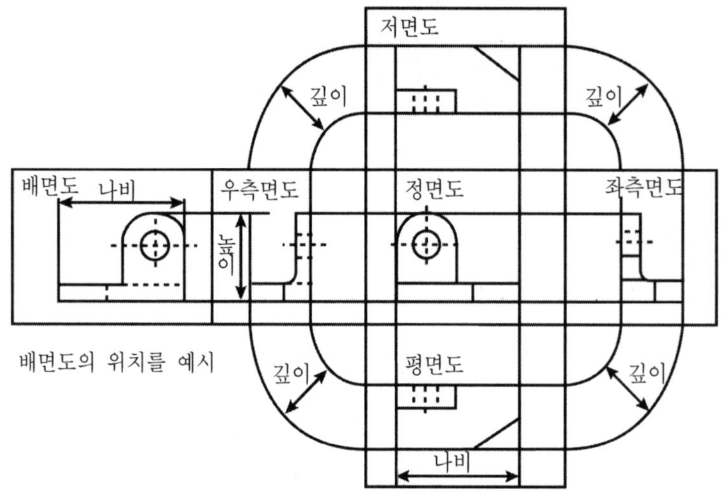

그림 3-5 투상도의 배치(제1각법)

제3각 투상법(제3각법)

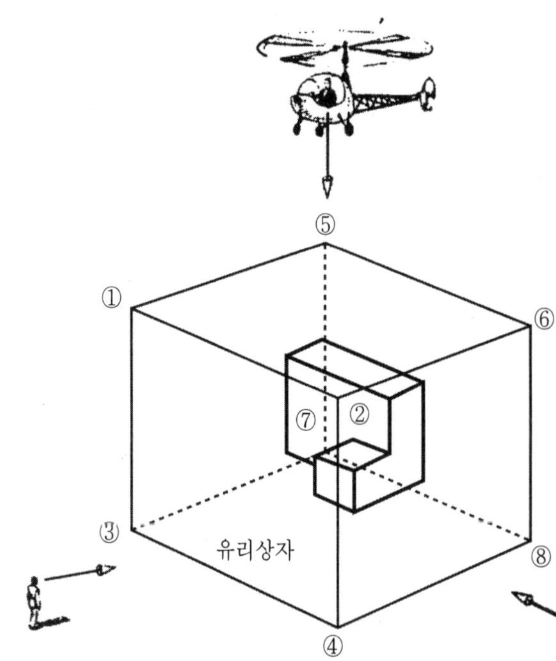

유리 상자안의 물체

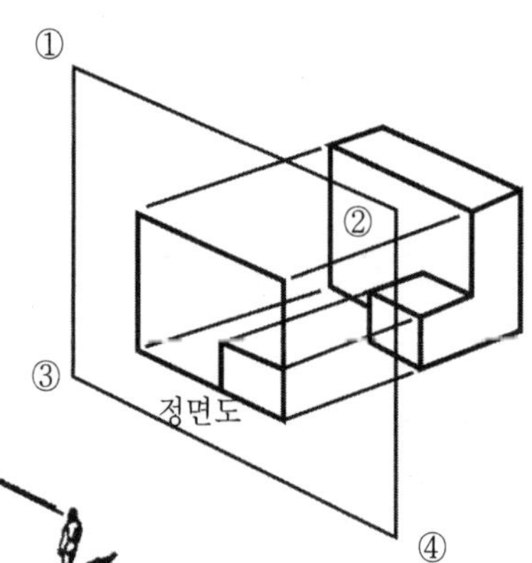

앞쪽에서 본 그림(정면도)

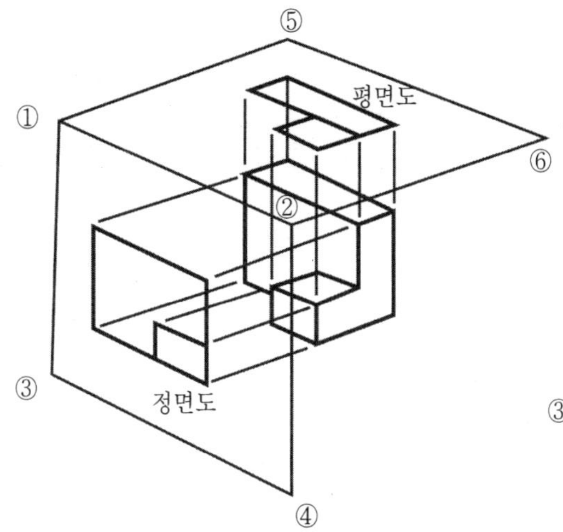

앞쪽에서 본 그림과 위에서 본 그림

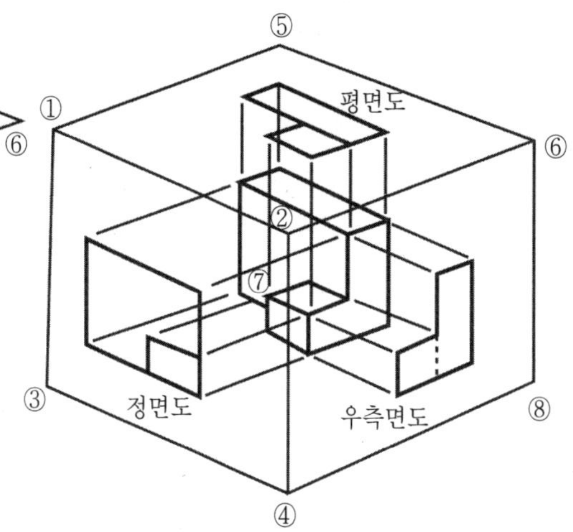

앞쪽, 위쪽, 우측에서 본 그림

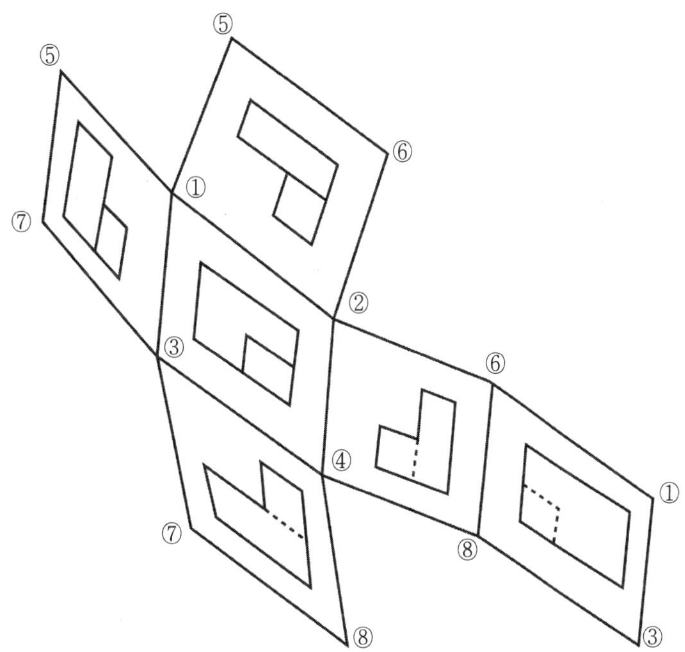

6개 방향에서 본 그림을 전개한 그림

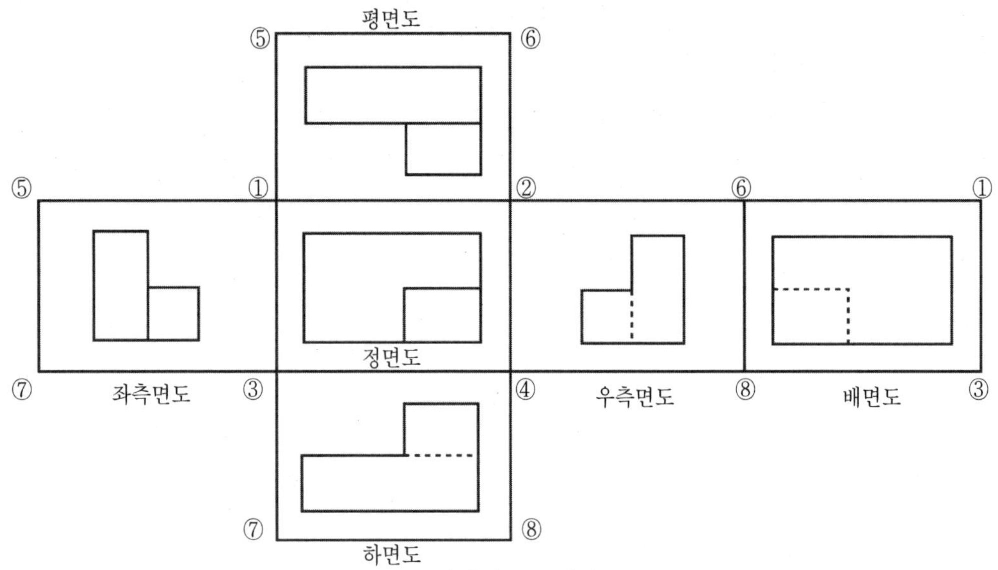

3각법의 표준배치

3-2. 배관평면도 및 등각투상도

먼저 표 3-1과 3-2에 나와 있는 배관평면도와 등각투상도를 숙지하여 다음과 같은 방법으로 등각투상도를 그린다.

(1) 배관평면도상에 수직선(Y)은 기준수평선을 중심으로 (Y′)에서 우상(Y)로 30° 기운선으로 표기한다.

(2) 배관의 수평선(X)은 기준수평선을 중심으로 좌상(X)에서 우하(X′)로 30° 기운선으로 표기한다.

(3) 배관평면에서 입관선(Z)은 기준수평선을 중심으로 상부(Z)를 입상선이라 하고, 하부(Z′)를 입하선이라 한다.

(4) 배관평면도를 보고 등각투상도를 그릴때마다 배관투상도를 보고 배관평면도를 그릴때 그림 3-7를 숙지하여 그려야한다.

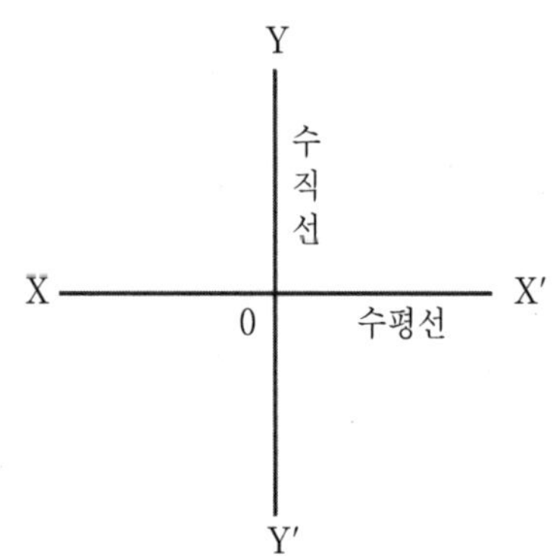

그림 3-6 배관평면도

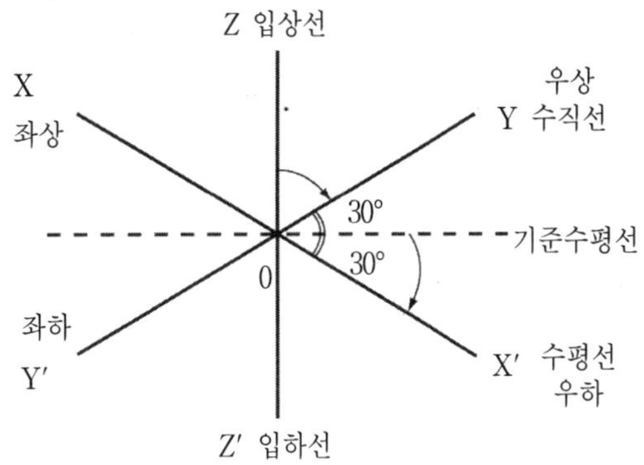

그림 3-7 배관등각투상도

① 관의 입체적 표시방법

표 3-1 화면에 직각방향으로 배관되어 있는 경우

정투영도		각도
관 A가 화면에 직각으로 바로 앞쪽으로 올라가 있는 경우	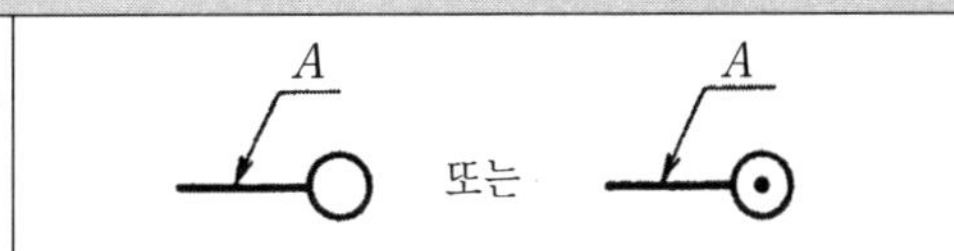	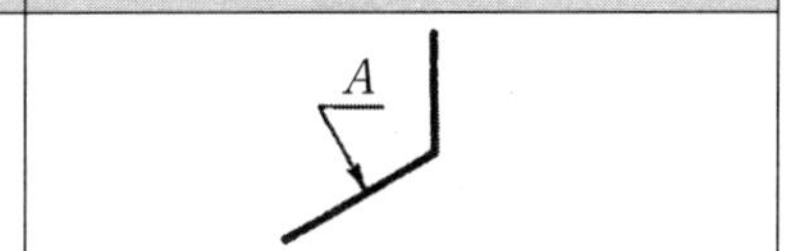
관 A가 화면에 직각으로 반대쪽으로 내려가 있는 경우	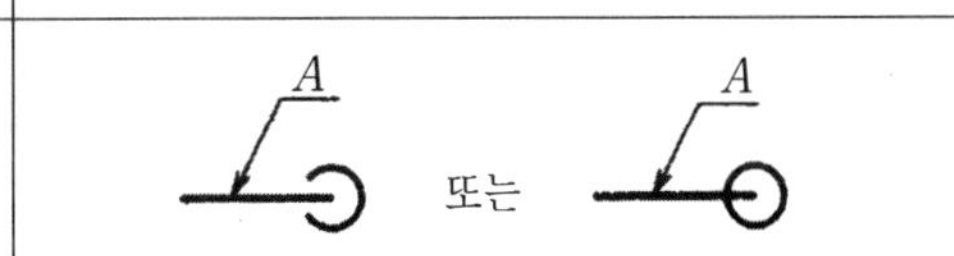	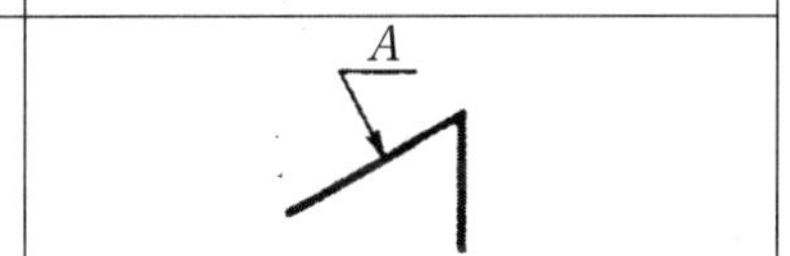
관 A가 화면에 직각으로 바로 앞쪽으로 올라가 있고 관 B와 접속하고 있는 경우	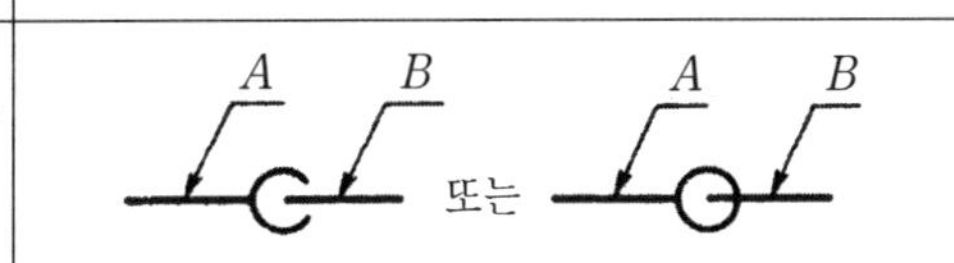	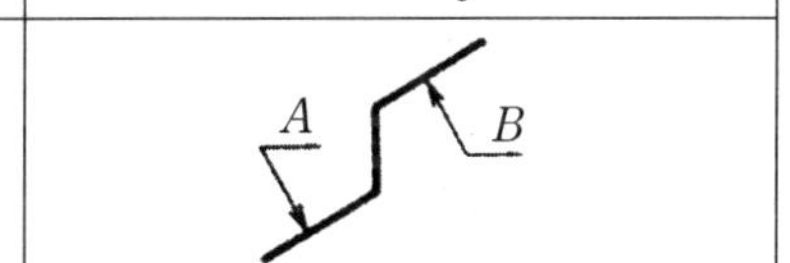
관 A로부터 분기된 관B가 화면에 직각으로 바로 앞쪽으로 올라가 있으면 구부러져 있는 경우	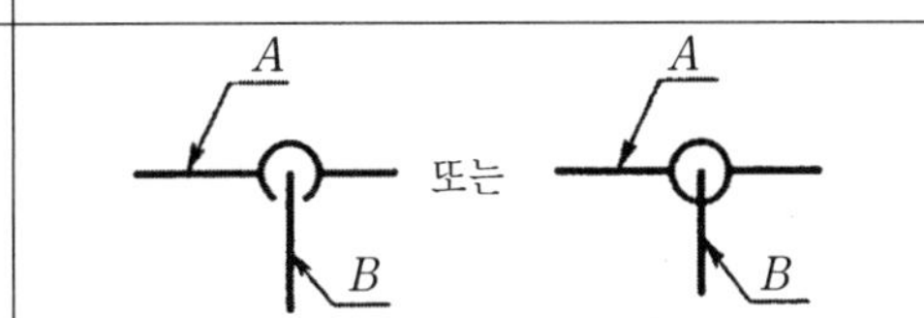	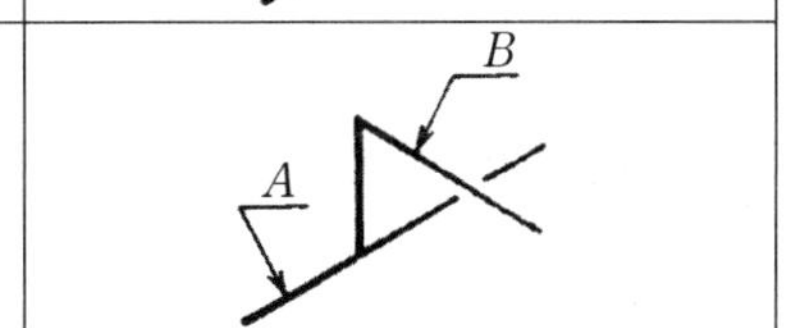
관 A로부터 분기된 관 B가 화면에 직각으로 반대쪽으로 내려가 있고 구부러져 있는 경우	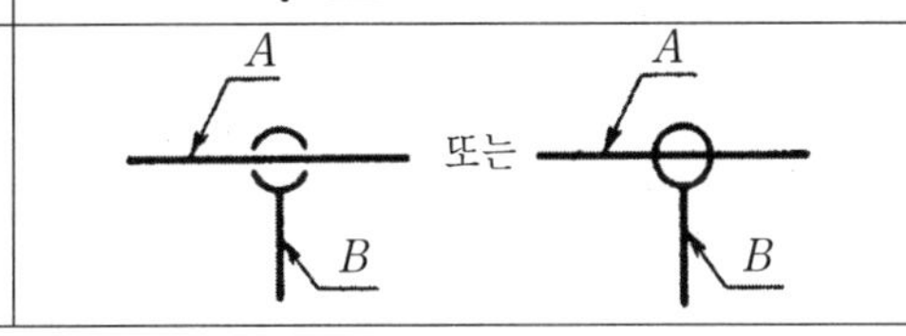	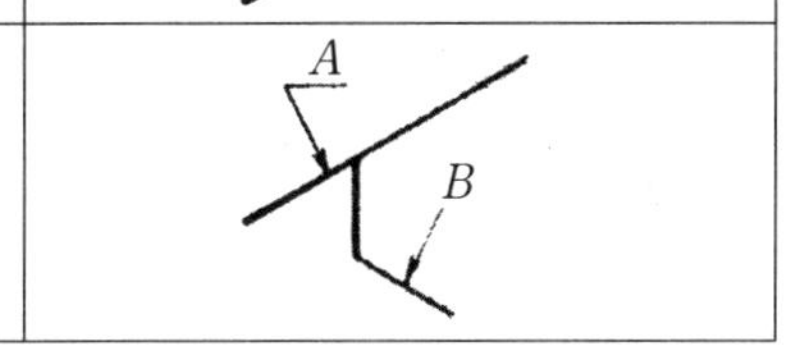

비고 : 정 투영도에서 관이 화면에 수직일 때, 그 부분만을 도시하는 경우에는 다음 그림기호에 따른다.

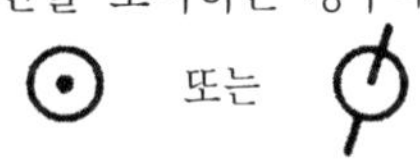

표 3-2 화면에 직각 이외의 각도로 배관되어 있는 경우

정투영도		등각도
관 A가 윗쪽으로 비스듬히 일어서 있는 경우	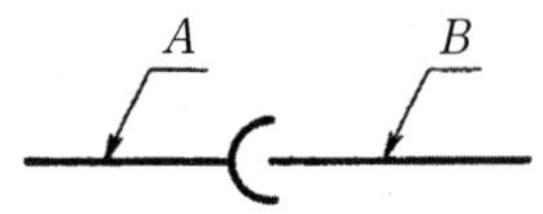	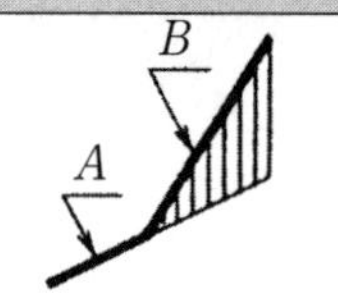
관 A가 아래쪽으로 비스듬히 내려가 있는 경우	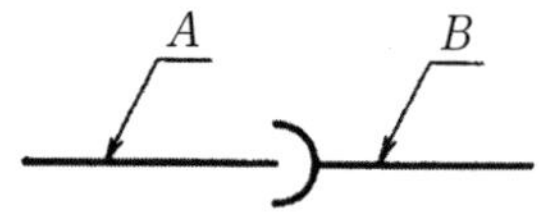	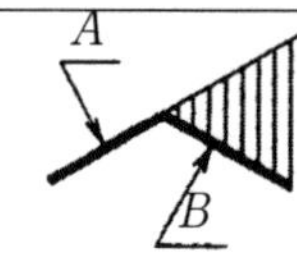
관 A가 수평방향에서 바로 앞쪽으로 비스듬히 구부러져 있는 경우	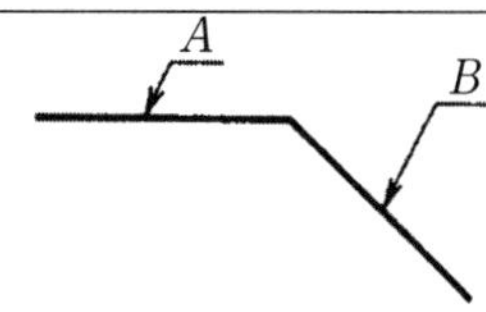	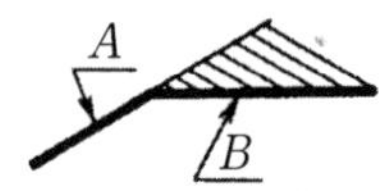
관 A가 수평방향으로 화면에 비스듬히 반대쪽 윗방향으로 일어서 있는 경우	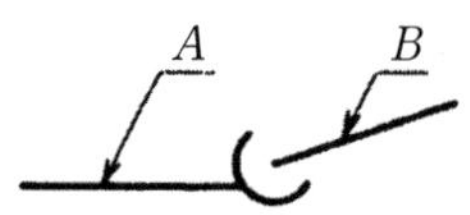	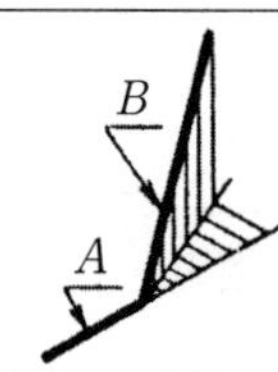
관 A가 수평방향으로 화면에 비스듬히 바로 앞쪽 윗방향으로 일어서 있는 경우	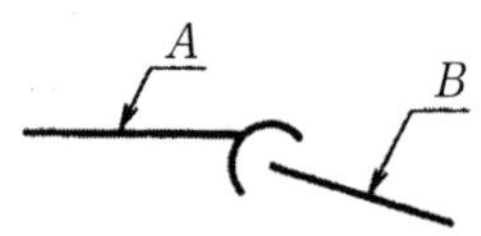	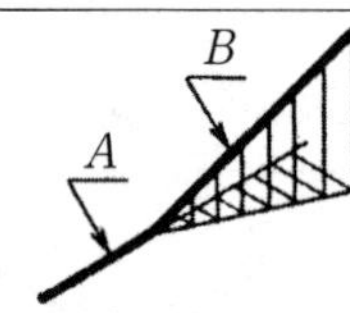

비고 : 등각도의 관의 방향을 표시하는 가는 실선의 평행선 군을 그리는 방법에 대하여는 KS A 0111(제도에 사용하는 투상법) 참조.

② 밸브 · 플랜지 · 배관부속품 등의 입체적 표시 방법 : 밸브 · 플랜지 · 배관부속품 등의 등각도 표시 방법은 다음 보기에 따른다 (그림 3-8, 3-9)참조.

(1) 수평 방향 배관

그림 3-8

(2) 연직 방향 배관

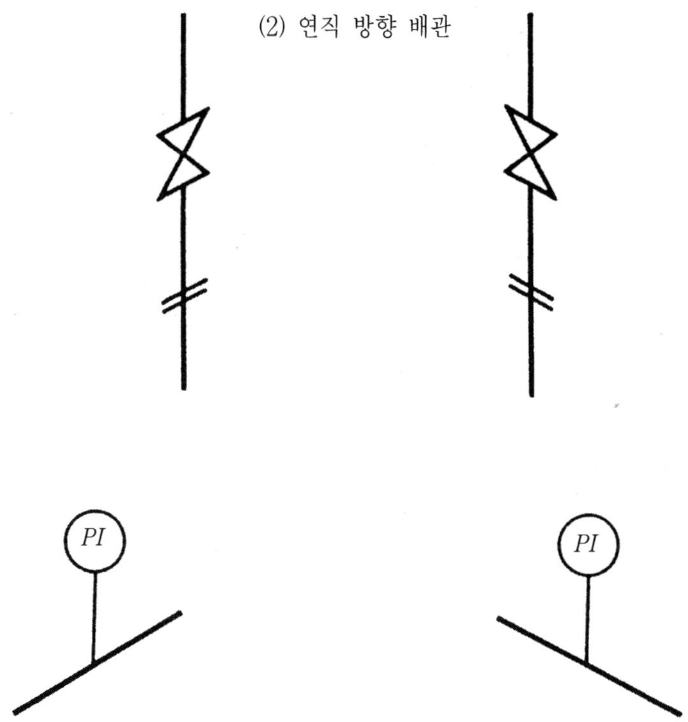

그림 3-9

③ 치수의 표기 방법 : 치수는 원칙적으로 KS A 0113 (제도에 있어서 치수의 기입 방법)에 따라 기입한다.

㉠ 관 치수의 표시 방법 : 간략 도시한 관에 관한 치수의 표시방법은 다음에 따른다.

ⓐ 관과 관의 간격 그림 3-10(a), 구부러진 관의 구부러진 점으로부터 구부러진 점까지의 길이 3-10(b) 및 구부러진 반지름 · 각도 그림 3-10(c)는 특히 지시가 없는 한, 관의 중심에서의 치수를 표기한다.

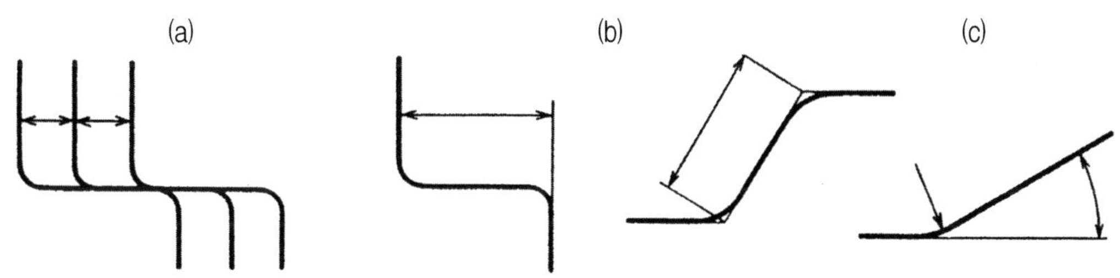

그림 3-10

ⓑ 특히 관의 바깥지름면으로부터의 치수를 표기할 필요가 있는 경우에는 관을 표시하는 선을 따라서 가늘고 짧은 실선을 그리고, 여기에 치수선의 말단기호를 댄다. 이 경우, 가는 실선을 붙인 쪽의 바깥지름면까지의 치수를 뜻한다(그림3-11).

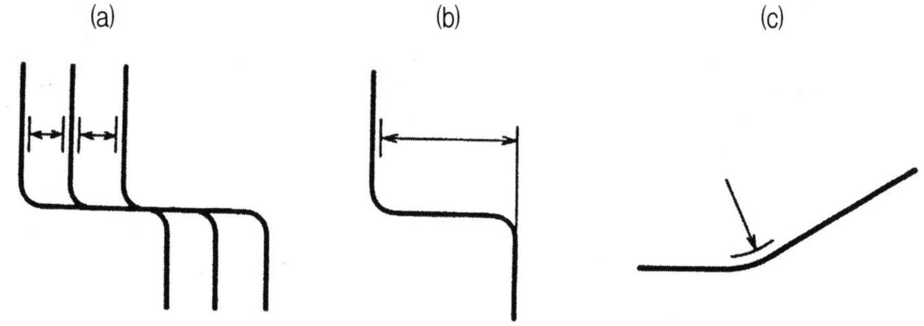

그림 3-11

ⓒ 관의 결합부 및 끝부분으로부터의 길이는 그 종류에 따라 표 3-3에 표시하는 위치로부터의 치수로 표시한다.

표 3-3 결합부 및 끝부분의 위치

결합부 · 끝부분의 종류	도시	치수가 표시하는 위치
결합부 일반	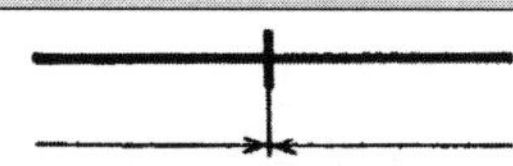	결합부의 중심
용접식	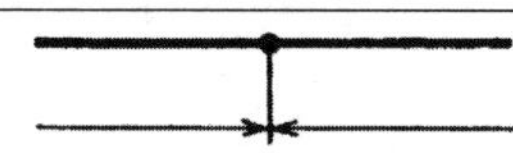	용접부의 중심
플랜지식	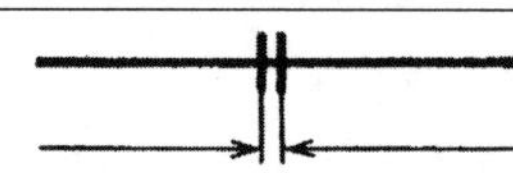	플랜지면
관의 끝	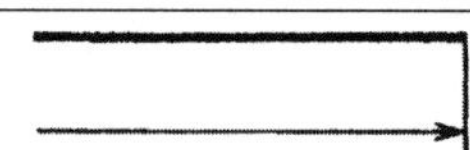	관의 끝면
막힌플랜지		관의 플랜지면
나사박음식 캡 및 나사박음식 플러그	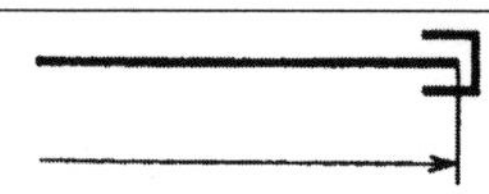	관의 끝면
용접식 캡	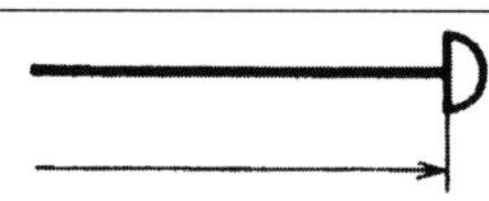	관의 끝면

ⓛ 배관의 높이

배관의 기준으로 하는 면으로부터의 고저를 표시하는 치수는 관을 표시하는 선에 수직으로 댄 인출선을 사용하여 다음과 같이 표시한다.

ⓐ 관 중심의 높이를 표기할 때, 기준으로 하는 면으로부터 위인 경우에는 그 치수값 앞에 "+"를, 기준으로 하는 면으로부터 아래인 경우에는 그 치수값 앞에 "−"를 기입한다(그림 3-12).

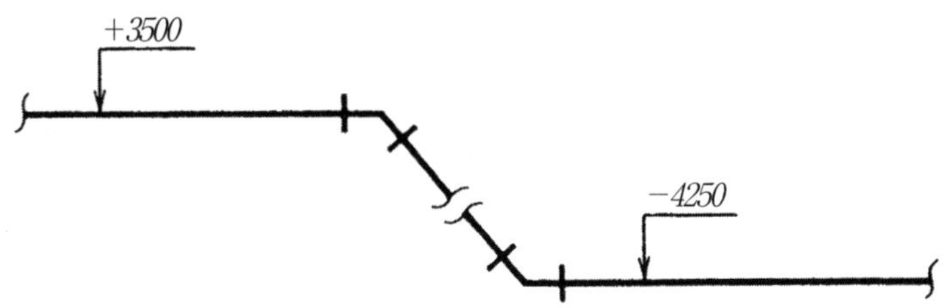

그림 3−12

ⓑ 관 밑면의 높이를 표기할 필요가 있을 때는 (1)의 방법에 따른 기준으로 하는 면으로부터의 고저를 표시하는 치수 앞에 글자기호 "BOP"를 기입한다(그림 3−13).

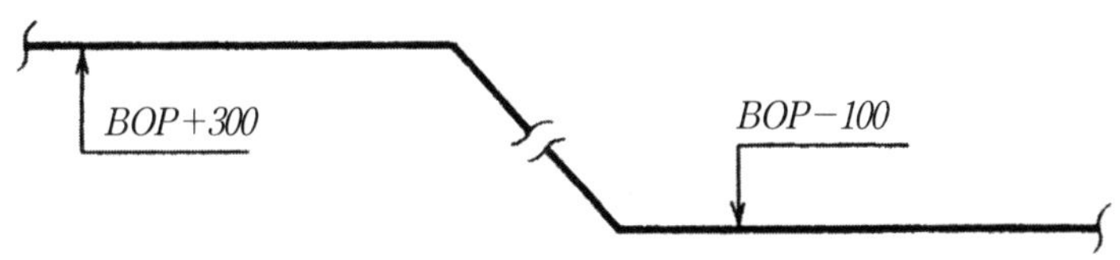

그림 3−13

ⓒ 관의 구배

관의 구배는 관을 표시하는 선의 위쪽을 따라 붙인 그림기호 "◺"(가는 선으로 그린다) 와, 구배를 표시하는 수치로 표시한다(그림3−14). 이 경우, 그림기호의 뾰족한 끝은 관의 높은 쪽으로부터 낮은 쪽으로 향하여 그린다.

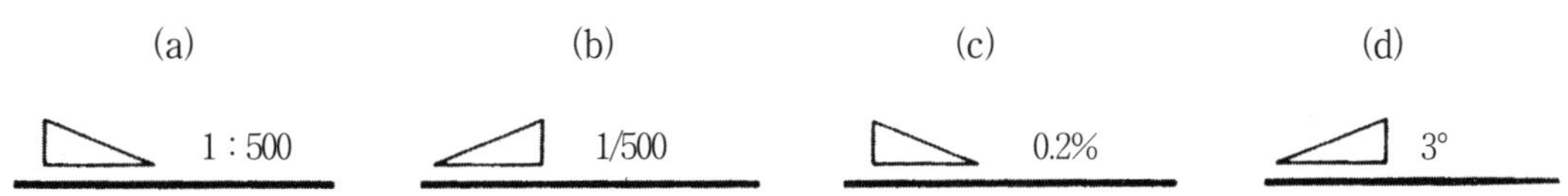

그림 3−14

3-3. 배관평면도 연습

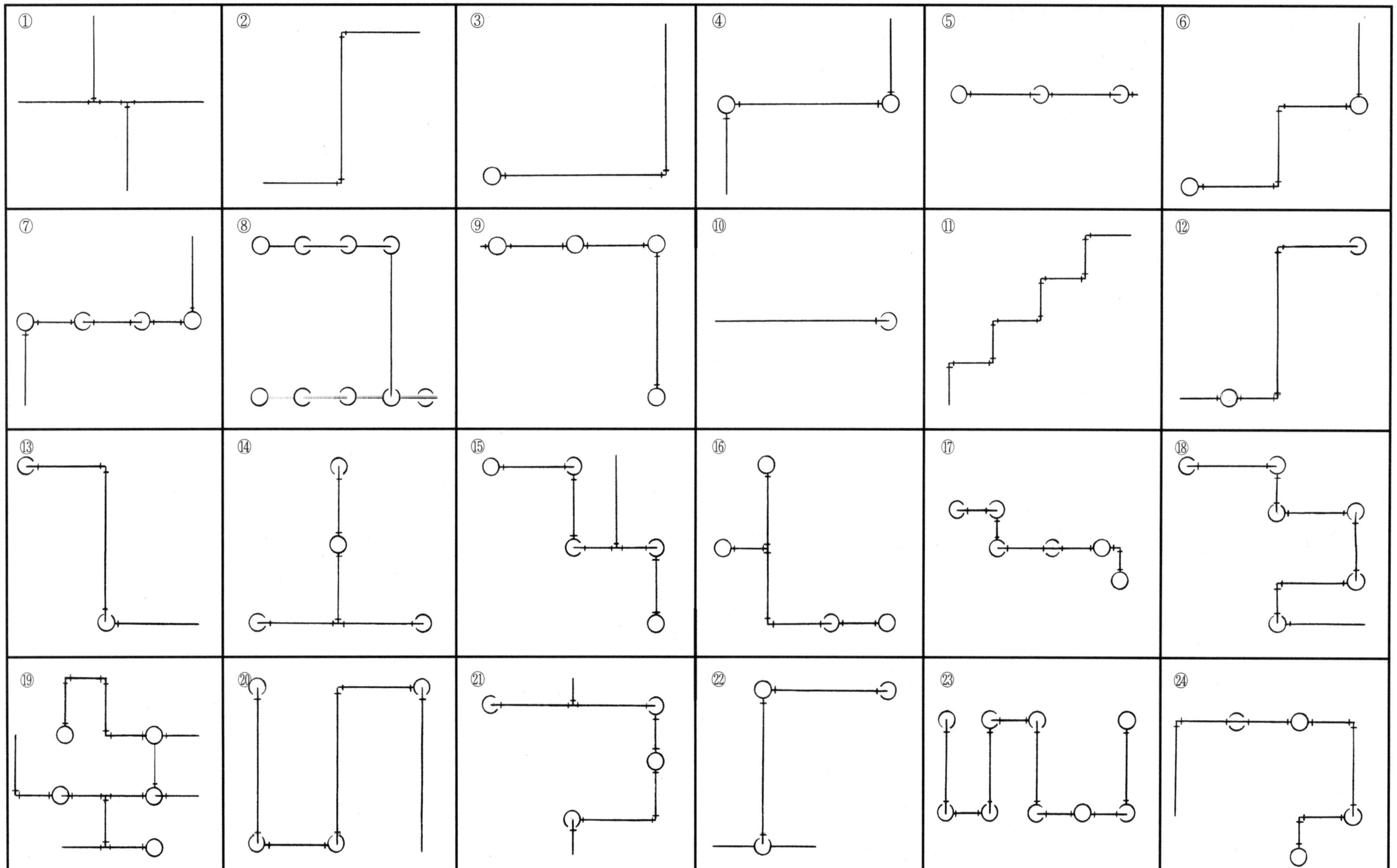

도명	배관 평면도		
학번		반	
성명			

3-4. 배관 등각투상도 연습

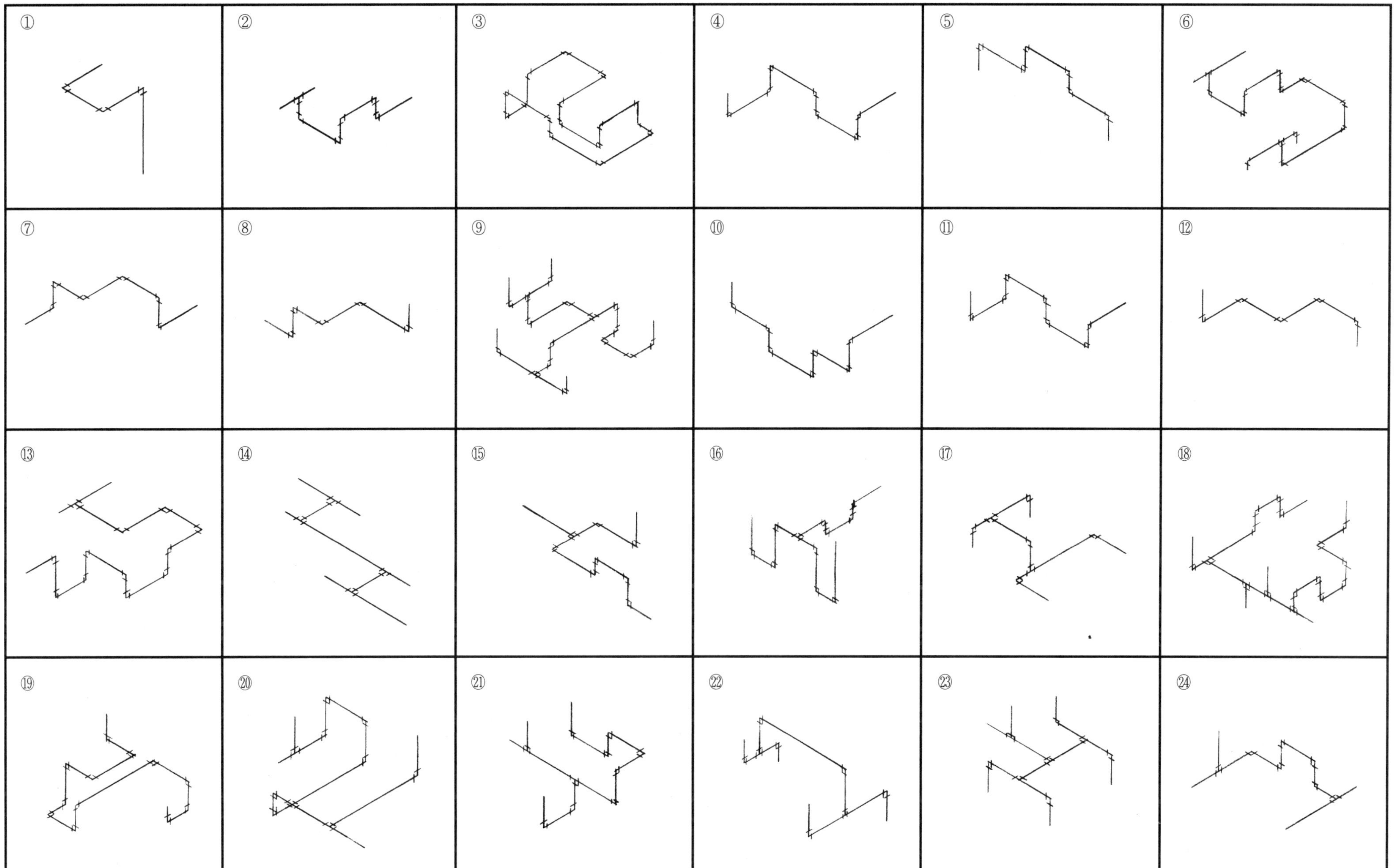

도명	배관 등각투상도		
학번		반	
성명			

선연습(1)

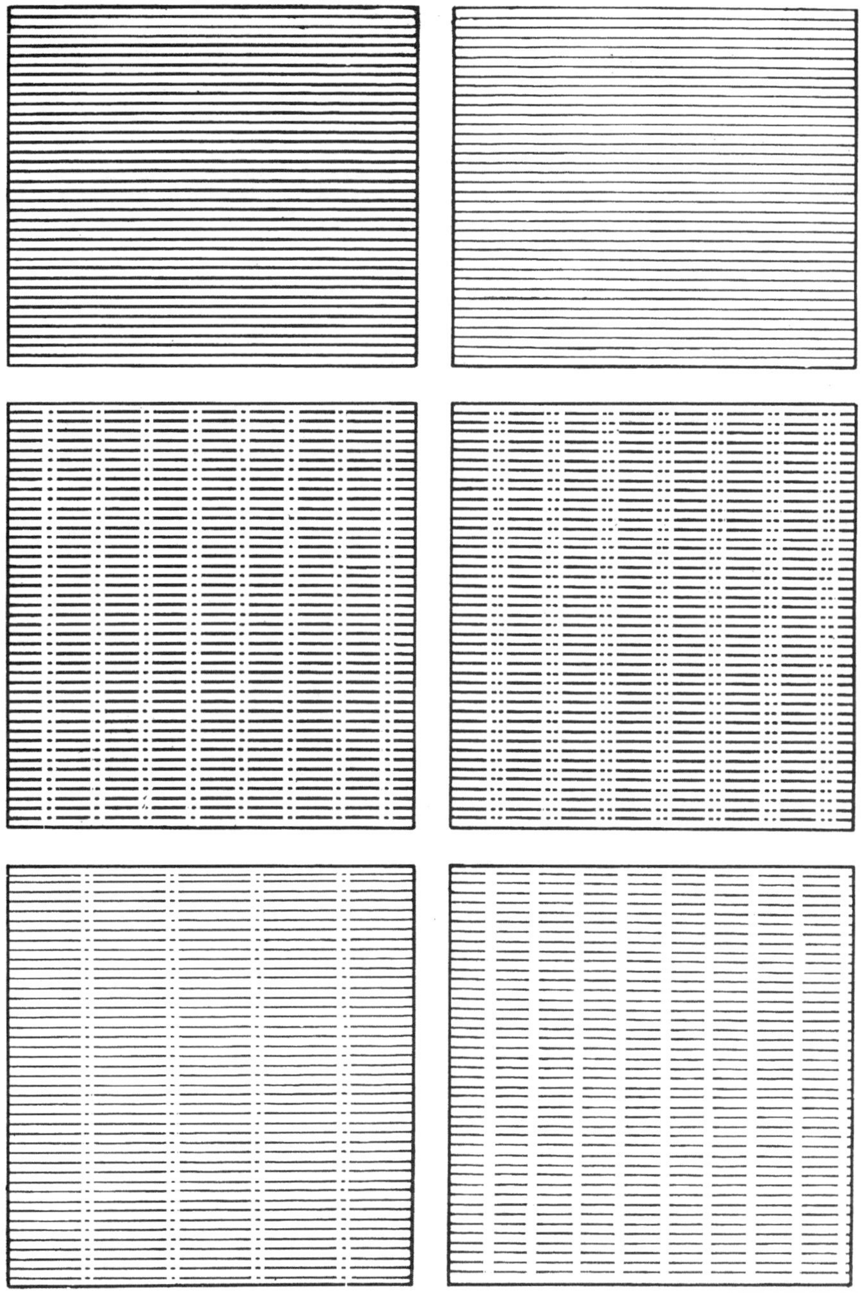

선연습(2)

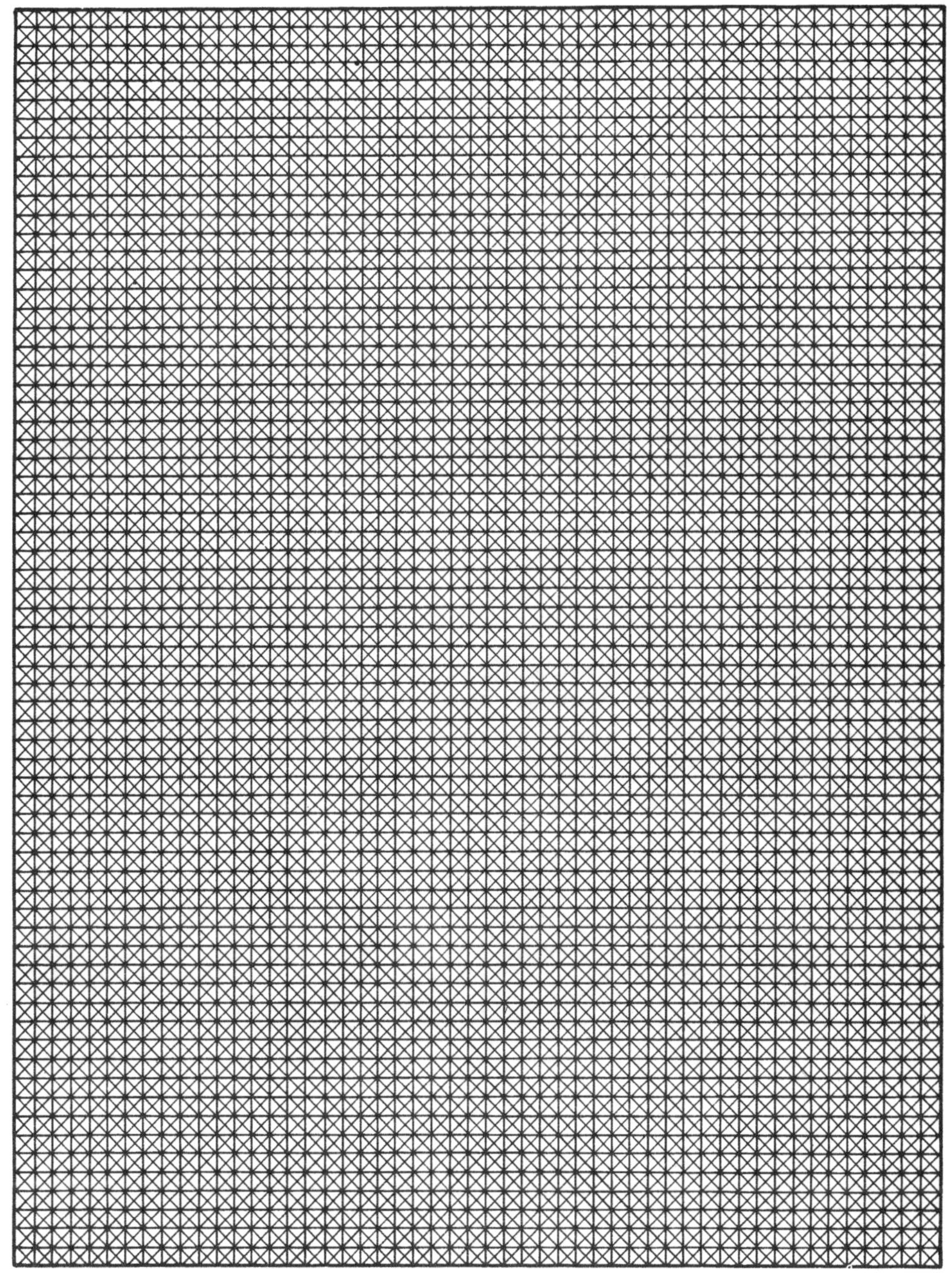

도명	선연습 2		
학번		반	
성명			

문자연습

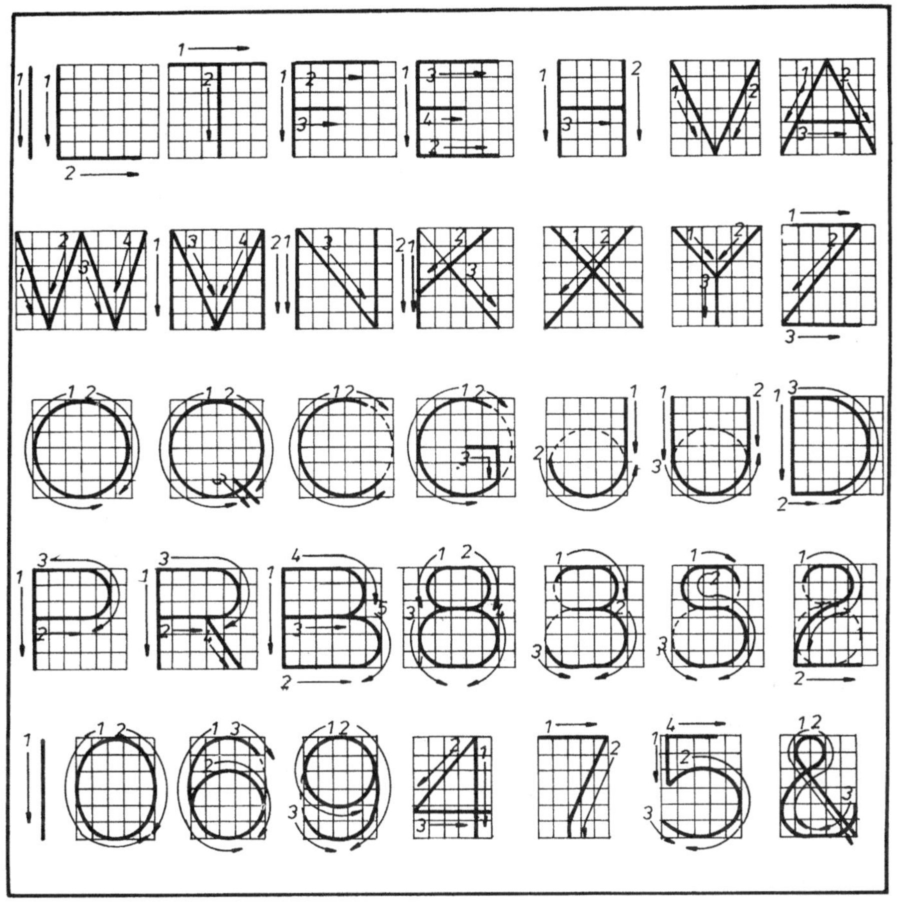

A-1 고딕체 대문자와 숫자

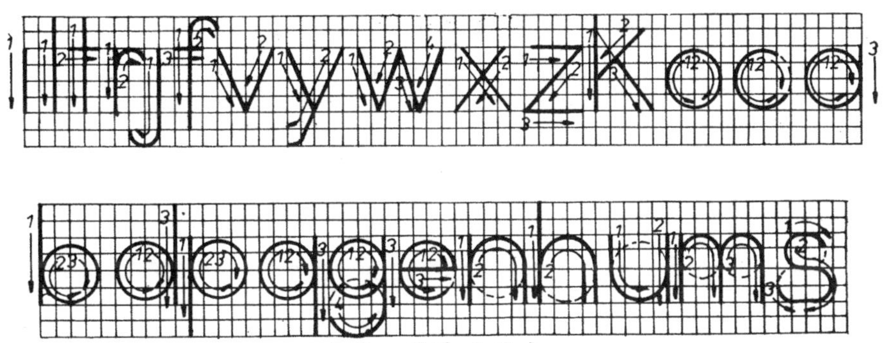

A-2 고딕체 소문자

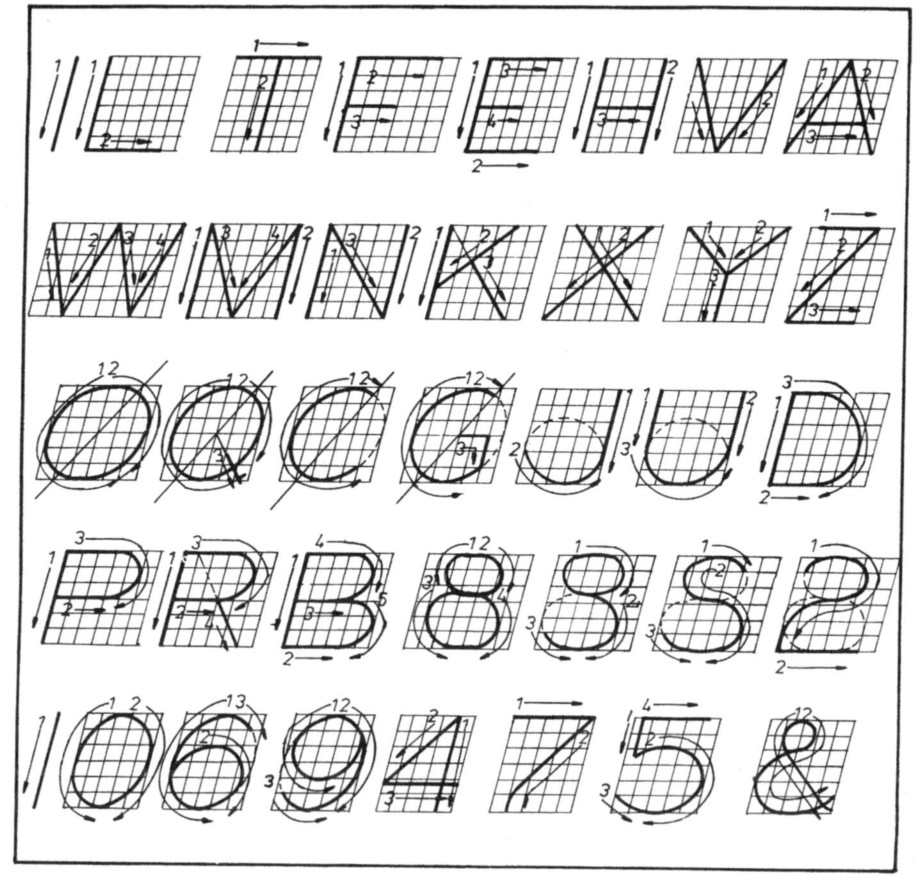

A-3 경사체 대문자 및 숫자

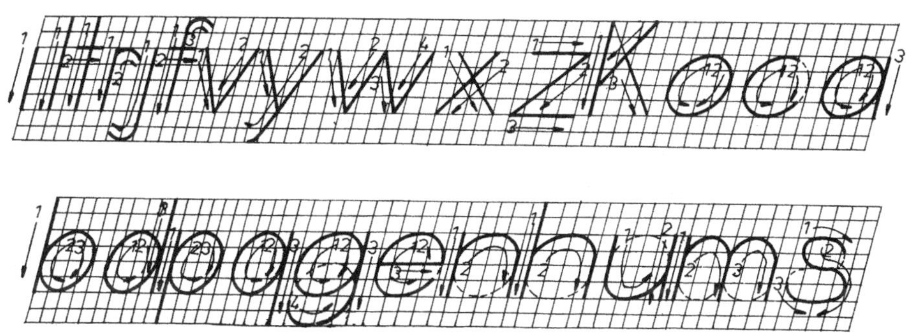

A-4 경사체 소문자

우리는민족중흥의역사적사명을띠고이땅에태어났다조상의빛난얼을오늘에되살
려안으로자주독립의자세를확립하고밖으로인류공영에이바지할때다이에우리의
나아갈바를밝혀교육의지표로삼는다성실한마음과튼튼한몸으로학문과기술을배
우고익히며타고난저마다의소질을계발하고우리의처지를약진의발판으로삼아창
조의힘과개척의정신을기른다공익과질서를앞세우며능률과실질을숭상하고경애
와신의에뿌리박은상부상조의전통을이어받아명랑하고따뜻한협동정신을북돋운
다우리의창의와협력을바탕으로나라가발전하며나라의융성이나의발전의근본임
을깨달아자유와권리에따르는책임과의무를다하며스스로국가건설에참여하고봉
사하는국민정신을드높인다반공민주정신에투철한애국애족이우리의삶의길이며
자유세계의이상을실현하는기반이다길이후손에물려줄영광된통일조국의앞날을
내다보며신념과긍지를지닌근면한국민으로서민족의슬기를모아줄기찬노력으로
새역사를창조하자우리는민족중흥의역사적사명을띠고이땅에태어났다조상의빛
난얼을오늘에되살려안으로자주독립의자세를확립하고밖으로인류공영에이바지
할때다이에우리의나아갈바를밝혀교육의지표로삼는다성실한마음과튼튼한몸으
로학문과기술을배우고익히며타고난저마다의소질을계발하고우리의처지를약진
의발판으로삼아창조의힘과개척의정신을기른다공익과질서를앞세우며능률과실
질을숭상하고경애와신의에뿌리박은상부상조의전통을이어받아명랑하고따뜻한
협동정신을북돋운다우리의창의와협력을바탕으로나라가발전하며나라의융성이
나의발전의근본임을깨달아자유와권리에따르는책임과의무를다하며스스로국가
건설에참여하고봉사하는국민정신을드높인다반공민주정신에투철한애국애족이
우리의삶의길이며자유세계의이상을실현하는기반이다길이후손에물려줄영광된
통일조국의앞날을내다보며신념과긍지를지닌근면한국민으로서민족의슬기를모
아줄기찬노력으로새역사를창조하자우리는민족중흥의역사적사
명을띠고이땅에태어났다조상의빛난얼을오늘에되살려안으로자
주독립의자세를확립하고밖으로인류공영에이바지할때다이에우

도명	국민교육헌장		
학번		반	
성명			

하나의건축물이완성되기까지에는여러분야의많은기술자들이서로유기적으로협력해나가야만소기의목적을달성할수있
으므로일찌기건축을종합예술이라하였다건축물은정적인것같지만실은생명력을가지고살아생동하는동적인생명체인것
이다즉정적인건축물의구조체속에혈관처럼퍼져있는각종설비망들은활발하게살아움직이고있으며그설비기능들이원활
히작동될때그건물의존재가치가부여되는것이다건축문화가발달될수록건축에서설비가차지하는비중이커지며따라서하
자보수및수리부문의비중도비례적으로커지게마련인것이다건축설계에있어서더많은전문분야의기술과지식이요구되고
있으며미래지향적인분야라할수있겠다하나의건축물을건축함에있어특히중요한사항은건축설계자와건축설비설계자가
한테이블에서계획안을검토하고설계에서시공까지상호협조보완적차원에서합리적으로공사를진행시켜가면서문제점을
그때그때철저히시정해나감으로써공기단축은물론이려니와공비를절감하여공사를경제적으로완공할수있는것이다이러
한과정을기록으로남겨후학들이보고창의적인방안을첨가하여나감으로건축설비분야의발전이촉진되리라믿는다건축설
비란건축물내에설치되는시설물들을총칭하는것으로세분하면공조설비냉난방설비급배수설비위생설비소방설비및전기
설비운송설비등광범위하다그동안교단에서강의해오면서건축설비제도에관한참고서가마땅한것이없어늘아쉬움을느껴
오던차에오래전부터자료를수집해오다가금번본설비제도집을출간하기에이르렀다본서는대학건축설비과저학년학생들
이처음시작할수있는가장기초적인작도단계에서부터시작하여점차로다양한제도과정의수준에이르기까지단계적으로쉽
게습득할수있게엮었으며어떠한변화에도대처할수있는능력을배양하는데에중점을두었다이책의특징은세세한이론을즐
비하게나열하는것을탈피하고실기우선의교과방법을택하여기초도면을위주로엮었기때문에지도하시는교수님의교수법
에따라좋은결과를얻을수있게되어있다즉어떤과제를선택하여어떻게지도할것인가가본제인데우선과제를이해시키면서
기초제도기법및설비이론을뒷받침해주면서도면을완성해나가면쉽게제도능력이배양되어지리라믿는다따라서어느정도
의제도능력이갖추어지고각분야의설비이론을습득한학생들은실제로건축평면도를가지고건축설비설계제도를자주작성
해보아야만빠른실력의발전을기하리라믿는다그동안가르치면서겪었던불편함과아쉬운점들을감안하여나름대로알찬교
재가되도록노력하여출간하였다미흡한부분이있으리라사료된다그점에대해선앞으로계속수정보완해나갈것을약속드리
며이한권의책이독자여러분의설비제도실력향상에조금이나마밑거름이되었으면한다끝으로본서가출간되기까지자료제
공을비롯하여여러가지로협조하여주신동료교수님들께심심한사의를표하는바이다하나의건축물이완성되기까지에는여
러분야의많은기술자들이서로유기적으로협력해나가야만소기의목적을달성할수있으므로일찌기건축을종합예술이라하
였다건축물은정적인것같지만실은생명력을가지고살아생동하는동적인생명체인것이다즉정적인건축물의구조체속에혈
관처럼퍼져있는각종설비망들은활발하게살아움직이고있으며그설비기능들이원활히작동될때그건물의존재가치가부여
되는것이다건축문화가발달될수록건축에서설비가차지하는비중이커지며따라서하자보수및수리부문의비중도비례적으
로커지게마련인것이다건축설계에있어서더많은전문분야의기술과지식이요구되고있으며미래지향적인분야라할수있겠
다하나의건축물을건축함에있어특히중요한사항은건축설계자와건축설비설계자가한테이블에서계획안을검토하고설계
에서시공까지상호협조보완적차원에서합리적으로공사를진행시켜가면서문제점을그때그때철저히시정해나감으로써공
기단축은물론이려니와공비를절감하여공사를경제적으로완공할수있는것이다이러한과정을기록으로남겨후학들이보고
창의적인방안을첨가하여나감으로건축설비분야의발전이촉진되리라믿는다건축설비란건축물내에설치되는시설물들을
총칭하는것으로세분하면공조설비급배수설비위생설비소방설비및전기설비운송설비등광범위하다그동안교단에서강의
해오면서건축설비제도에관한참고서가마땅한것이없어늘아쉬움을느껴오던차에오래전부터자료
를수집해오다가금번본설비제도집을출간하기에이르렀다본서는대학건축설비과저학년학생들이
처음시작할수있는가장기초적인작도단계에서부터시작하여점차로다양한제도과정의수준에이르
기까지단계적으로쉽게습득할수있도록엮었으며어떠한변화에도대처할수있는능력을배양하는데
중점을두었다이책의특징은세세한이론을즐비하게나열하는것을탈피하고실기우선의교과방법을

도명	글씨연습		
학번		반	
성명			

5-1. 투상연습문제

투상연습

투상연습문제

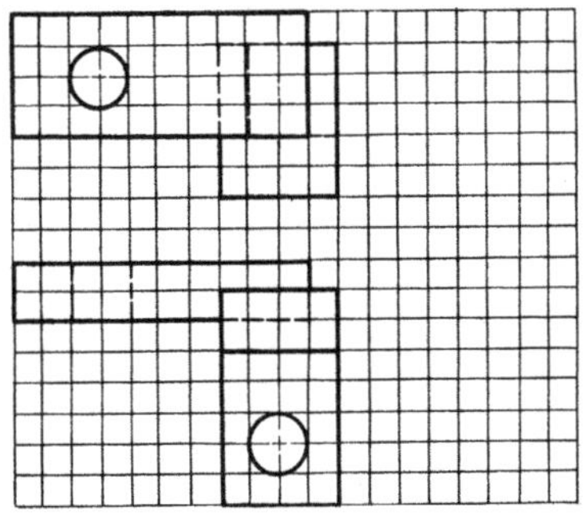

1

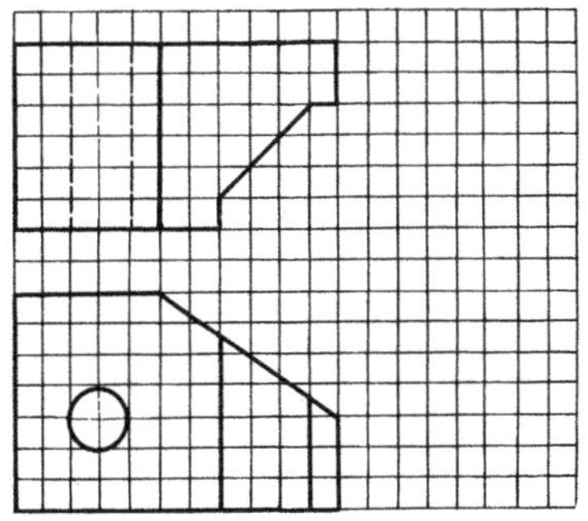

2

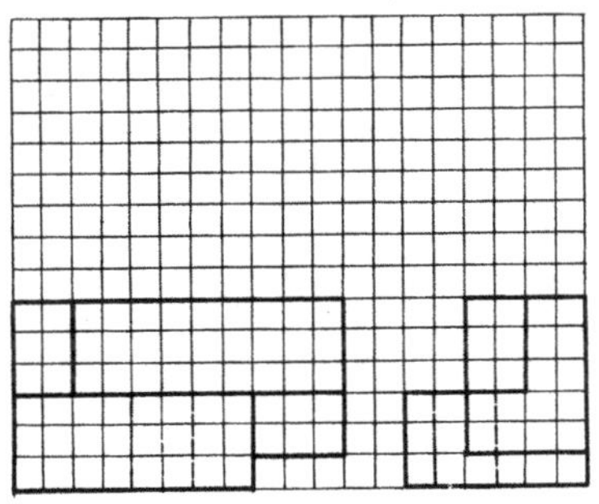

3

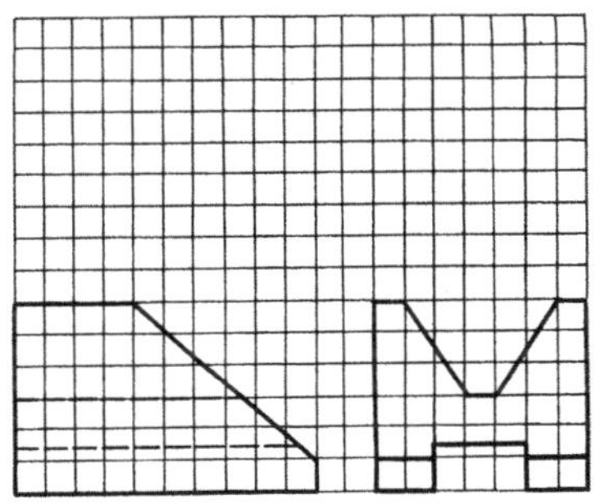

4

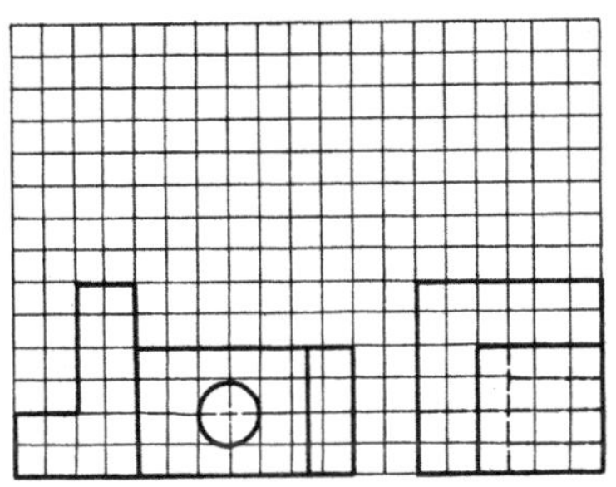

5

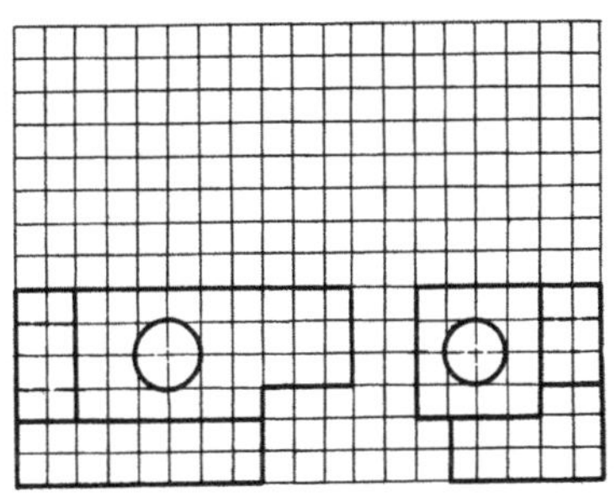

6

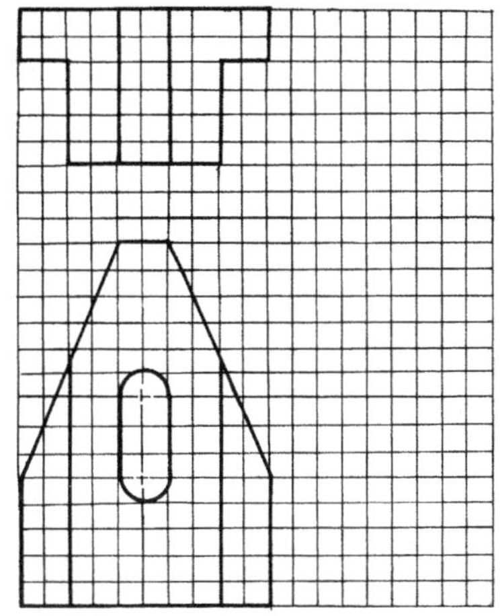

7

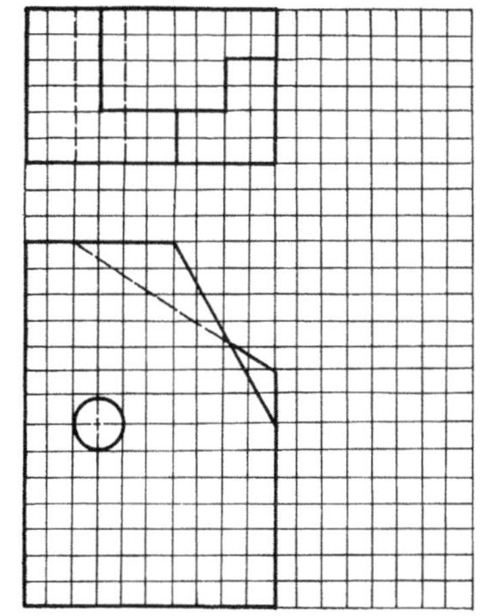

8

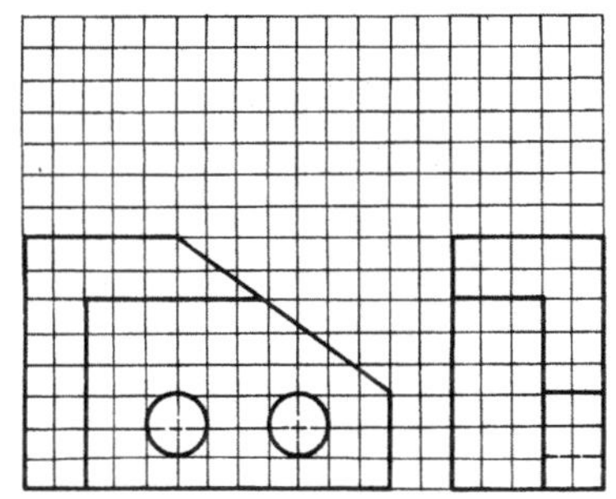

9

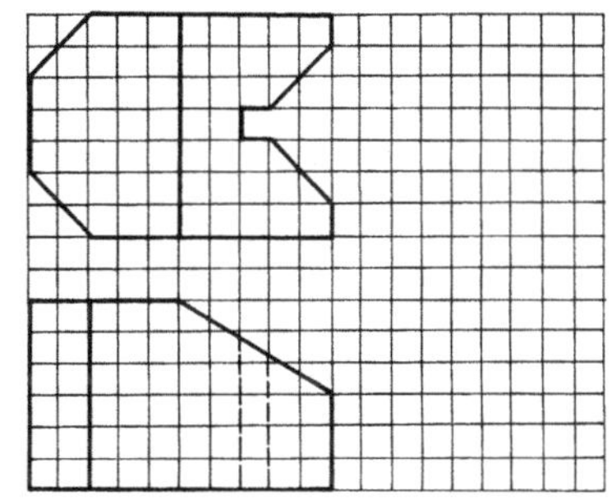

10

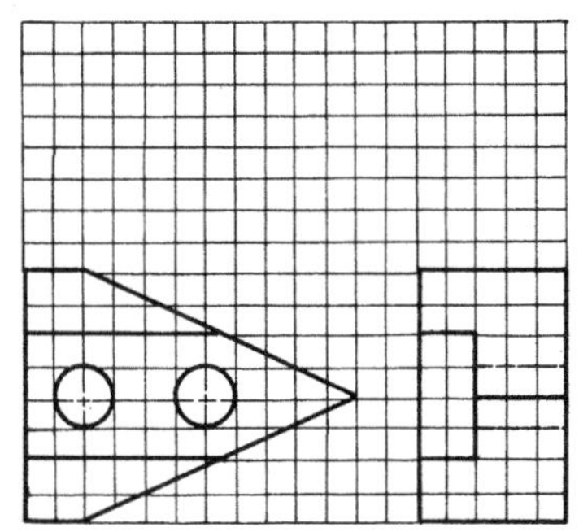

11

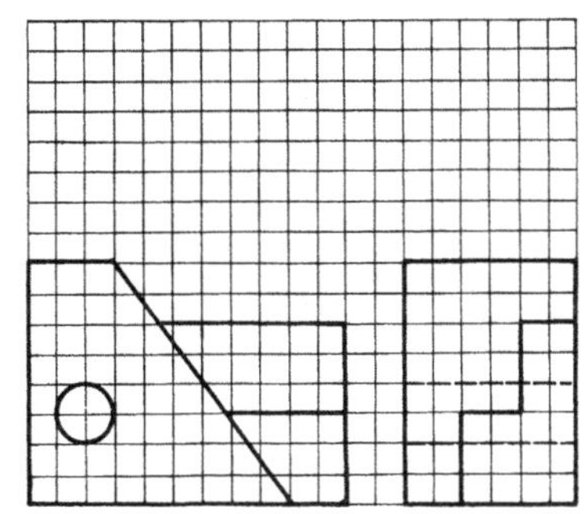

12

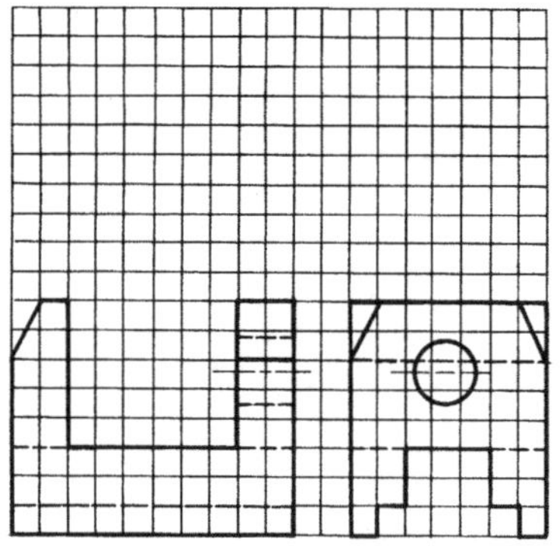
13

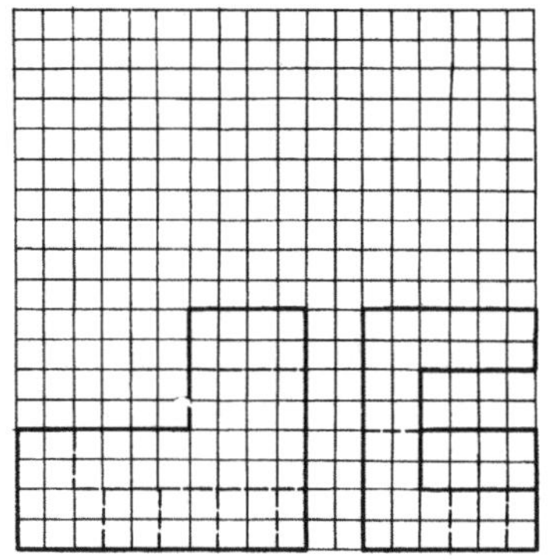
14

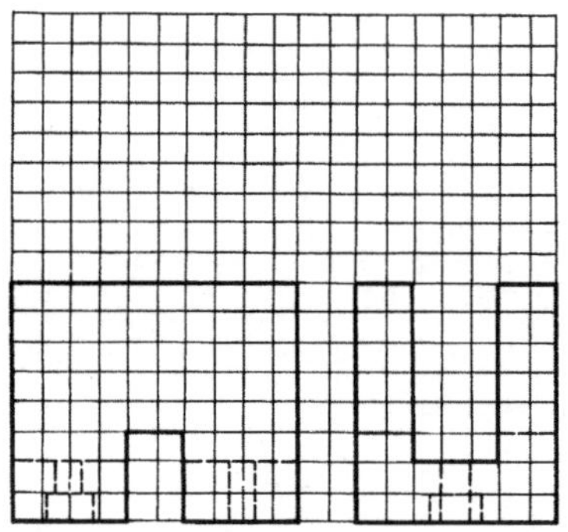
15

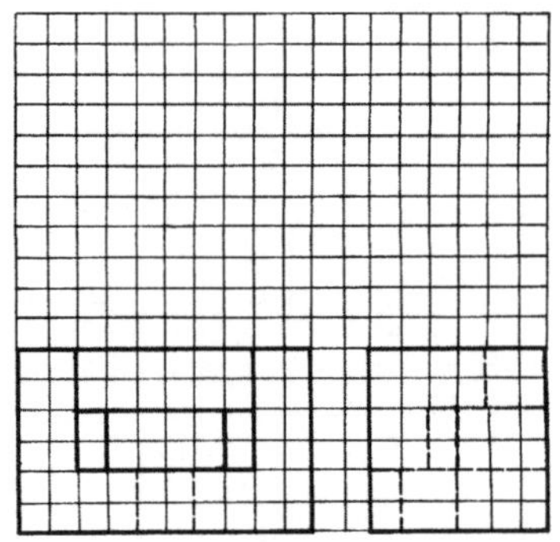
16

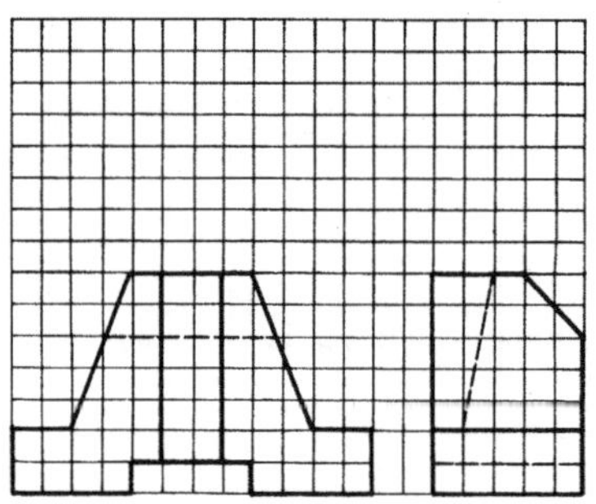
17

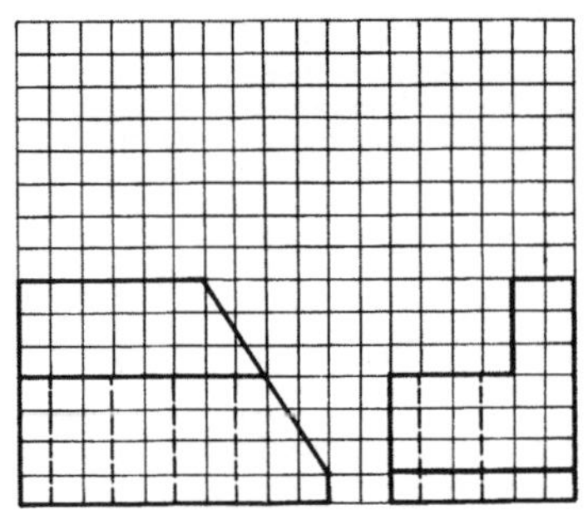
18

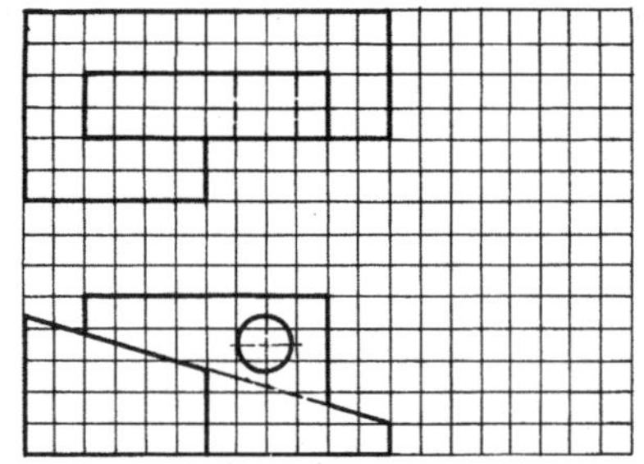
19

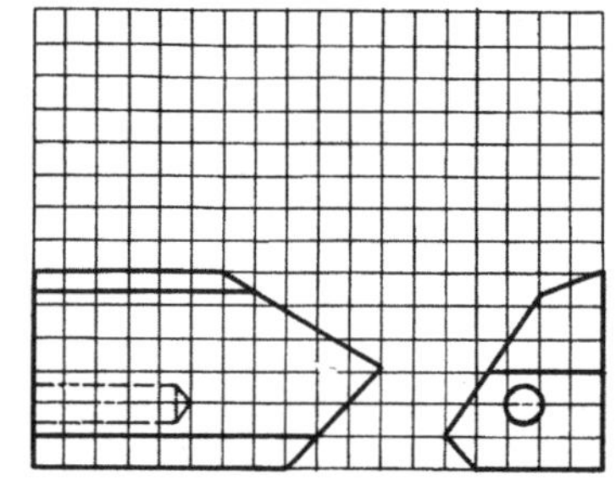
20

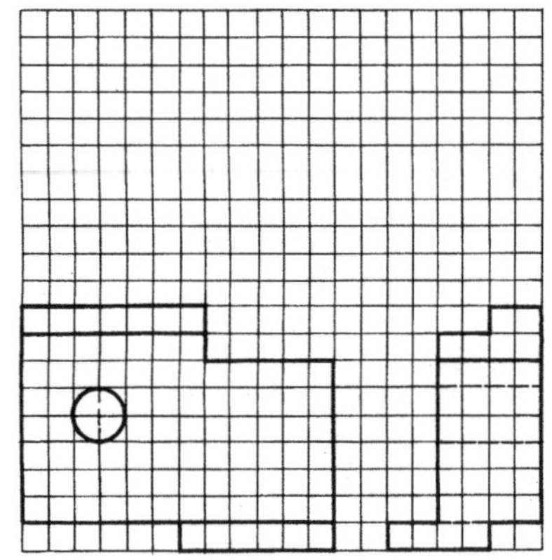
21

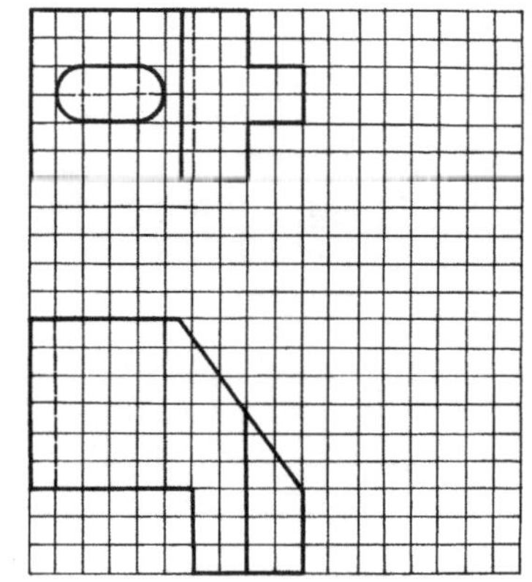
22

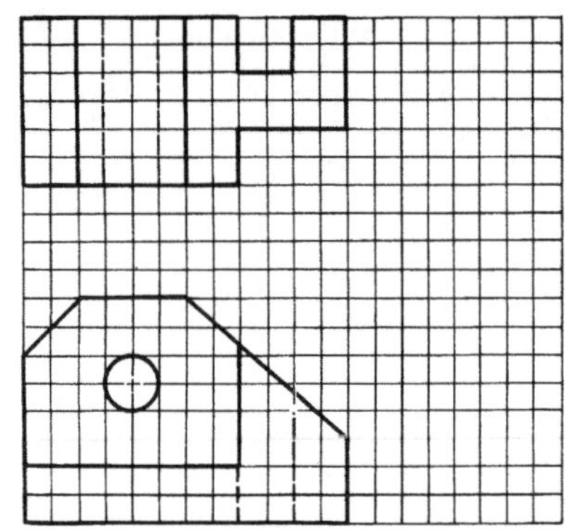
23

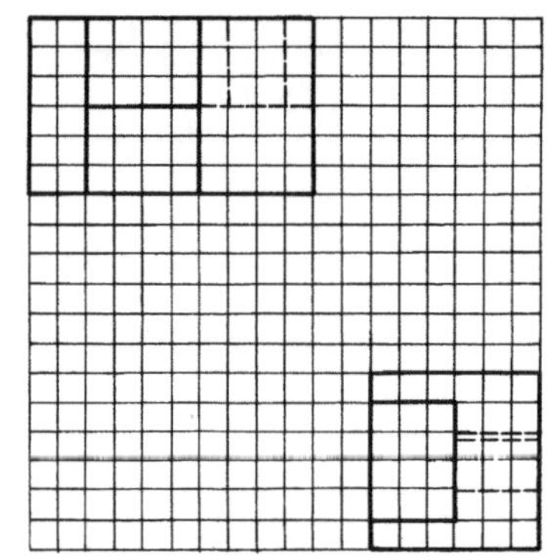
24

5-2 측면도 완성문제

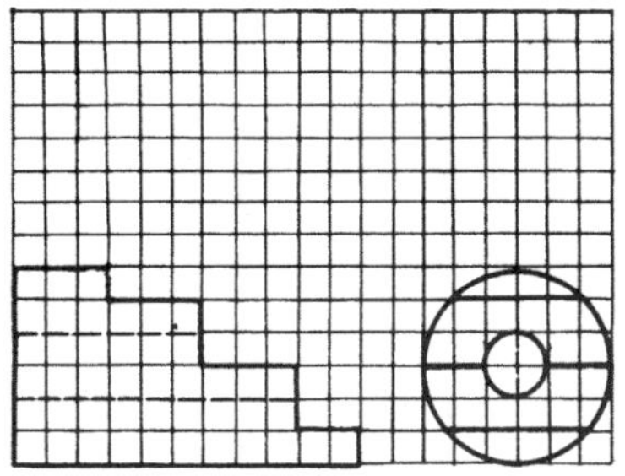

25

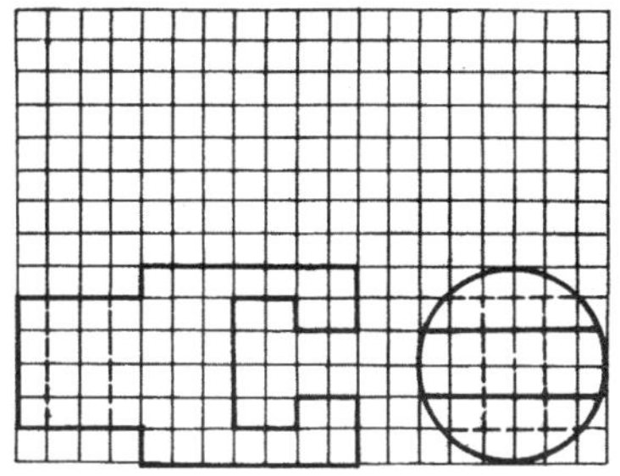

26

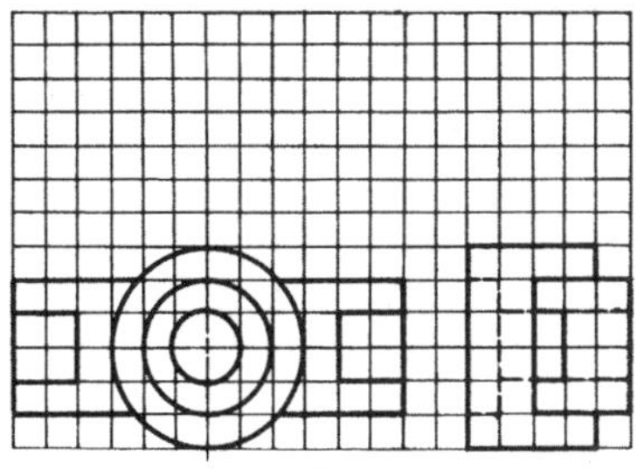

27

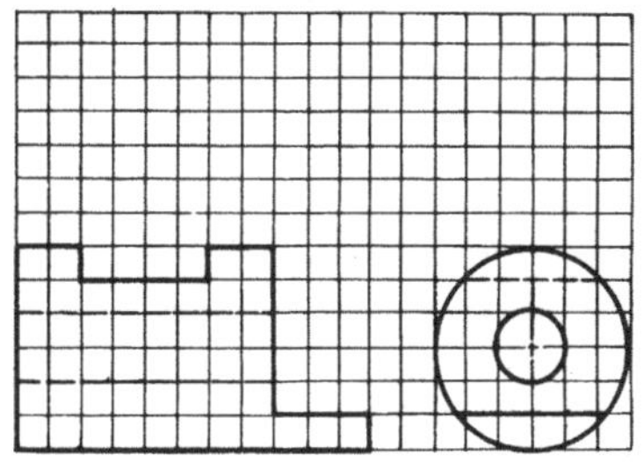

28

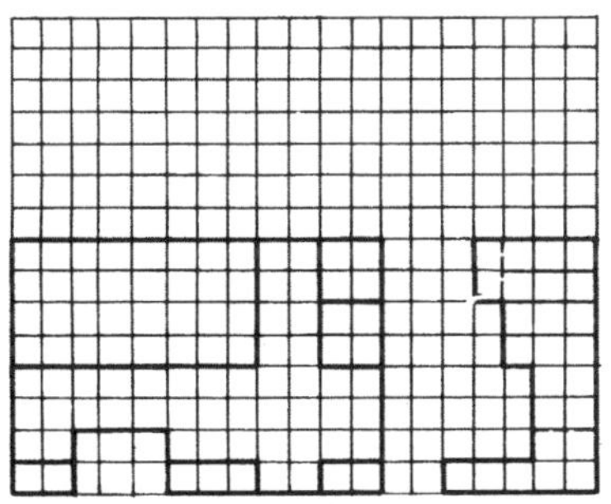

29

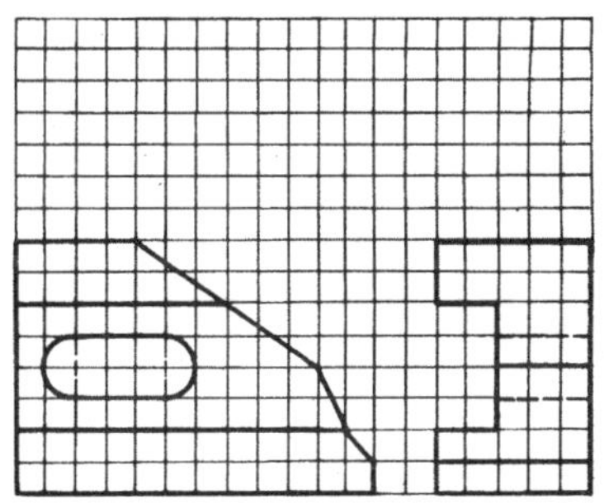

30

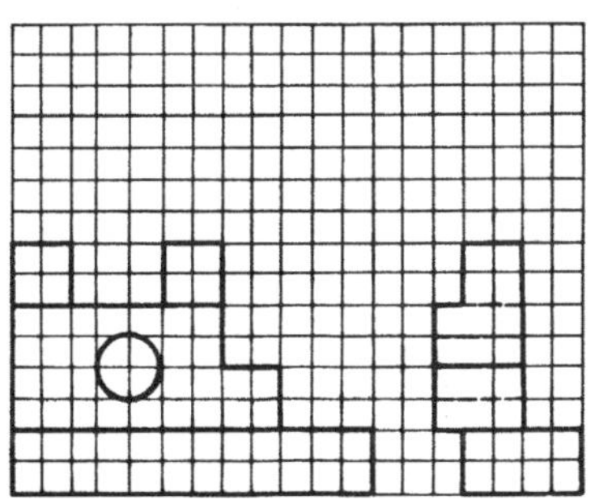

31

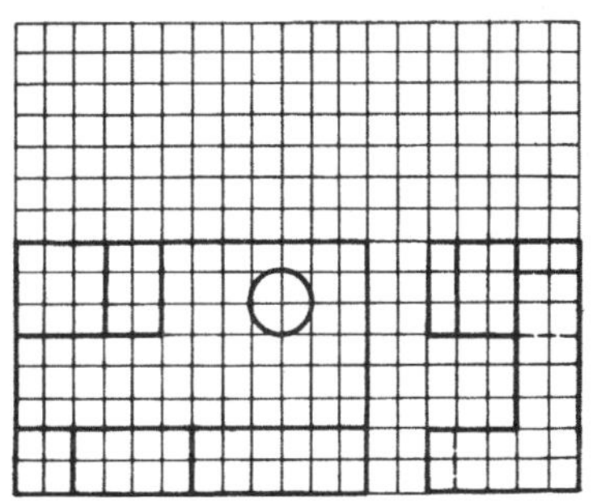

32

측면도 완성문제

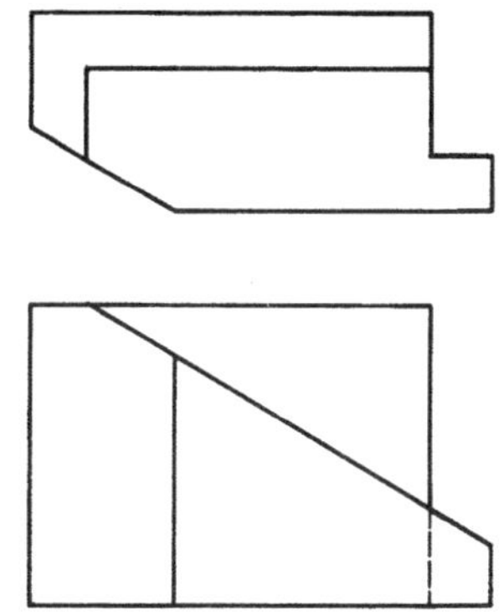

33

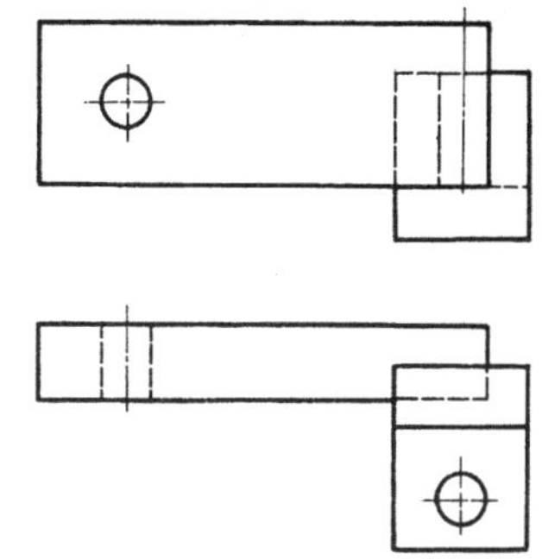

34

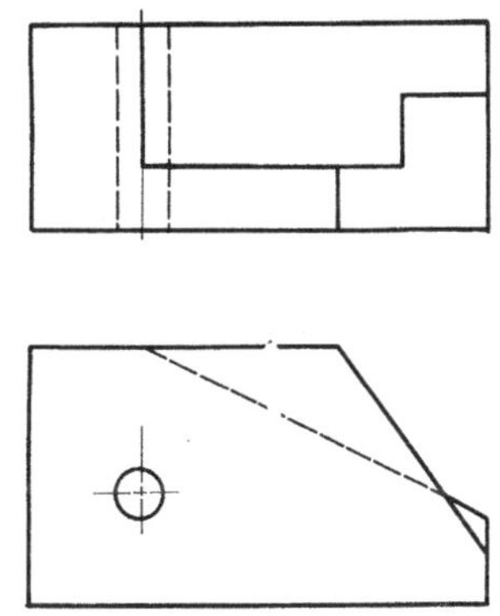

35

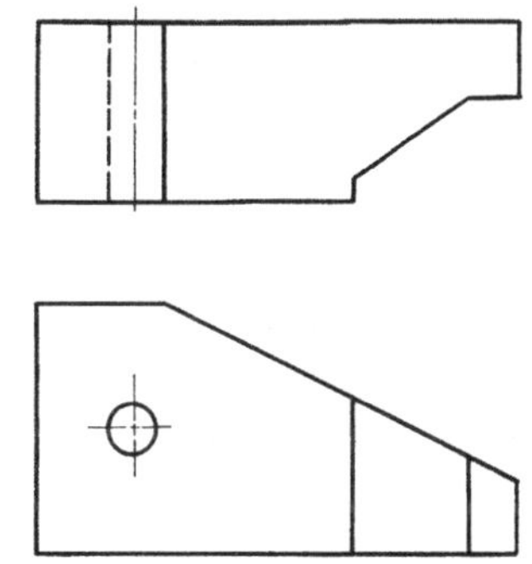

36

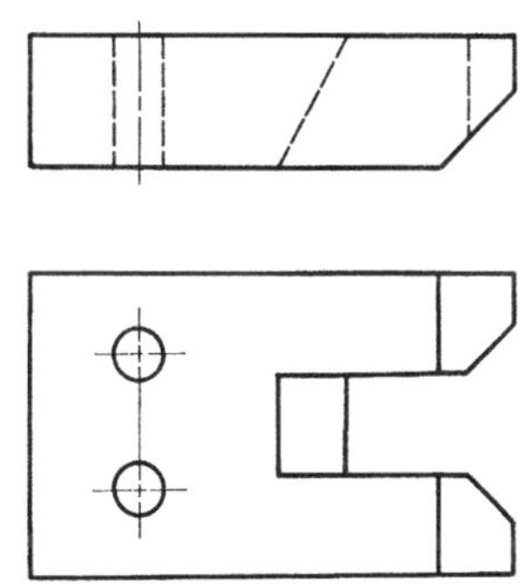

37

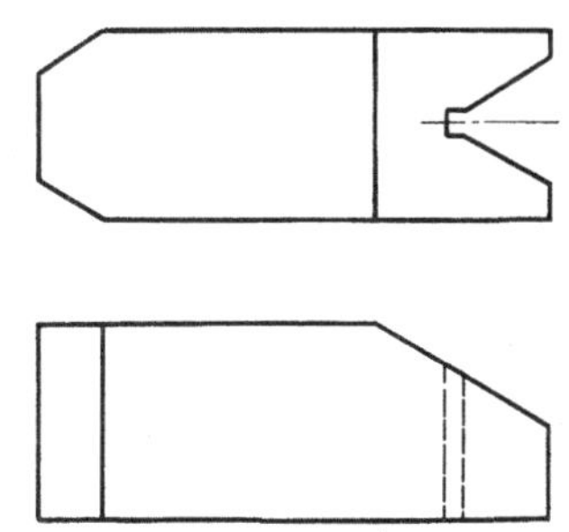

38

5-3 투상도 완성문제

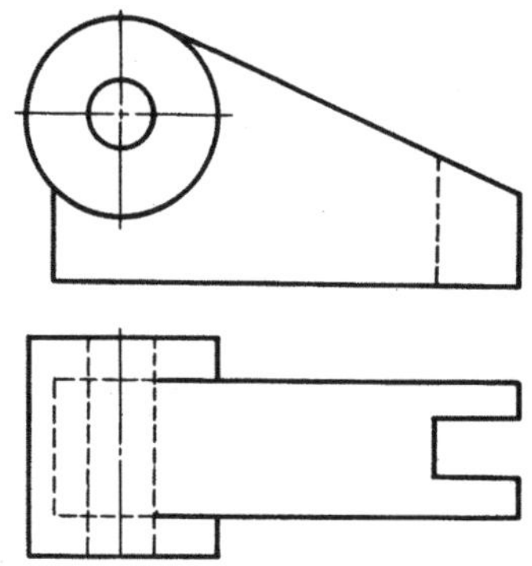

39

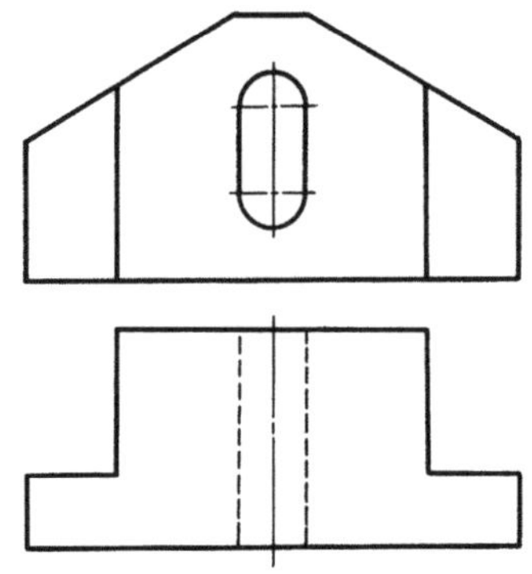

40

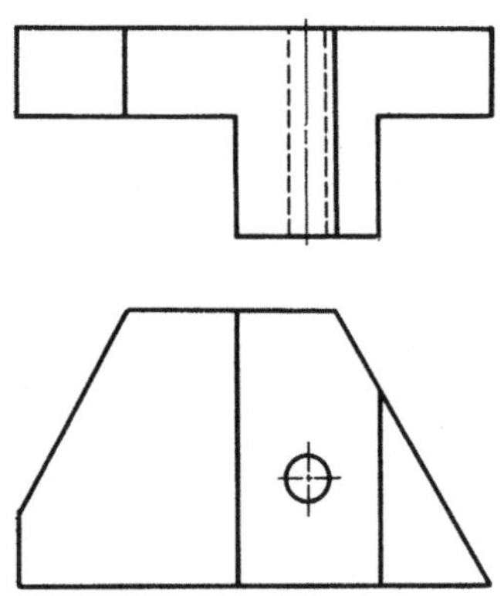

41

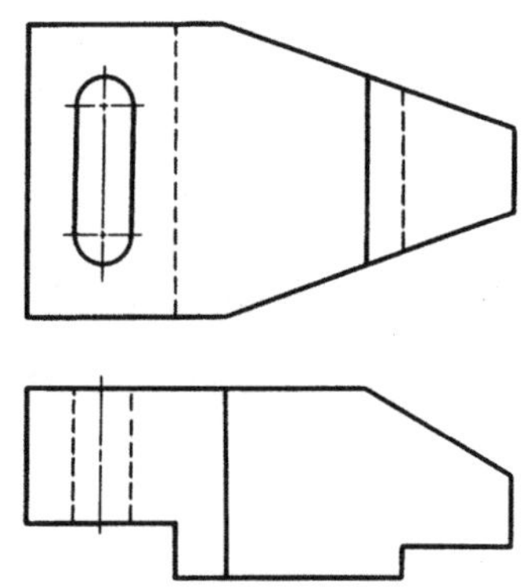

42

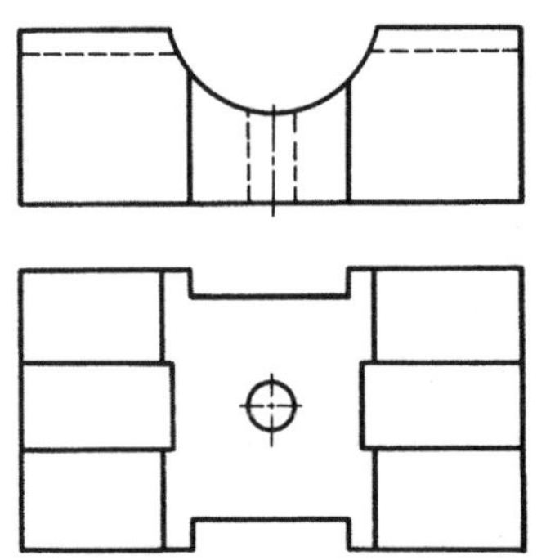

43

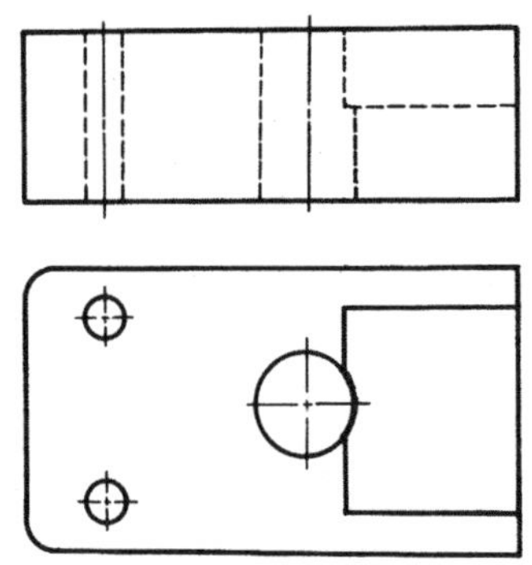

44

투상도 완성 문제 (측면도, 평면도)

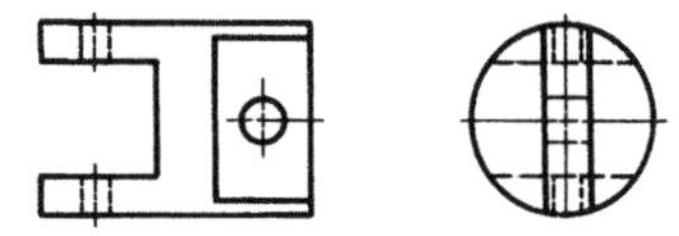

45

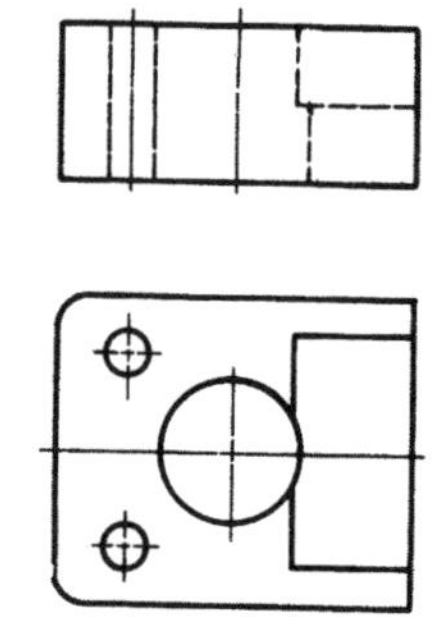

46

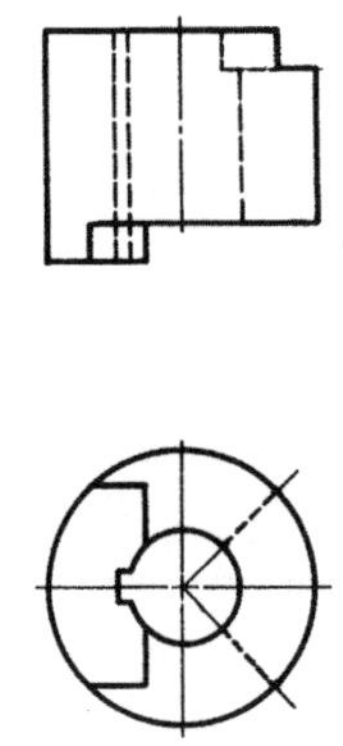

47

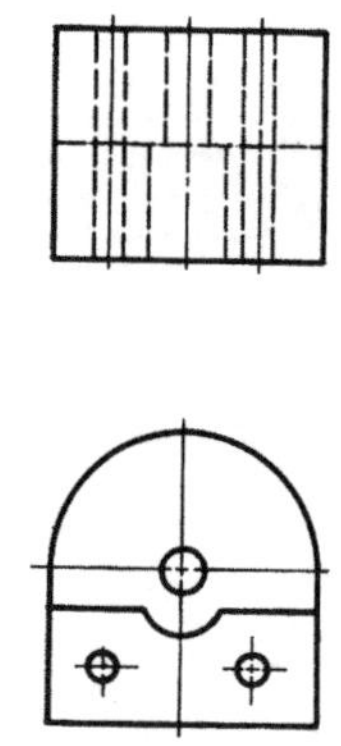

48

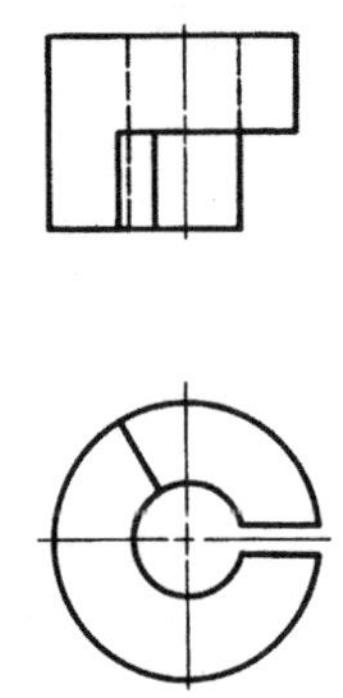

49

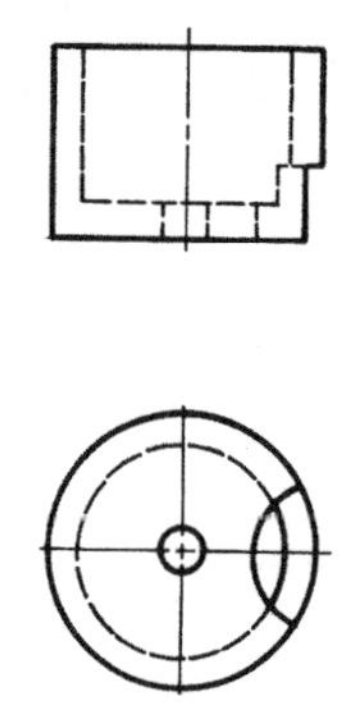

50

투상도 완성문제 (정면도, 좌측면도)

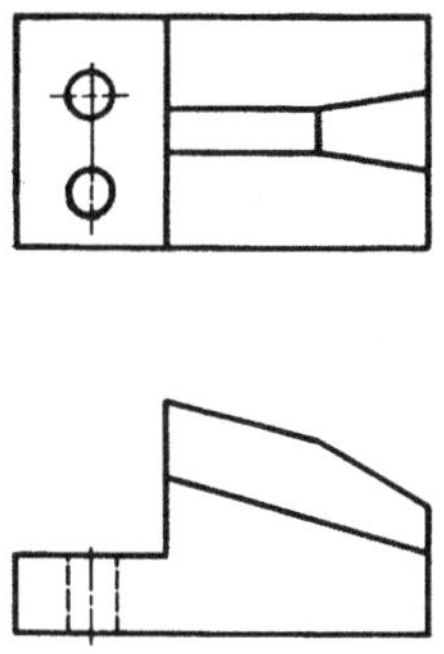
51

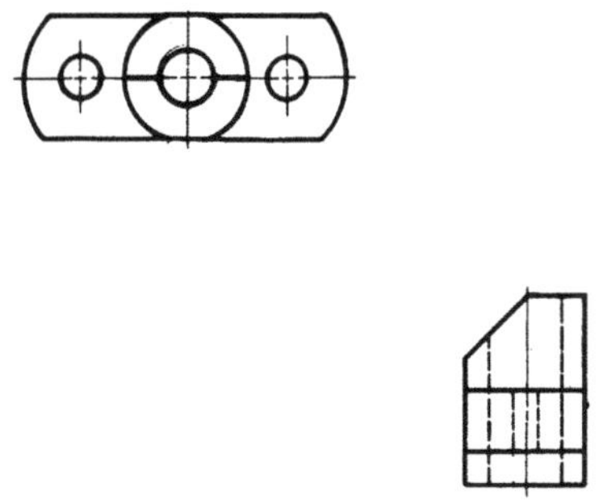
52

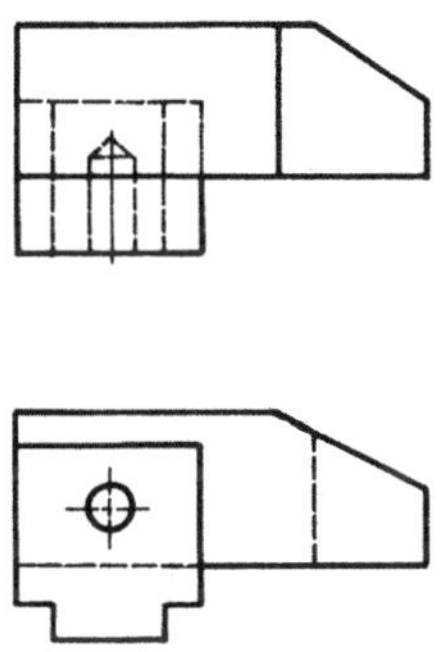
53

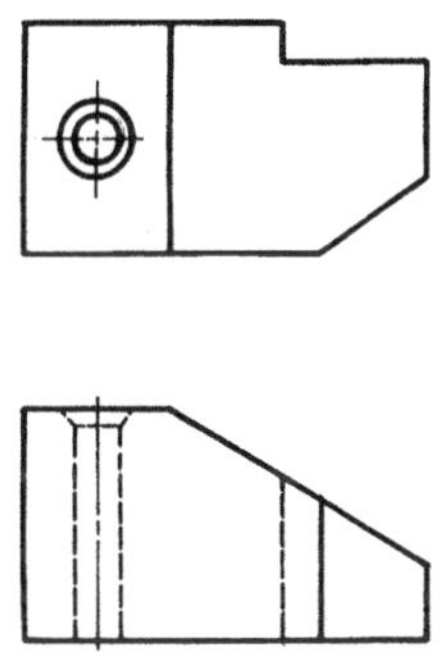
54

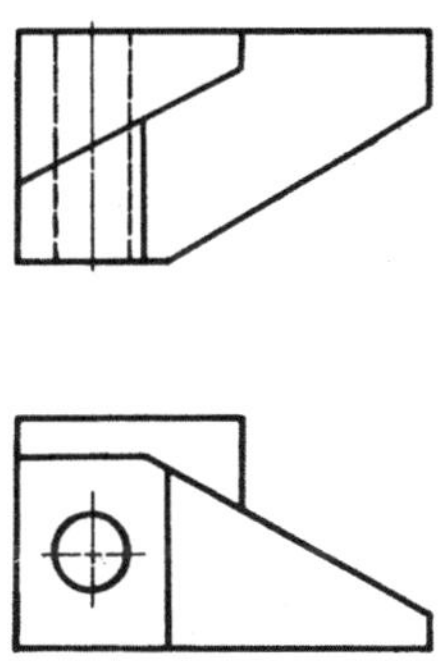
55

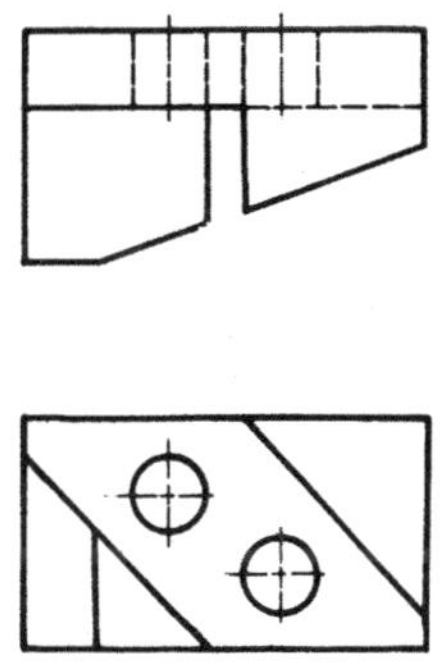
56

투상도 완성문제

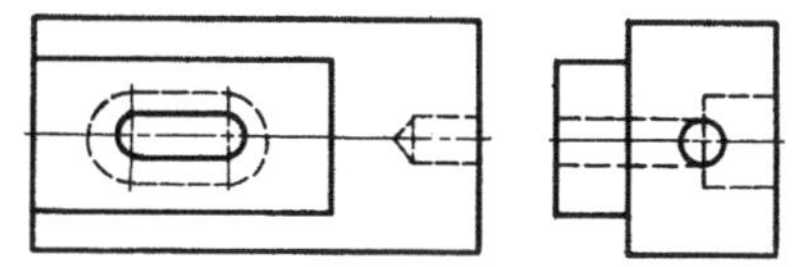
57

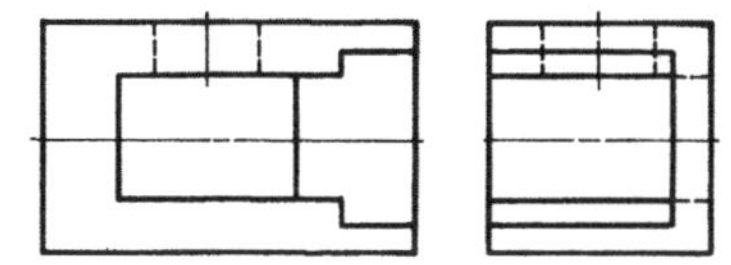
58

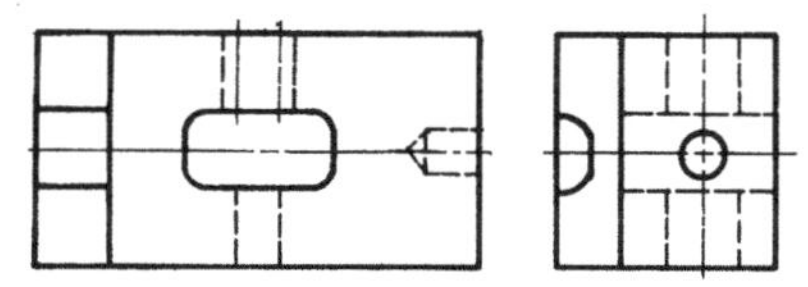
59

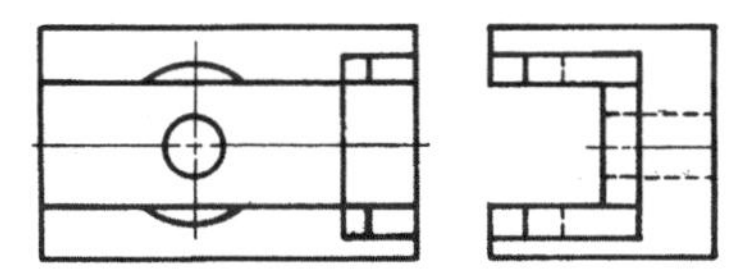
60

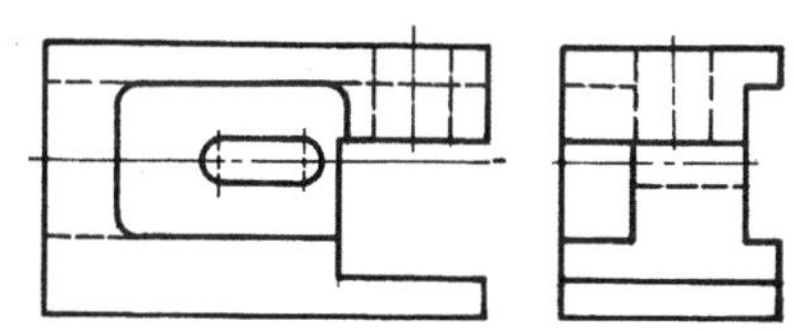
61

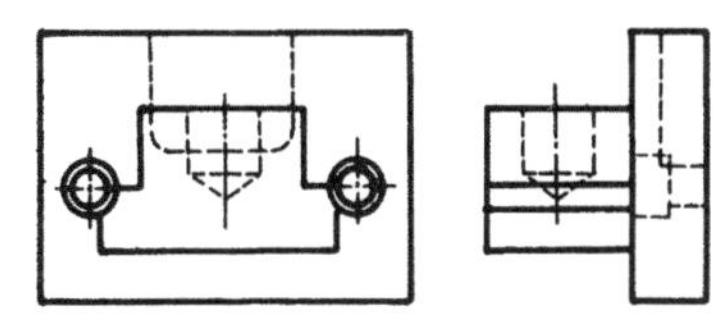
62

단면도(전단법) 문제

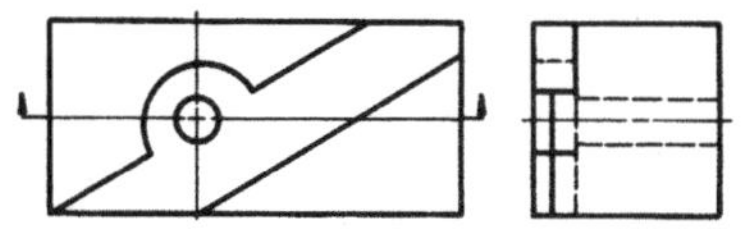

63

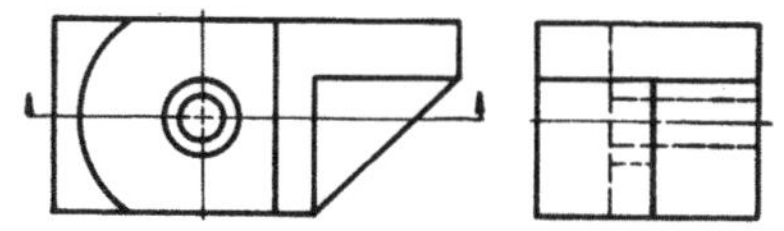

64

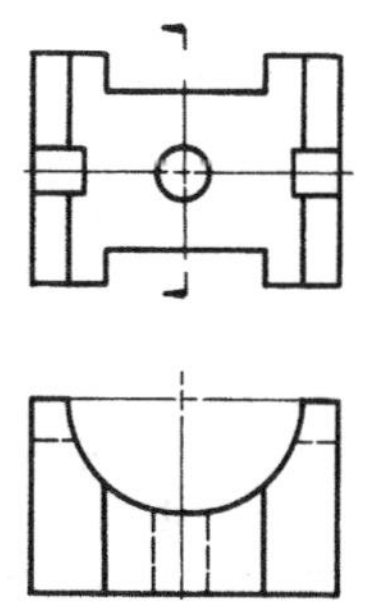

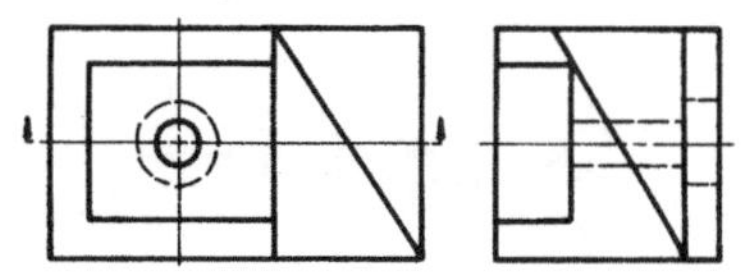

65

66

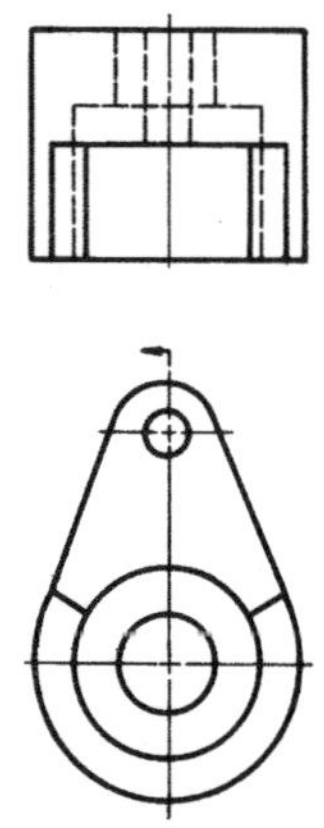

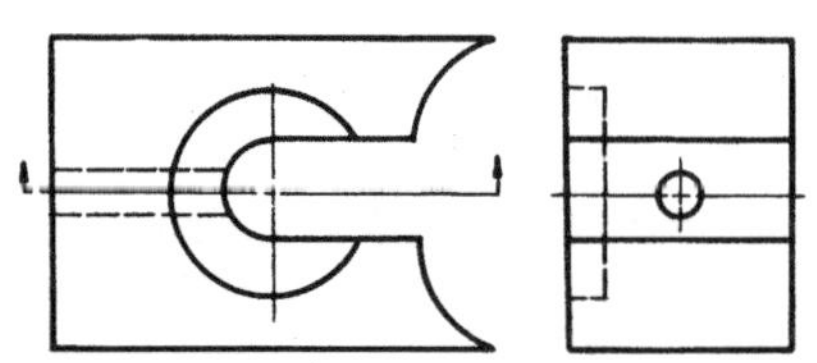

67

68

전단면 및 예각단면 문제

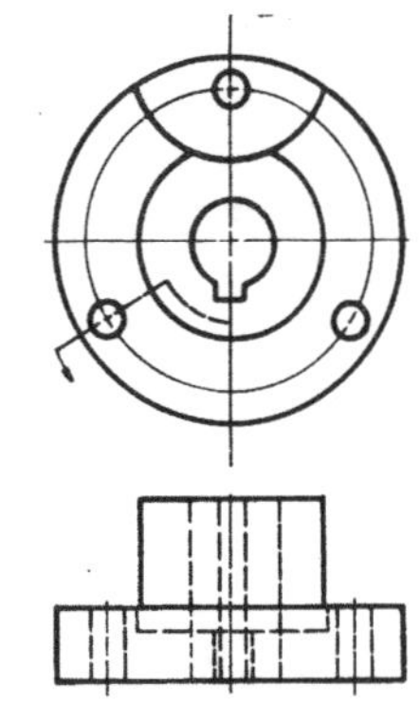

69

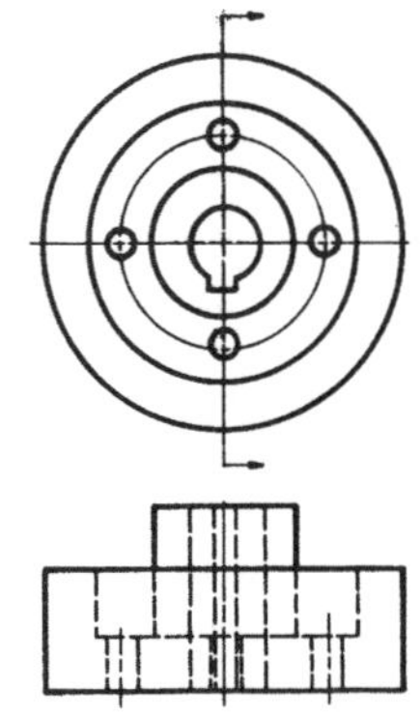

70

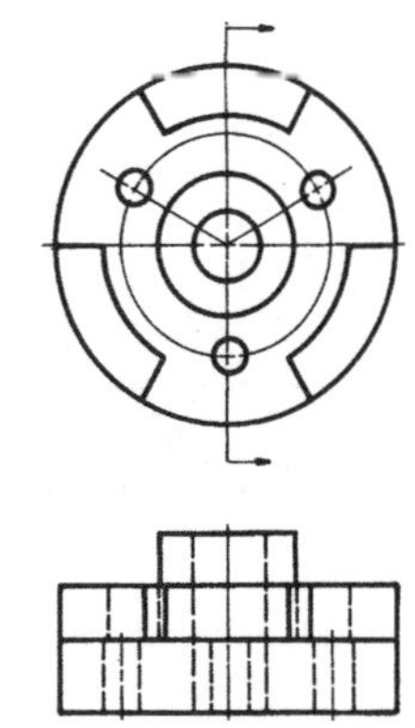

71

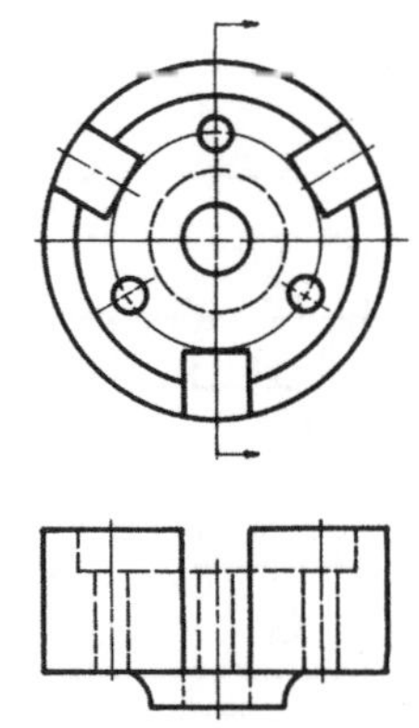

72

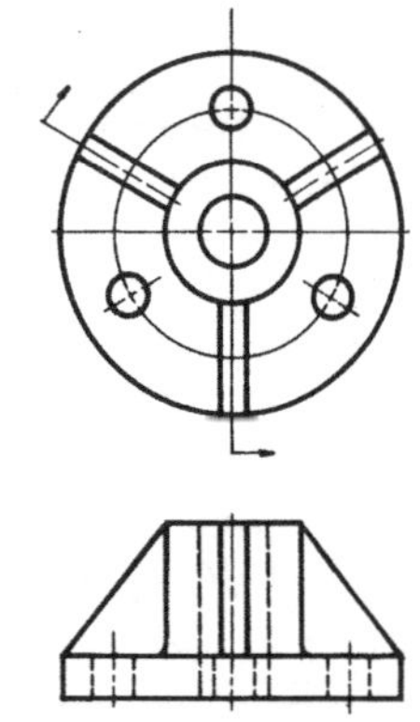

73

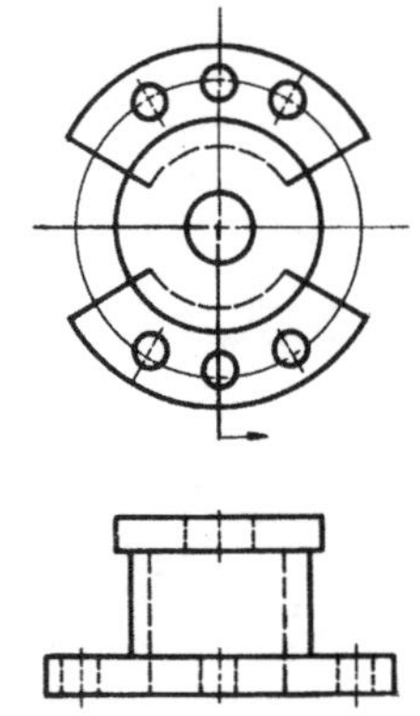

74

투상도완성 문제

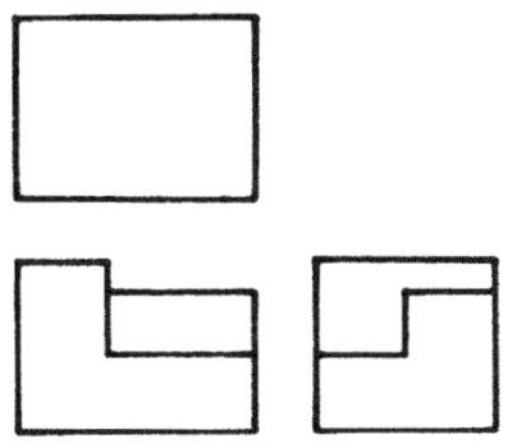
75

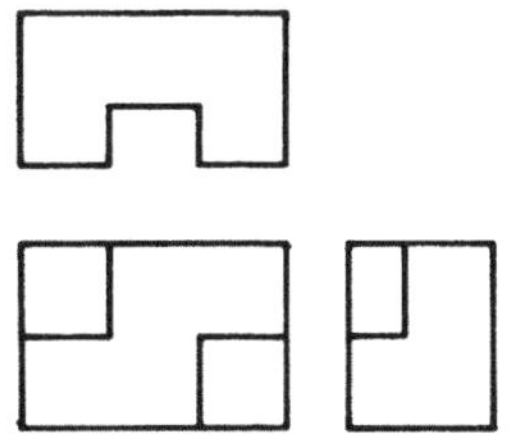
76

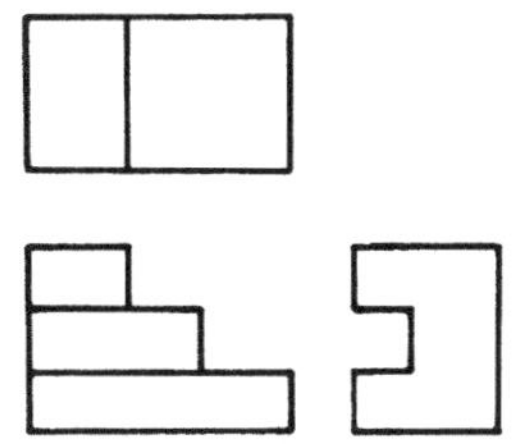
77

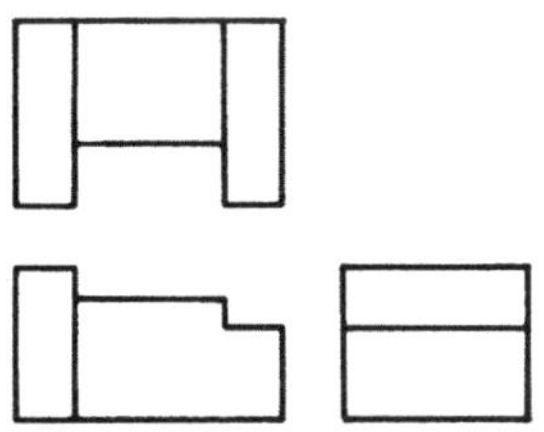
78

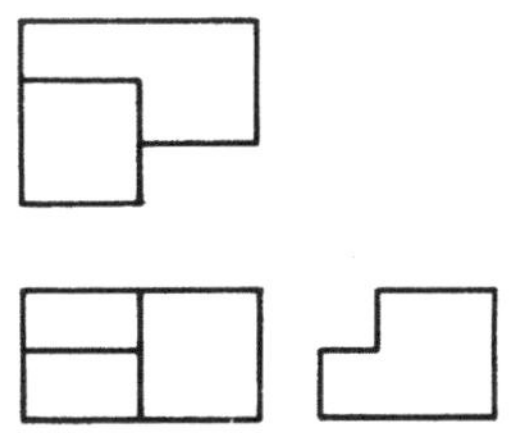
79

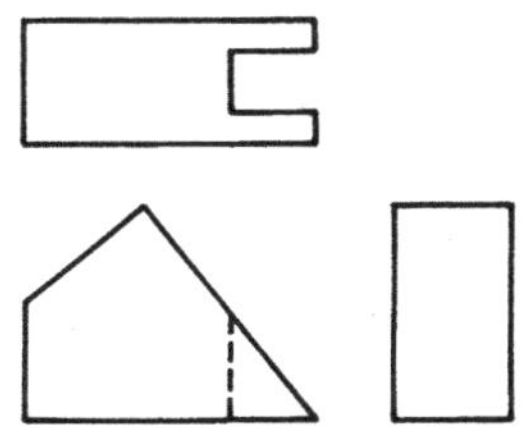
80

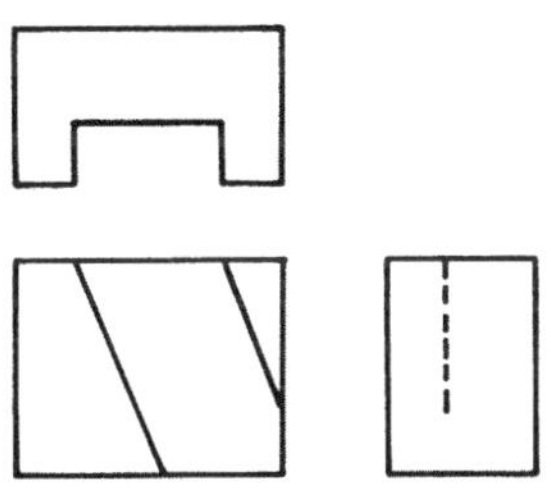
81

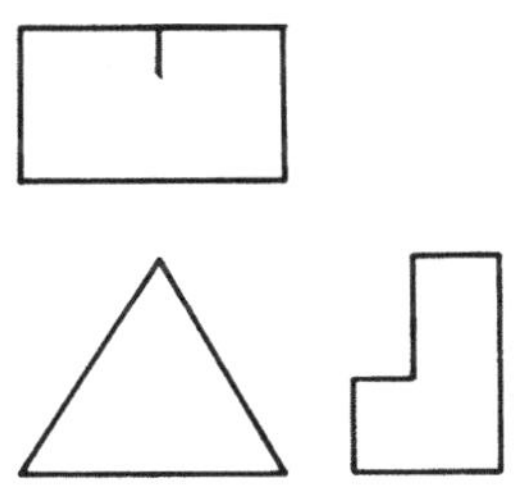
82

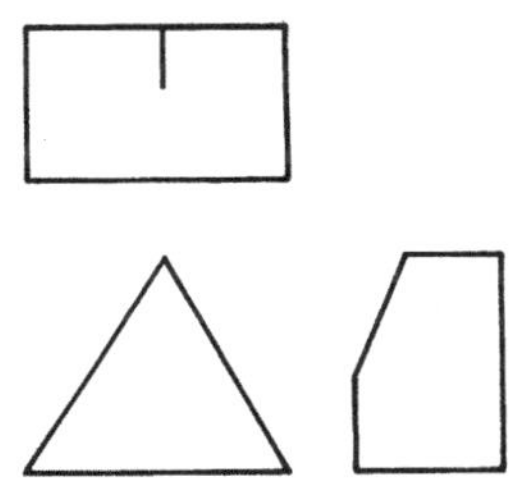
83

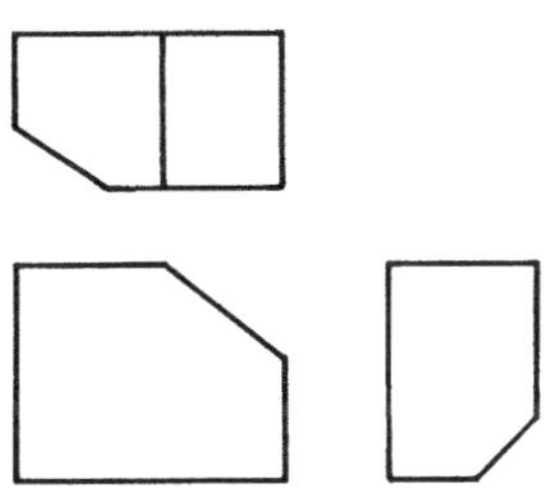
84

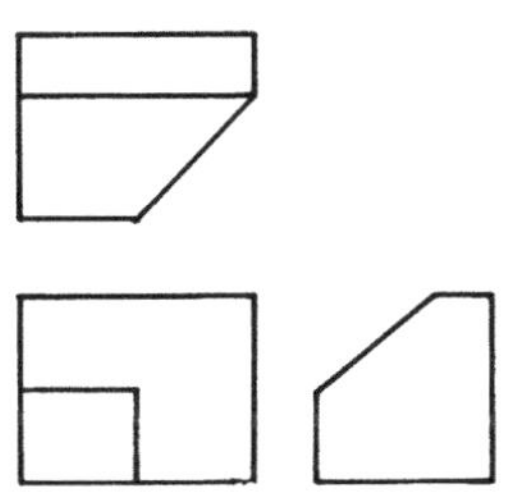
85

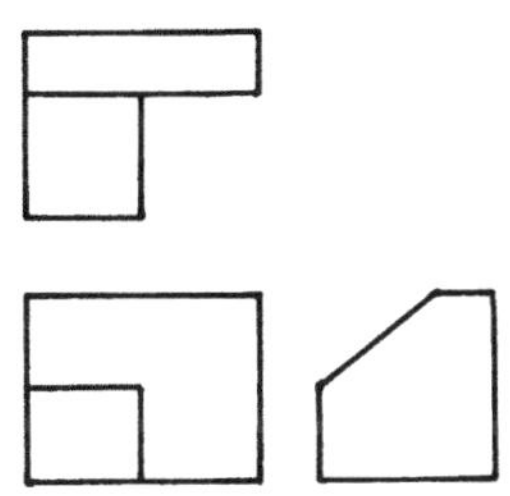
86

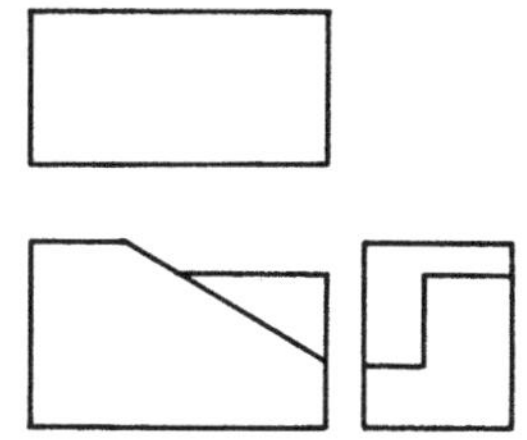
87

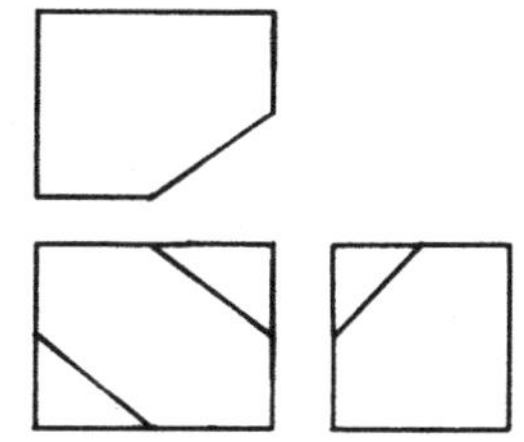
88

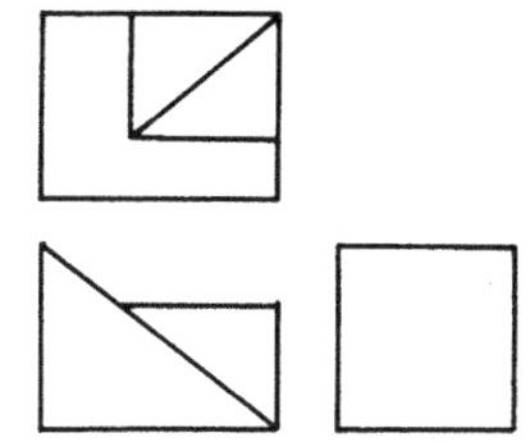
89

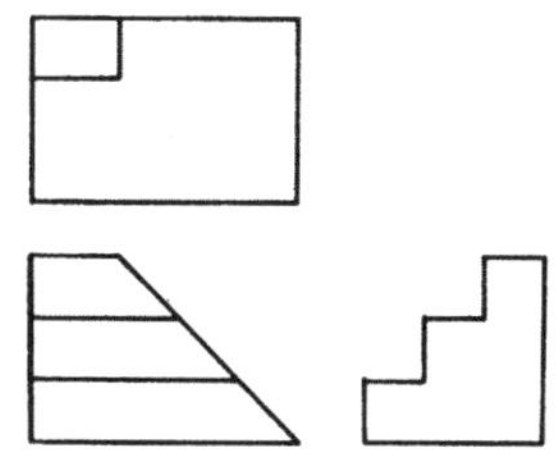
90

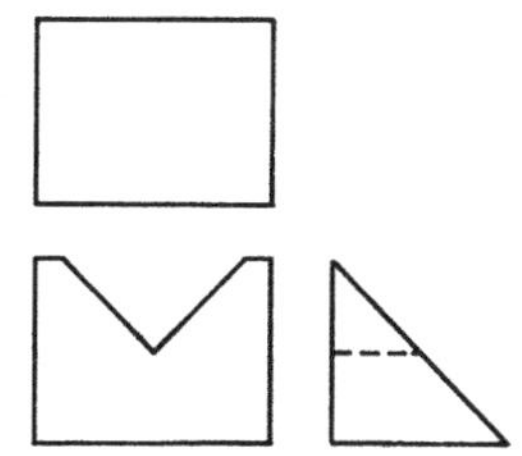
91

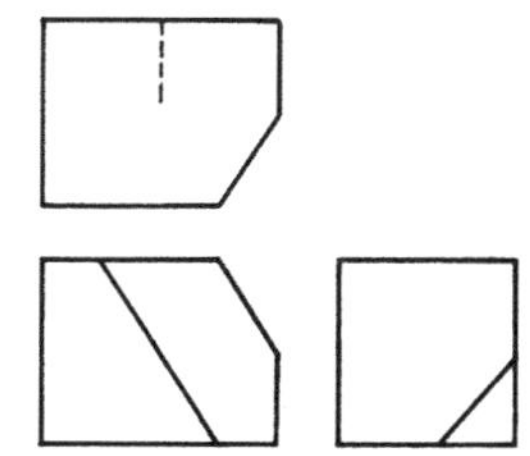
92

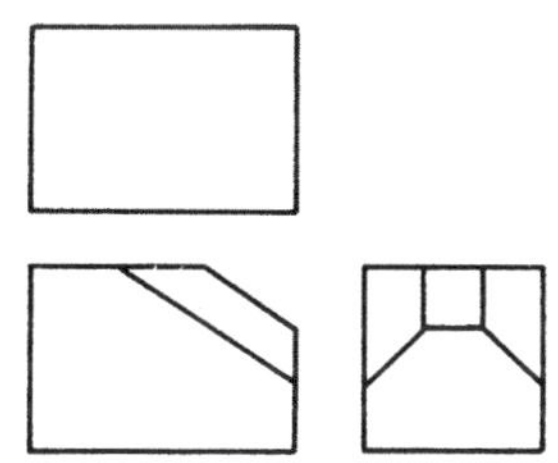
93

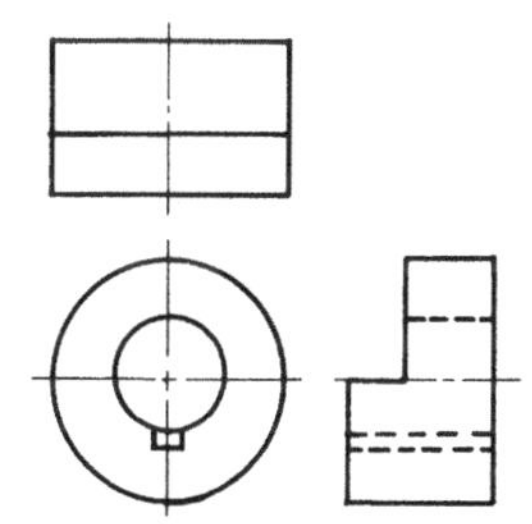
94

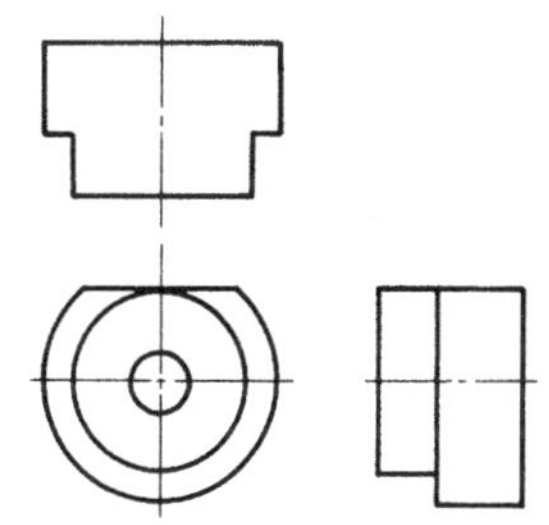
95

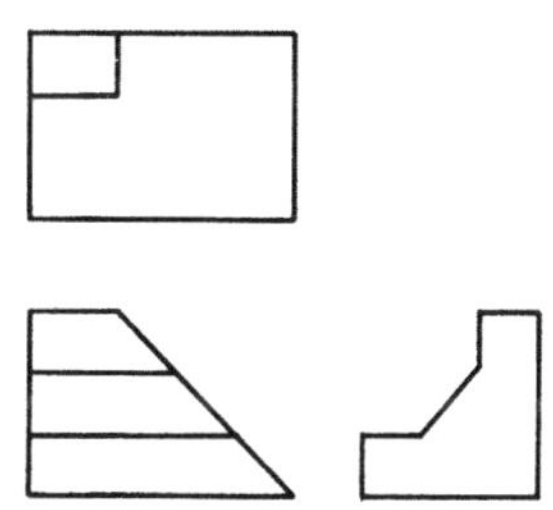
96

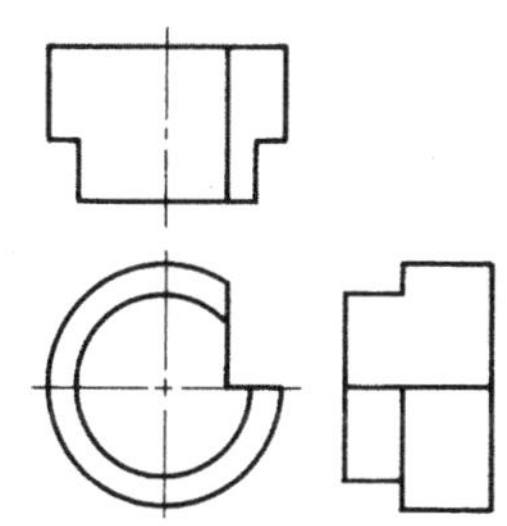
97

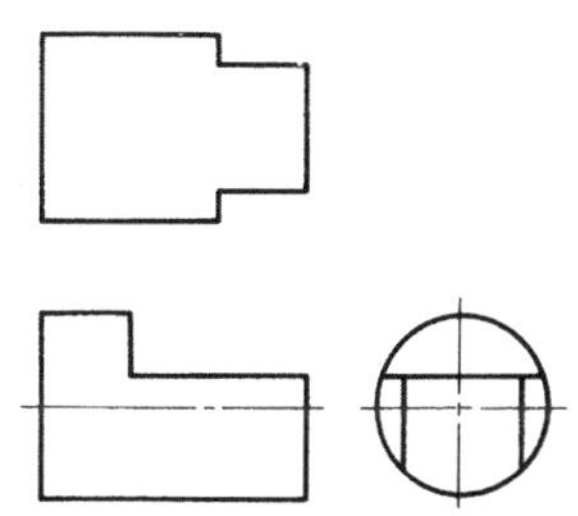
98

5-4 정투상도(3면)완성

투상완성 실례

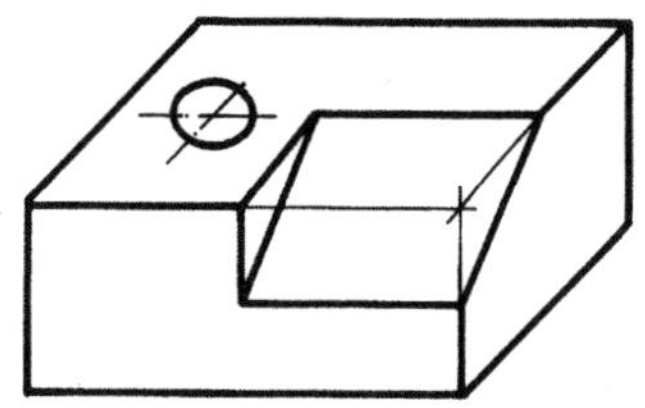

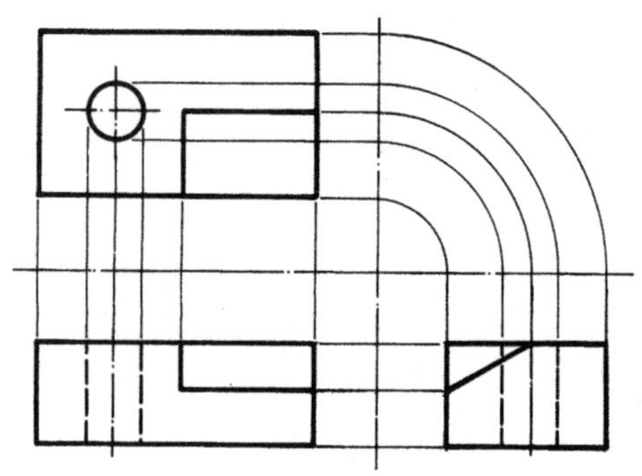

라운딩에 의한 완성

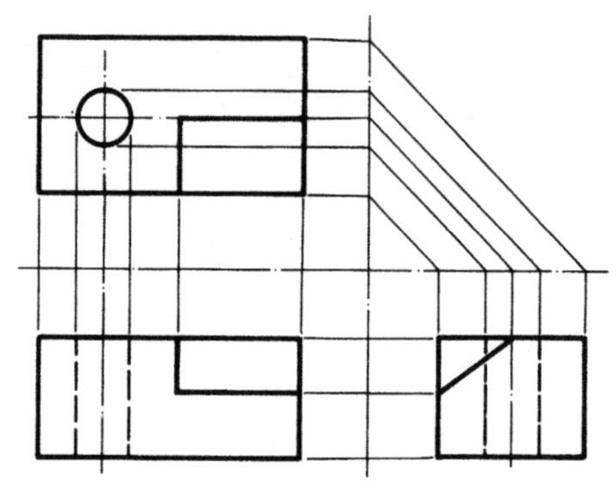

45°에 의한 완성

정투상도(3면)완성

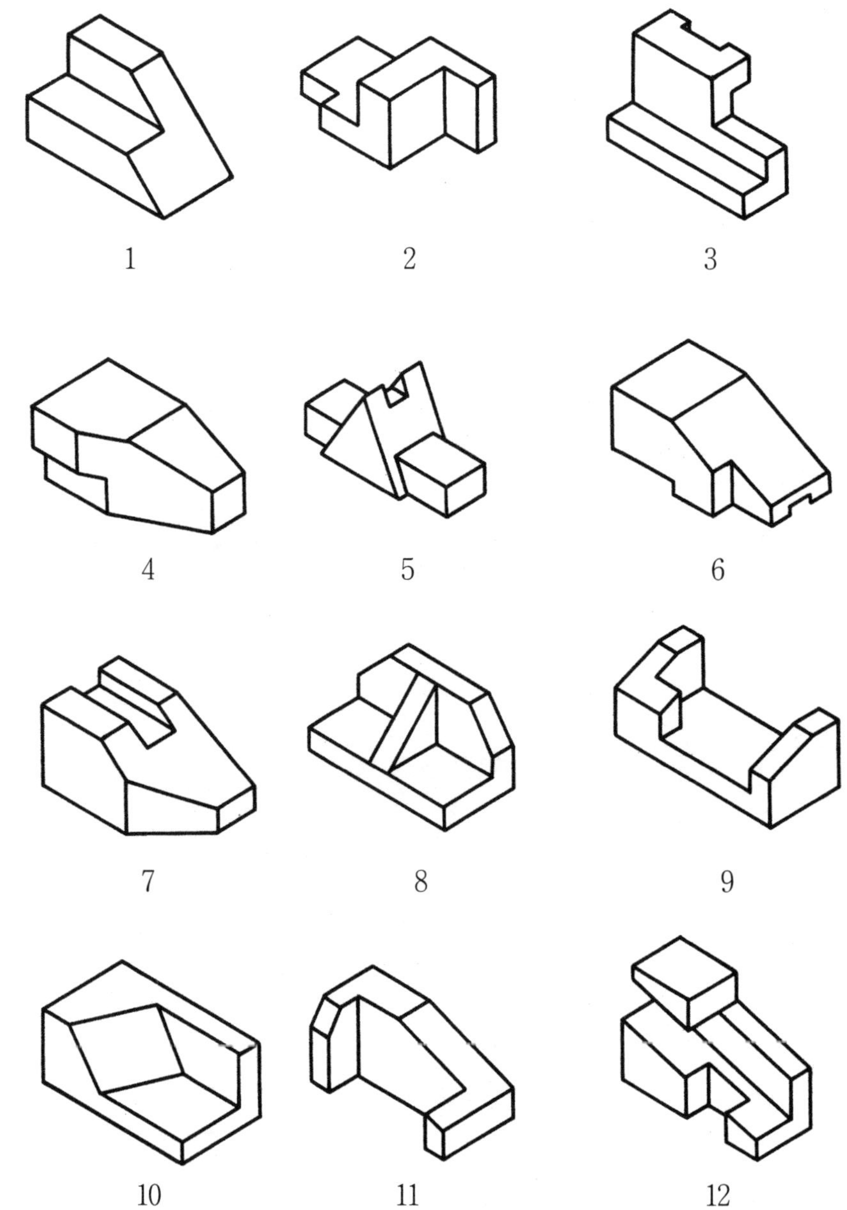

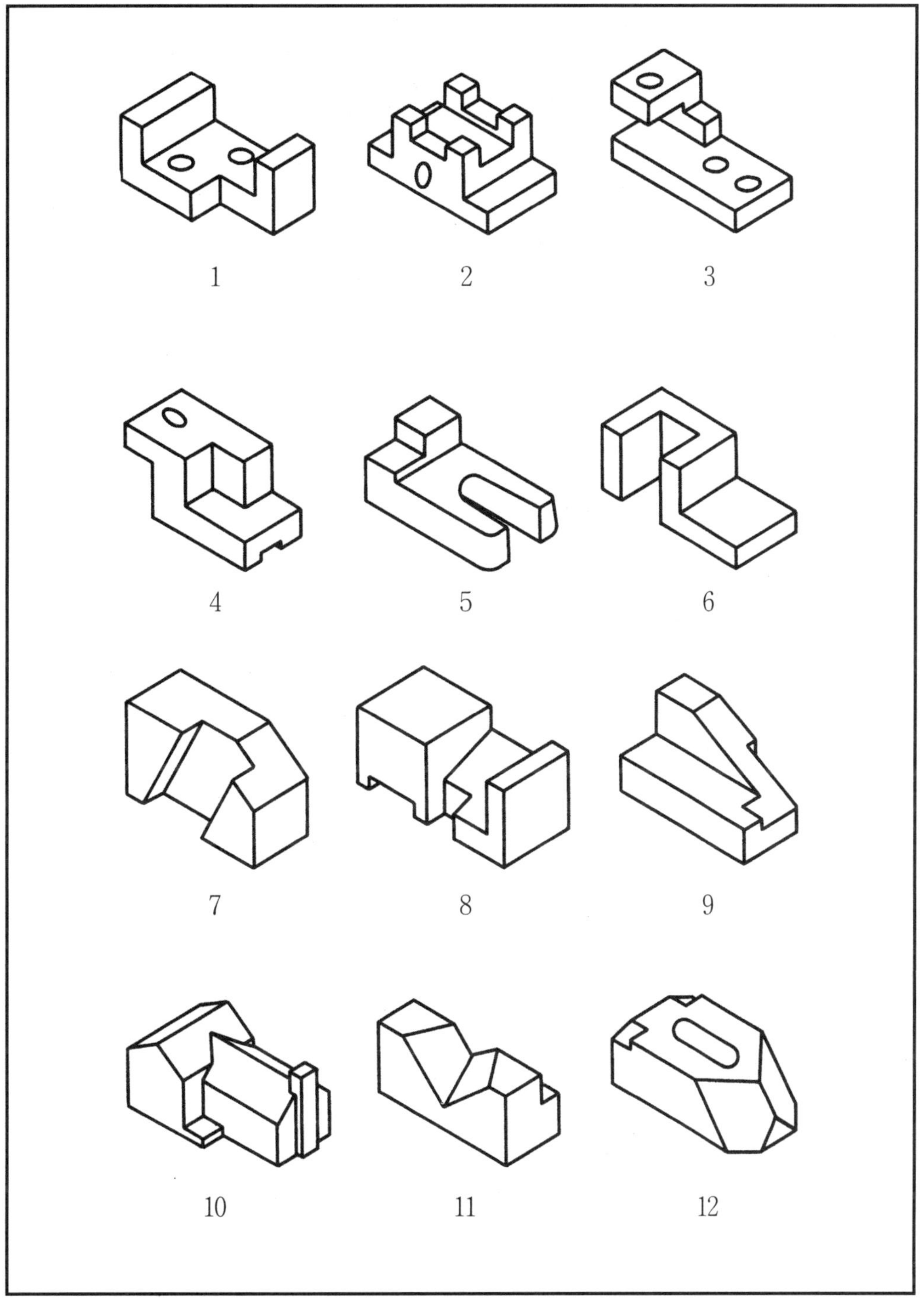
1
2
3
4
5
6
7
8
9
10
11
12

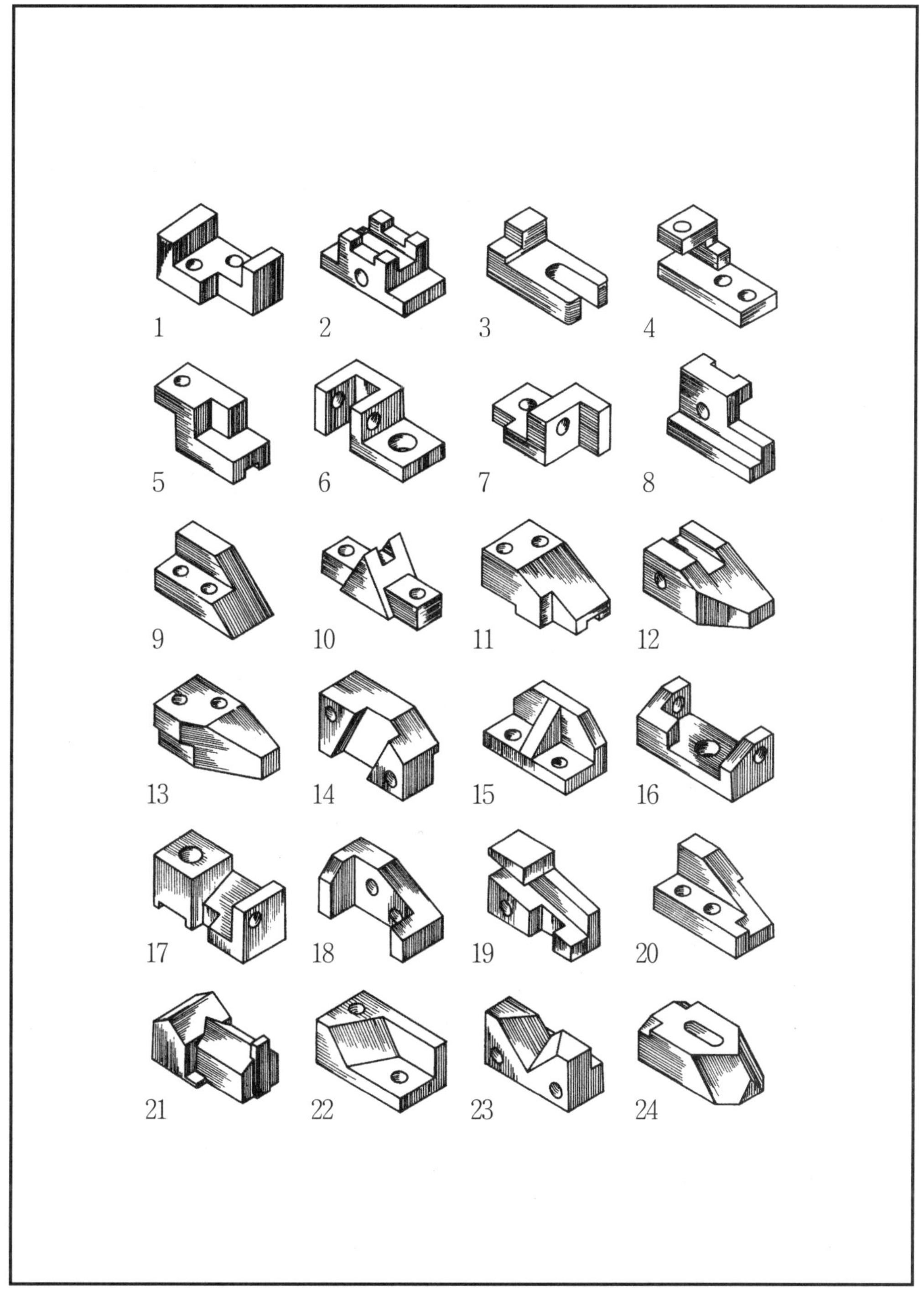
1
2
3
4
5
6
7
8
9
10
11
12
13
14
15
16
17
18
19
20
21
22
23
24

5-5 투상 연습과제

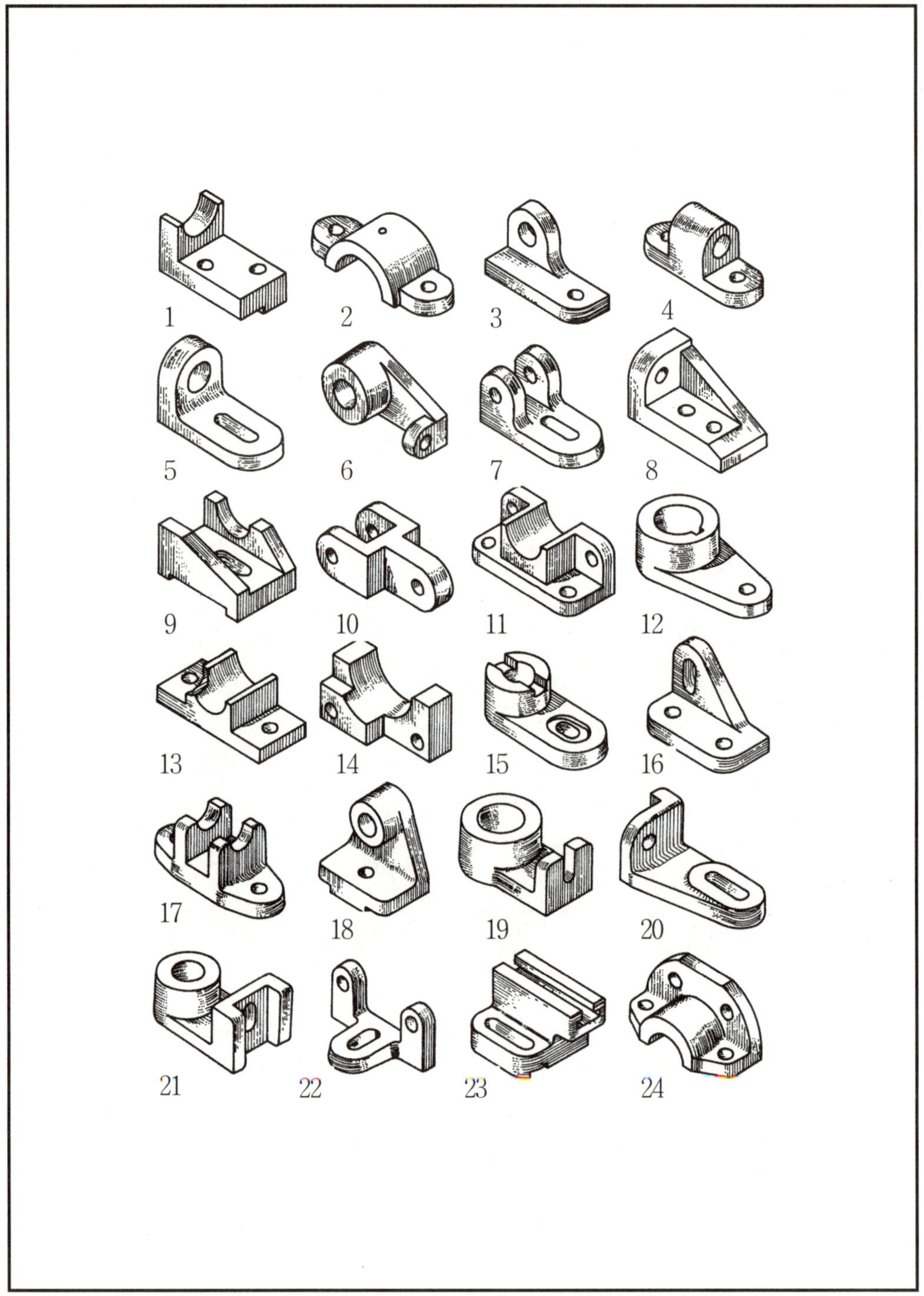

1 2 3 4
5 6 7 8
9 10 11 12
13 14 15 16
17 18 19 20
21 22 23 24

투상연습과제
1 2 3 4 5 6
7 8 9 10 11 12
13 14 15 16 17 18
19 20 21 22 23 24
25 26 27 28 29 30
31 32 33 34 35 36
37 38 39 40 41 42
40 41 42 43 44 45

창호표시기호			
출입구일반		창일반	
바닥차있을때		붙박이장창	
문턱이있을때		오르내리창	
외여닫이문	900	미서기창	1800
쌍여닫이문	1800	미닫이창	1800
방화문		망사댄창	1800
자재문		셔터달린창	1800
회전문		창살창	
접　문		철격자창	
주름문		회전창	
미서기문		외여닫이창	
미닫이문		쌍여닫이창	
외미닫이문		방화창	
창살문		셔터문	

재료의단면표시기호	
	1/20－1/50
지반	G.L
잡석	
자갈모래	자갈 모래 자갈모래섞임
석재	
인조석(모조석)	
얇은 두께의 바름재료	재료명기입
콘크리트의 철근콘크리트	콘크리트 철근콘크리트
벽돌	평면 단면
콘크리트블록	
목재	치장재 구조재 보조구조재
철재	편강재 형강
차단재 (보온재,흡수재)	재료명기입
유리	두께표기 무늬표기
망	메탈라이트 와이어라트 리브라이트
타일, 테라코타	재명, 크기표기
철골철근 콘크리트	벽 기둥
목조	

도명	건축도시 기호		
학번		반	
성명			

제7장 건축기계설비 도면표시기호

단 위

구 분	사용 단위표기	SI 단위표기	비 고
길 이	mm. cm, m	좌 동	
면 적	mm^2, cm^2. m^2	좌 동	
체 적	m^2	좌 동	
무 게	g, kg, ton	좌 동	
유 량	L/m=LPM, L/h=LPH	좌 동	L=ℓ
풍 량	m^3/m=CMM, m^3/h=CMH	좌 동	
시 간	s(초), m(분), h(시간), d(일), y(년)	좌 동	
속 도	m/s	좌 동	
압 력	kg/cm^2, mmHg, mmAq, mmH_2O, mAq, mH_2O, atm	Pa(=N/m^2) bar(=0.1MPa)	1kg/cm^2=98.0665KPa
열 량	kcal/h, (But), Mcal/.h	J	1kcal/h=4.18605 kj
전 력	W=j/s, kW, HP	좌 동	전류량=kW · h
전 원	PH(상)/V(볼트)/Hz(주파수)	좌 동	
힘	kg · m/s^2	N	1kg · m/s^2=9.80665N
조 도	Lx(럭스)=lm/m^2	좌 동	lm(루우멘, 광속)
온 도	℃	좌 동	
비 열	kcal/g · ℃	KJ/(kg · K)	kcal/g · ℃=4.18605kJ(kg · k)
열전도율	kcal/m · h · ℃	W/(m^2 · K)	kcal/m · h · ℃=1.16279W/(m · k)
열관류율	kcal/m^2 · h · ℃	W/(m^2 · K)	kcal/m^2 · h · ℃=1.16279W/(m^2 · k)
밀 도	kg/m^3	좌등	

용어모음

한 글	영 문	한 글	영 문
(건축)			
슬 래 브	Slab	계 기	Gage
콘크리트	Concrete	스프링클러	Sprinkler
몰 탈	Mortar	신축이음쇠	Flexible Joint
아스팔트	Asphalt	신축호스	Flexible Hose
슬 리 브	Sleeve	벨 로 즈	Bellows
샤 프 트	Shaft	신축곡관, 루프	Loop
피 트	Pit	지지철물, 행거	Hanger
암면보온재	Rock wool insulation	걸이철물, 앵커	Anchor
유리솜보온재	Glass wool insulation	삽입, 인서트	Insert
점검구, 맨홀	Manhole	브래킷	Braket
		가이드	Guide
(기계)		수채, 싱크	Sink
함, 케이싱	Casing	수도꼭지, 수전	Faucet
볼 트	Bolt	세척밸브, 플러쉬밸브	Flush Valve
너 트	Nut	그리스 저집기	Grease Trap
리 벳	Rivet	모 발 저집기	Hair Catcher
와 셔	Washer	덕 트	Duct
판, 판넬	Panel	댐 퍼	Damper
판, 플레이트 , PL	Plate	기 초	Base
강판, 철판	Steel plate	코 킹	Caulking
알루미늄 , AL	Aluminum		
스테인리스 , STS	Stainless	(장비)	
플라스틱	Plastic	공기조화기 , AHU	Air Handling Unit
플 랜 지	Flange	패키지에어콘 , PAC	Package Air Conditioner
밸 브	Valve	팬코일유닛 , FCU	Fan Coil Unit
엘 보	Elbow	송풍기, 팬	Fan
밴 드	Bend	에어포일팬	Air Foil Fan
플 러 그	Plug	펌 프 , P	Pump
소 켓	Socket	버 너 , BU	Bumer
티	Tee	냉 동 기 , CH	Chiller
레 듀 서	Reducer	냉 각 답 , CT	Cooling Tower
스트레이너	Stainer	열교환기 , HE	Heat Exchanger
글로브밸브	Globe valve	흡수식 냉동기 , AC	Absorption Chiller
첵 밸브	Check valve	온수저장탱크 , DHT	Domestic Hot Water Storage Tank
관, 파이프	Pipe	공기여과기, 필터	Tank Filter
2방 밸브	2 way valve	방 열 기	Fitter Radiator

한 글	영 문	한 글	영 문
3방 밸브	3 way valve	콘 벡 터	Convector
전자밸브, 솔레노이드	Solenoid valve	헤 더	Header
안전밸브 , SV	Safety valve	후 드	Hood
플 로 트	Float		
넘침관, 오버플로관	Overflow	(기타)	
배 수 관 , D	Drain	폴리에틸렌	Poly-ethylene
오 수 관 , S	Soil	아세틸렌	Acethylene
통 기 관 , V	Vent pipe	디 지 털	Digital
도피관, 릴리프관	Relief pipe	검출기, 센서	Sensor
계 량 기 , FM	Flow meter	밸 런 싱	Balancing
압 력 계 , PG	Pressure gage	전선, 와이어	Wire
온 도 계 , TH	Thermometer	펠 트	Felt
바닥배수구 , FD	Floor drain		
옥상배수구 , RD	Roof drain		

덕트 기호

기 호	설 명	비 고
	급기덕트 SUPPLY AIR DUCT SECTION	
	환기덕트 RETURN AIR DUCT SECTION	
	배기덕트 EXHAUST AIR DUCT SECTION	
	외기덕트 FRESH AIR DUCT SECTION	
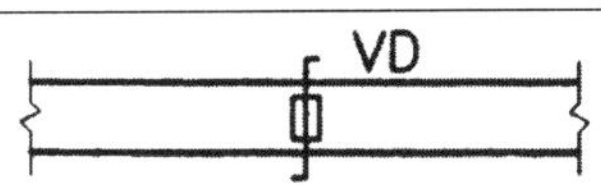	풍량조절댐퍼 VOLUME DAMPER	
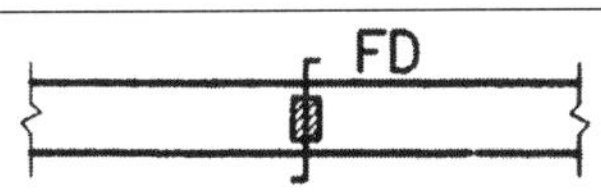	방화댐퍼 FIRE DUMPER	
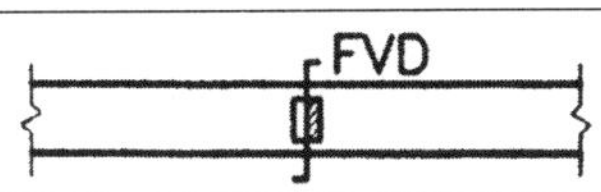	풍량조절 및 방화댐퍼 FIRE VOLUME DAMPER	
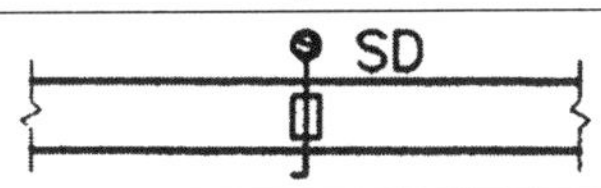	전자식개폐댐퍼 SOLENOID DAMPER	
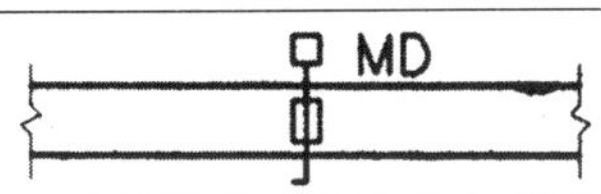	전동풍량조절댐퍼 MOTORIZED VOLUME DAMPER	
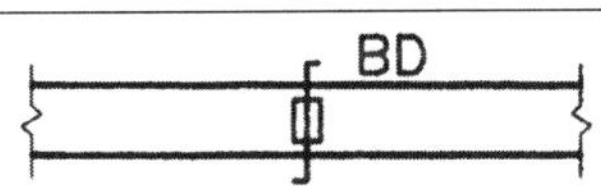	역류방지댐퍼 BACKDRAFT DAMPER	
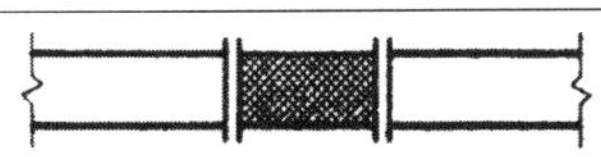	캔버스이음 CANVAS DUCT CONNECTION	
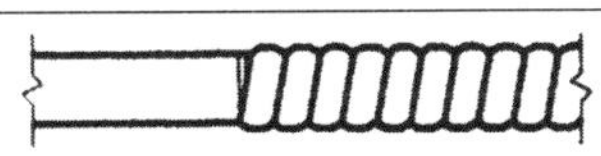	플렉시블덕트 FLEXIBLE DUCT	
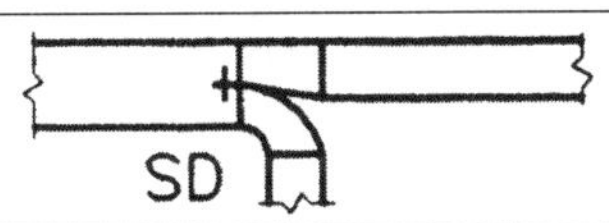	분할댐퍼 SPLIT DAMPER	
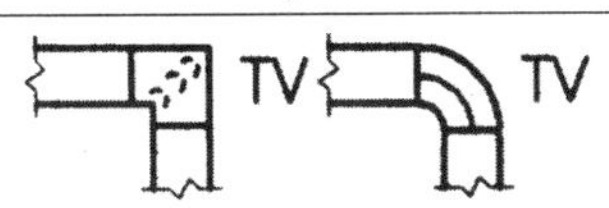	터닝베인 TURNING VANE	
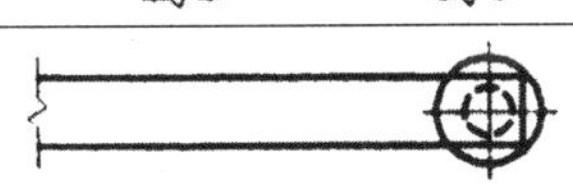	원형디퓨져 ROUND TYPE DIFFUSER	
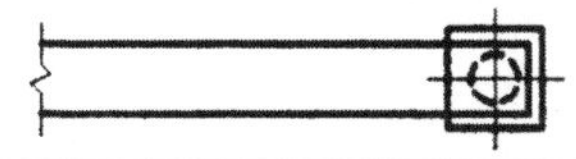	각형디퓨져 SQUARE TYPE DIFFUSER	
	레지스터 및 그릴 REGISTER OR GRILLE	
	루버 LOUVER	
	가변풍량유닛 VARIABLE AIR VOLUME UNIT	
	정풍량유닛 CONSTANT AIR VOLUME UNIT	
	재열코일 REHEATING COIL	
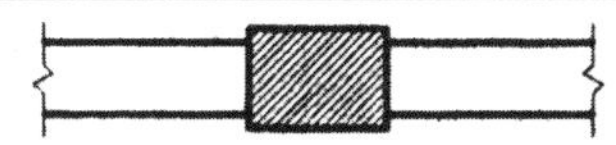	덕트소음기 DUCT SOUND ATTENUATOR	
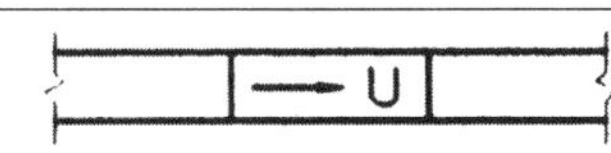	덕트의 오름내림(U : 올라감 D : 내려감) CHANGE OF ELEVATION U:UP, D:DOWN	
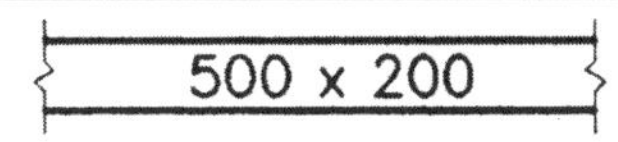	덕트크기(폭×길이) DUCT SIZE (WIDTH×DEPTH)(단위:mm)	
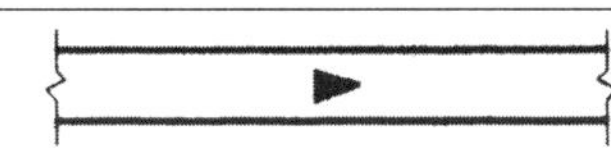	유체의 흐름방향 DIRECTION OF FLOW	
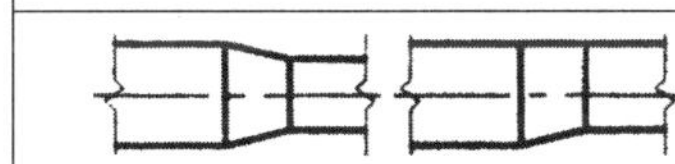	덕트의 확대축소 TRANSITION	
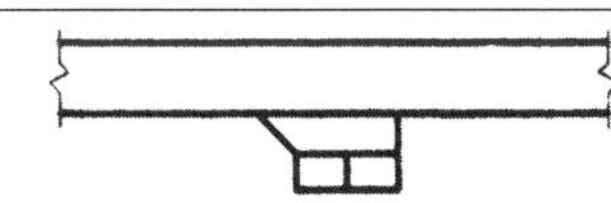	덕트의 분지 BRANCH SUPPLY OR RETURN	
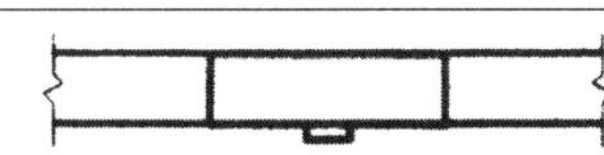	라인디퓨져 LINE DIFFUSER	
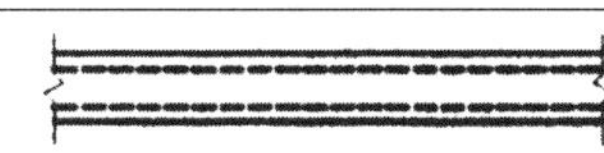	흡음라이닝 ACOUSTICAL LINING	

공조계통 기호

기 호	설 명	비 고
—//— S S —//—	고압증기공급관 (5.0kg/cm^2 · G 이상) HIGH PRESSURE STEAM SUPPLY	
--//-- S R --//--	고압응축수관 (5.0kg/cm^2 · G 이상) HIGH PRESSURE CONDENSATE	
—/— S S —/—	중압증기공급관 (2.0kg/cm^2 · G 이상) MEDIUM PRESSURE STEAM SUPPLY	
--/-- S R --/--	중압응축수관 (2.0kg/cm^2 · G 이상) MEDIUM PRESSURE CONDENSATE	
—— S S ——	저압증기공급관 (0.35kg/cm^2 · G 이상) LOW PRESSURE STEAM SUPPLY	
---- S R ----	저압응축수관 (0.35kg/cm^2 · G 이상) LOW PRESSURE CONDENSATE	
—— MTWS ——	중온수 공급관 MEDIUM TEMPERATURE WATER SUPPLY	
—— MTWR ——	중온수 환수관 MEDIUM TEMPERATURE WATER RETURN	
—— HWS ——	온수 공급관 HOT WATER SUPPLY	
—— HWR ——	온수 환수관 HOT WATER RETURN	
—— CHS ——	냉수 공급관 CHILLED WATER SUPPLY	
—— CHR ——	냉수 환수관 CHILLED WATER RETURN	
—— C S ——	냉각수 공급관 CONDENSER WATER SUPPLY	
—— C R ——	냉각수 환수관 CONDENSER WATER RETURN	
—— HCS ——	냉온수 공급관 HOT & CHILLED WATER SUPPLY	
—— HCR ——	냉온수 환수관 HOT & CHILLED WATER RETURN	
—— FCS ——	팬코일유닛 공급관 FAN COIL UNIT SUPPLY	
—— FCR ——	팬코일유닛 환수관 FAN COIL UNIT RETURN	
—— FCD ——	팬코일유닛 배수관 FAN COIL UNIT DRAIN	
—— E D ——	장비 배수관 EQUIPMENT DRAIN	
---- E ----	팽창관 EXPANSION	
—— R S ——	냉매 흡인관 REFRIGERANT SUCTION	
—— R L ——	냉매 액관 REFRIGERANT LIQUID	
—— M G ——	중압 가스관 (1~10kg/cm^2 · G) MEDIUM PRESSURE GAS	
—— G ——	저압 가스관 (1kg/cm^2 · G) LOW PRESSURE GAS	
—— DOS ——	경유 공급관 DIESEL OIL SUPPLY	
—— DOR ——	경유 환유관 DIESEL OIL RETURN	
—— BOS ——	중유 공급관 BUNKER "C" OIL SUPPLY	
—— BOR ——	중유 환유관 BUNKER "C" OIL RETURN	
----(T)----	증기트랩장치 STEAM TRAP ASSEMBLY	플로트, 버킷, 드럼
—— BFW ——	보일러 보급수관 BOILER FEED WATER	

위생계통 기호

기 호	설 명	비 고
—— + ——	정수관 WELL WATER	
—— • ——	급수관 DOMESTIC WATER	
—— •• ——	급탕관 DOMESTIC HOT WATER SUPPLY	
—— ••• ——	환탕관 DOMESTIC HOT WATER RETURN	
—— T W ——	중수관 TREATMENT WATER	
—— I W ——	공업용수 INDUSTRIAL WATER	
—— D ——	배수관 DRAIN	
—— S ——	오수관 SOIL	
---- V ----	통기관 VENT	
—— R D ——	우수배수관 ROOF DRAIN	
—— W D ——	폐수관 WASTE DRAIN	
----W V----	폐수통기관 WASTE VENT	
FD	바닥배수관 FLOOR DRAIN	
CO	소제구 CLEANOUT	
FCO	비닥소제구 FLOOR CLEANOUT	
RD	옥상배수구 ROOF DRAIN	
VTW	벽통기구 VENT THRU. WALL	

기 호	설 명	비 고
VTR	옥상통기구 VENT THRU. ROOF	
—— A ——	압축공기 COMPRESSED AIR	
—— V A ——	진공배관 VACUUM	
——[name]——	케미칼배관 (이름 : 화학식명) CHEMICAL SUPPLY	
—— A W ——	산배수관 ACID WASTE	
----A V----	산통기관 ACID VENT	
—— DWS ——	음수 공급관 DRINKING WATER SUPPLY	
—— DWR ——	음수 환수관 DRINKING WATER RETURN	

밸브류 및 기타기호

기 호	설 명	비 고
	게이트밸브 GATE VALVE	
	글로브밸브(스톱밸브) GLOBE VALVE, STOP VALVE	
	첵밸브 CHECK VALVE	
	스트레이너 STRAINER	
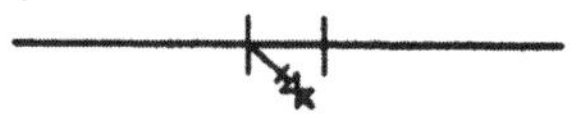	스트레이너 STRAINER WITH BLOW OFF	
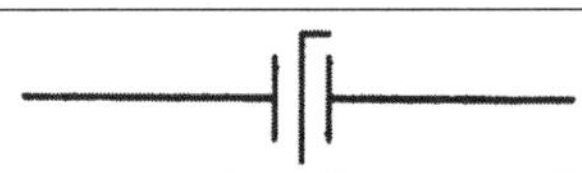	버터플라이밸브 BUTTERFLY VALVE	
	볼밸브 BALL VALVE	
	플렉시블이음 FLEXIBLE JOINT	
	신축이음쇠(벨로즈형, 단식) EXPANSION JOINT (SINGLE TYPE)	
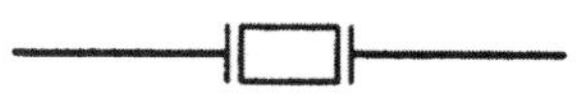	신축이음쇠(벨로즈형, 복식) EXPANSION JOINT (DOBLE TYPE)	
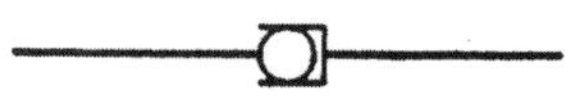	볼조인트 BALL JOINT	
	밸런싱밸브 BALANCING VALVE	
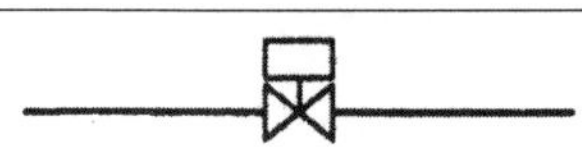	2방(자동)밸브장치 2-WAY CONTROL VALVE ASSEMBLY	
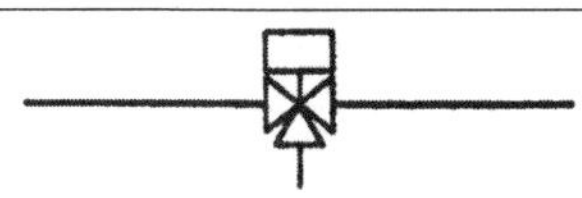	3방(자동)밸브장치 3-WAY CONTROL VALVE ASSEMBLY	
	차압밸브 PRESSURE DIFFERENTIAL CONTROL VALVE	
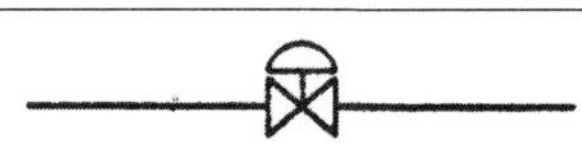	솔레노이드밸브 SOLENOID VALVE	
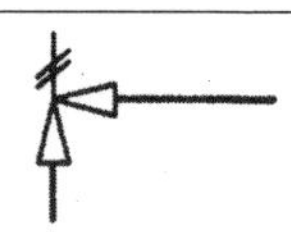	안전밸브 SAFETY VALVE	

기 호	설 명	비 고
	감압밸브 PRESSURE REDUCING VALVE	
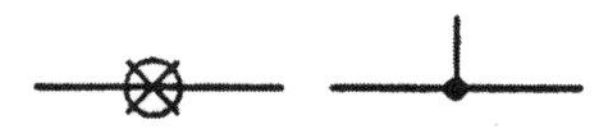	고정철물, 지지철물 PIPE ANCHOR, HANGER	
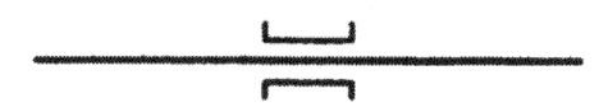	파이프가이드 PIPE ANCHOR, HANGER	
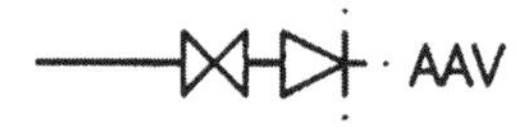	자동공기빼기밸브 AUTOMATIC AIR VENT	
	온도계 및 압력계 THERMOMETER & PRESSURE GAUGE	
	압력스위치 PRESSURE SWITCH	
	플로우스위치 FLOW SWITCH	
	가스메터기 GAS METER	
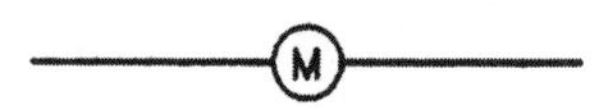	유량계 FLOW METER	
	공기분리기 AIR SEPARATOR	
	유체의 흐름방향 DIRECTION OF FLOW	

부속류 기호

기 호	설 명	비 고
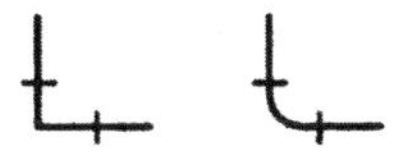	90도 엘보 90° ELBOW	
	하향곡관 ELBOW TURNED DOWN	
	상향곡관 ELBOW TURNED UP	
	레듀서 CONCENTRIC REDUCER	
	편심레듀서 ECCENTRIC REDUCER	
	루-프이음 LOOP JOINT	
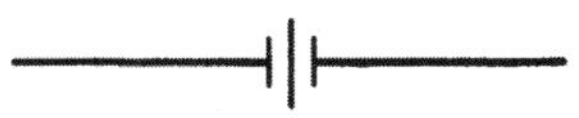	유니온 UNION	
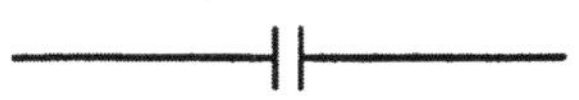	플랜지 FLANGE	

덕트(DUCT)

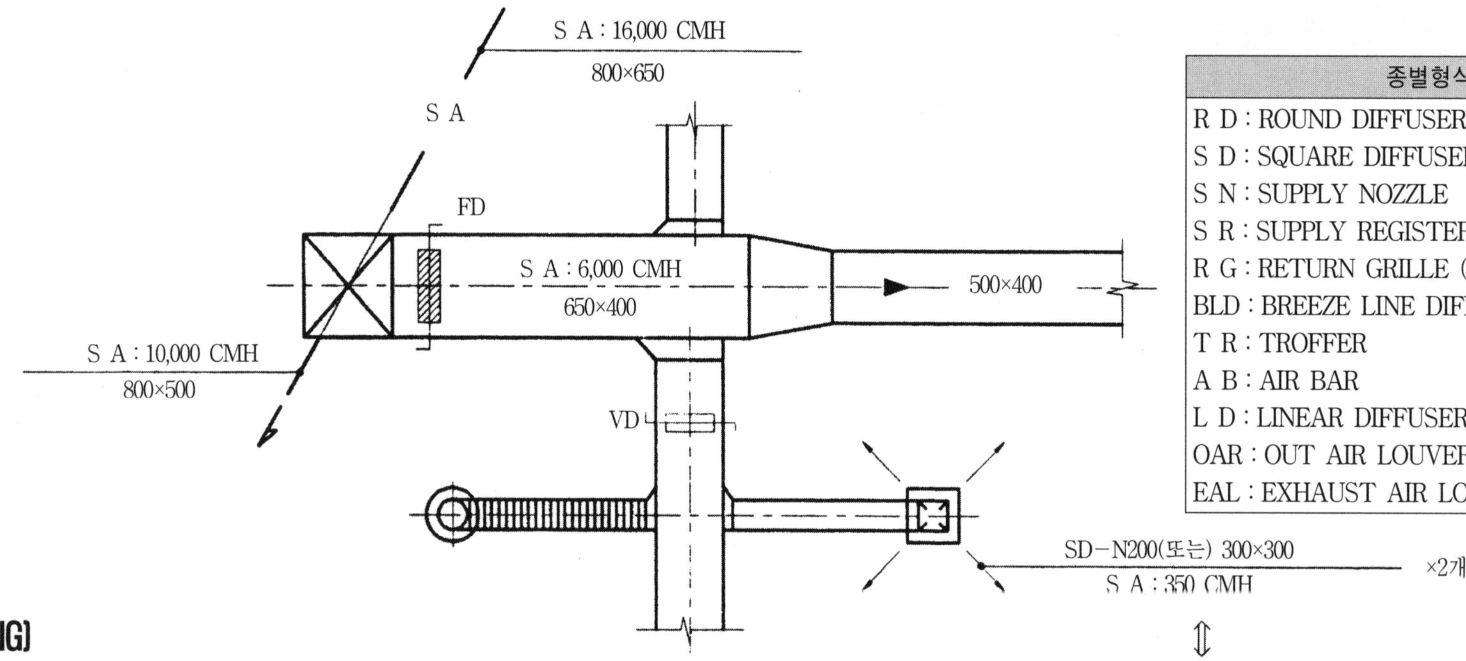

종별형식	사 용
R D : ROUND DIFFUSER	원형 디퓨져
S D : SQUARE DIFFUSER	각형 디퓨져
S N : SUPPLY NOZZLE	노 즐
S R : SUPPLY REGISTER	레지스터
R G : RETURN GRILLE (EG)	그 릴
BLD : BREEZE LINE DIFFUSER	브리즈라인 디퓨져
T R : TROFFER	트로퍼
A B : AIR BAR	에어바
L D : LINEAR DIFFUSER	선형 디퓨져
OAR : OUT AIR LOUVER	루 버(외기용)
EAL : EXHAUST AIR LOUVER	루 버(배기용)

⇕

$$\frac{\text{종별형식}-\text{치수}}{\text{시간당 1개 풍량}} \times \text{수량}$$

배관(PIPING)

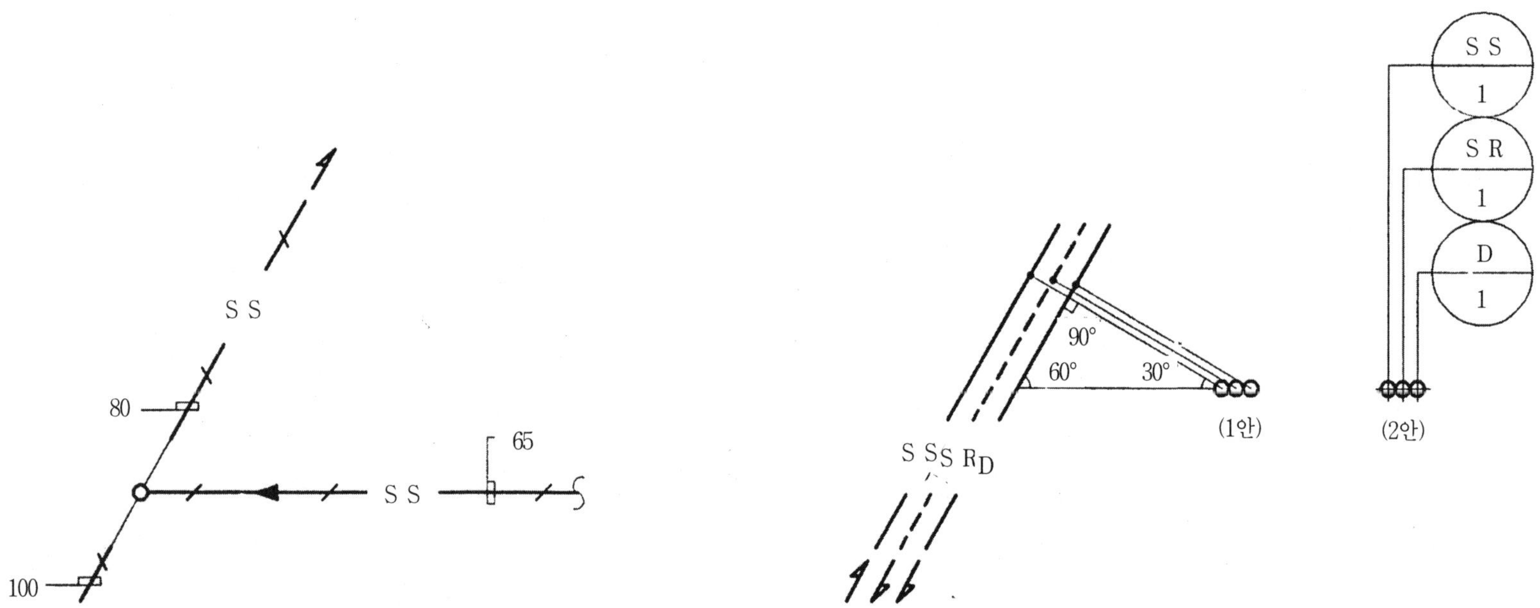

도면표기법

1. 장비류

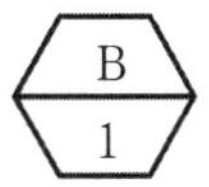

장비류

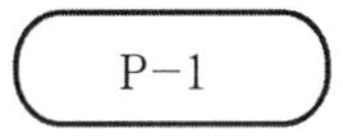

위생기구

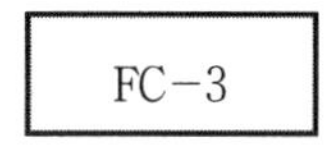

팬코일유닛

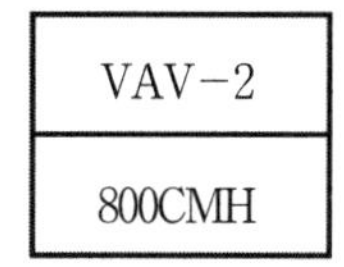

VAV유닛
CAV유닛

2. 방열기

(1) 주철제 방열기 (CAST IRON RADIATOR)

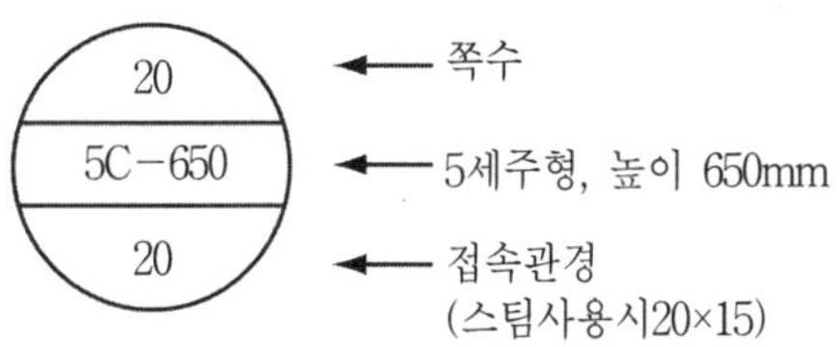

(2) 콘벡터 (CONVECTOR)

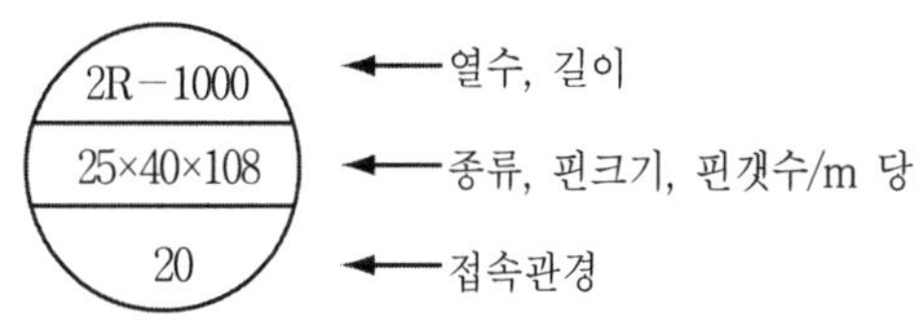

(3) 강판제 방열기 (STEEL RADIATOR)

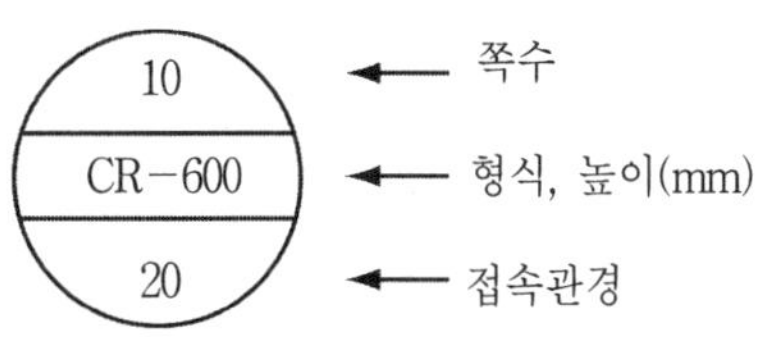

(세주형)

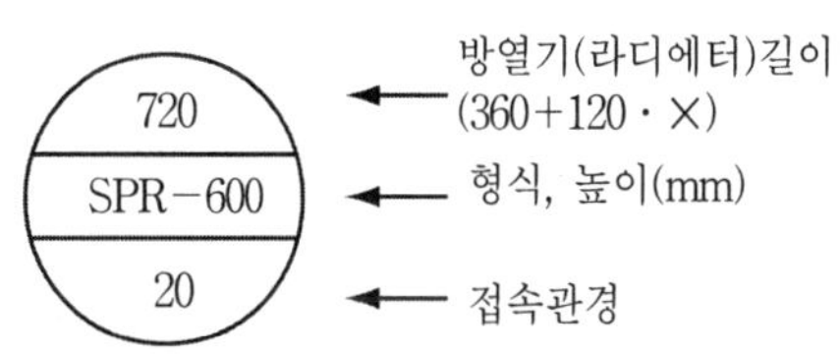

(판형)

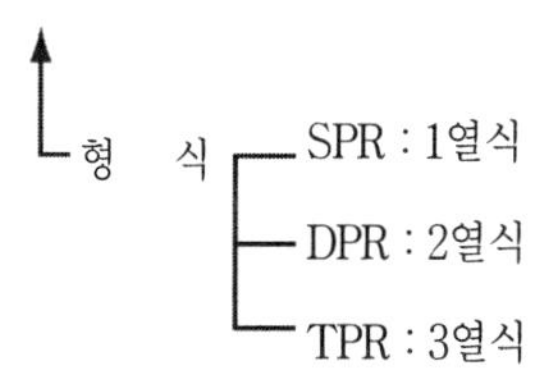

(4) 알루미늄 방열기 (AL. RADIATOR)

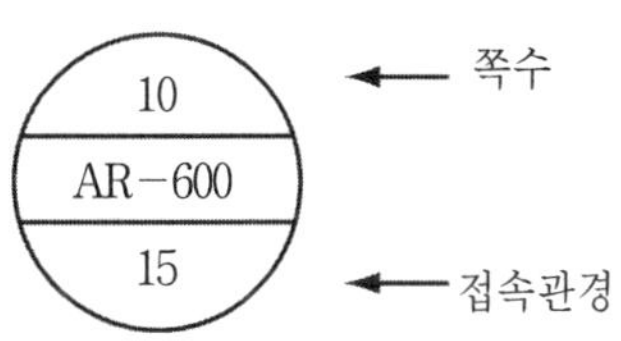

열관류율 계산서

학번 :

이름 :

구분	단　면	재료명	두께 (mm)	열전도율 (λ)	열전도저항 (R)	열관류율 (K)
지붕					ΣR	
외벽					ΣR	
외벽					ΣR	
바닥					ΣR	

단위 : λ : kcal/mh℃, R : m^2h℃/kcal, K : kcal/m^2h℃

냉방·난방부하계산서

학번 :
이름 :

실명	L	W	H		
면 적 :		x	x	=	m^2(평)
체 적 :		x	x	=	m^2

구 분	냉 방		난 방
실 외	℃ DB, ℃ WB, Xo=	시간 :	℃ DB ℃ WB
실 내	℃ DB, ℃ WB, Xr=	방위 :	℃ DB ℃ WB

통과부하 및 일사부하								
구 분		면 적(m^2)	냉 방		난 방		냉 방	난 방
			팩 터	TDc ℃	팩 터	TDh ℃	kcal/h	kcal./h
벽 면 적								
유 리 창 (문)								
벽 체								
지 붕								
바 닥								
간 벽								
소 계								

내 부 현 열 부 하			
사 람	x		–
동 력	m^2 x W		
조 명	x		
극 간 풍	CMH x 0.29 x TDc		
	CMH x 0.29 x TDh		
기 타			소계 :

<table>
<tr><td colspan="2"></td><td>—</td><td rowspan="4"></td></tr>
<tr><td colspan="2">실 내 현 열 부 하 소 계</td><td></td></tr>
<tr><td colspan="2">안 전 율 (%)</td><td></td></tr>
<tr><td colspan="2">실 내 현 열 부 하 합 계</td><td></td></tr>
<tr><td colspan="2">내 부 잠 열 부 하</td><td></td><td rowspan="4">안전율 :</td></tr>
<tr><td>사 람</td><td>x</td><td></td></tr>
<tr><td>극 간 풍</td><td>CMH x 715 x Δx</td><td></td></tr>
<tr><td>기 타</td><td></td><td></td></tr>
<tr><td colspan="2">실 내 잠 열 부 하 소 재</td><td></td><td rowspan="4">난방부하합계</td></tr>
<tr><td colspan="2">안 전 율(%)</td><td></td></tr>
<tr><td colspan="2">실 내 잠 열 부 하 합 계</td><td></td></tr>
<tr><td colspan="2">실 내 부 하 합 계</td><td></td></tr>
</table>

풍 량 : V= $\dfrac{RSH}{0.29x(tr-td)} = \dfrac{\quad}{0.29x} =$ CMH

환기횟수 : 회/시간 현열비(RSHF)=

급기풍량 : ____________________

배관계산서

학번 :

이름 :

구 간	유 량 kg/h	관 경 A	유 속 m/s	단위저항 mmAq/m	직관, 밸브, 부속류 분류	직관 및 상당길이 m	전저항값 mmAq	비 고

난방용 온수배관설계

1. 온수배관의 설계순서

(1) 배관방식 결정

(2) 배관관로의 작성

(3) 유량결정(허용압력손실, 단위마찰 손실의 결정)

(4) 유량선도 또는 유량표에 의한 관결결정(허용유속 점검)

(5) 배관저항 산출(부속품 결정)

(6) 펌프용량산정

2. 유량결정

$$W = \frac{Q}{C(t_1 - t_0)}$$

W : 소요유량(kg/h)

Q : 통과열량(kcal/h)

C : 물의 비열(kcal/kg ℃)

t_1, t_0 : 물의 통과 온도

3. 압력강하, 유속

구 분	압력강하 R(mm/m)	유 속(m/s)	비 고
소규모 건물	5 ~ 20	최대 1.5	
대규모 건물	10 ~ 30	〃	
지 역 난 방	10 ~ 30	최대 3.0	

표 局部抵抗의 비율

k=1.0~1.5	(住宅 기타의 小建築)
k=0.5~1.0	(事務所 기타의 大建築)
k=0.2~0.5	(地域暖房)

표 (A) 局部抵抗의 相當길이(m)

관경	90°*2 標準 엘보우	45°*2 標準 엘보우	티이 分流 合流	티이 直通			글로브 밸브	앵글 밸브	게이트 밸브	스윙첵 밸브*1
				티이	異經티이 (差 $^3/_4$d)	異經티이 (差 $^1/_2$d)				
15	0.5	0.2	0.9	0.3	0.4	0.6	5.5	2.1	0.2	1.8
20	0.6	0.3	1.2	0.4	0.6	0.5	6.7	2.7	0.3	2.4
25	0.8	0.4	1.5	0.5	0.7	0.8	8.8	3.7	0.3	3.1
32	1.0	0.5	2.1	0.7	0.9	1.0	11.6	4.6	0.5	4.3
40	1.2	0.6	2.4	0.8	1.1	1.2	13.1	5.5	0.6	4.8
50	1.5	0.8	3.1	1.0	1.4	1.5	16.8	7.3	0.7	6.1
65	1.8	1.0	3.7	1.3	1.7	1.8	21.0	8.8	0.9	7.6
80	2.3	1.2	4.6	1.5	2.1	2.3	25.6	10.7	1.0	9.1
100	3.1	1.6	6.4	2.0	2.7	3.1	36.6	14.3	1.4	12.7
125	4.0	2.0	7.6	2.5	3.7	4.0	42.7	17.7	1.8	15.2
150	4.9	2.4	9.1	3.1	4.3	4.9	51.8	21.3	2.1	18.3
200	6.1	3.1	12.2	4.0	5.5	6.1	67.1	25.9	2.7	24.4
250	7.6	4.0	15.2	4.9	7.0	7.6	75.3	32.0	3.7	30.5
300	9.1	4.9	18.3	5.8	7.9	9.1	97.5	39.6	4.0	36.6
350	10.4	5.5	20.7	7.0	9.1	10.4	110	47.2	4.6	41.2
400	11.6	6.1	23.8	7.9	10.7	11.6	125	54.9	5.2	45.7
450	12.8	7.0	25.9	8.8	12.2	12.8	140	61.0	5.8	50.3
500	15.2	7.9	30.5	10.1	12.4	15.2	158	71.0	6.7	61.0
600	18.3	9.1	35.1	12.2	15.2	18.3	186	80.8	7.6	73.2

*1 밸브의 抵抗은 展開時의것. 45° Y형밸브는 앵글밸브의 저항과 같다.

*2 各口徑에 相當하는 밸브시이트를 지닌 리프트形 체크밸브는 글로브밸브의 抵抗과 같다.

표 (B) 국부抵抗의 相當길이 (斷面形狀變化) (m)

관경 (B)	管의 急擴大*d/D			管의 急縮小*d/D			탱 크		리턴 벤드	온수용 방열기밸브
	1/4	1/2	3/4	1/4	1/2	3/4	入口	出口		
15	0.6	0.3	0.1	0.3	0.2	0.1	0.6	0.3	0.4	1.6
20	0.8	0.5	0.2	0.4	0.3	0.2	0.9	0.4	0.7	2.2
25	1.0	0.6	0.2	0.5	0.4	0.2	1.1	0.6	0.8	2.8
32	1.4	0.9	0.3	0.7	0.6	0.3	1.7	0.8	1.0	3.6
40	1.8	1.1	0.4	0.9	0.7	0.4	2.0	1.0	1.2	4.2
50	2.4	1.5	0.5	1.2	0.9	0.5	2.7	1.3	1.7	–
65	3.1	1.9	0.6	1.5	1.2	0.6	3.7	1.7	2.2	–
80	4.0	2.4	0.8	2.0	1.5	0.8	4.3	2.2	2.8	–
100	5.2	3.4	1.2	2.7	2.1	1.2	6.1	3.1		
125	7.3	4.6	1.5	3.7	2.7	1.5	8.2	4.3		
150	8.8	6.7	1.8	4.6	3.4	1.8	10.1	5.8		
200	–	7.6	2.6	–	4.6	2.6	14.3	7.3		
250	–	9.8	3.4	–	6.1	3.4	18.3	8.8		
300	–	12.5	4.0	–	7.6	4.0	22.3	11.3		
350	–	–	4.9	–	–	4.9	26.2	13.7		
400	–	–	5.5	–	–	5.5	29.3	15.2		
450	–	–	6.1	–	–	6.1	35.1	17.8		
500	–	–	–	–	–	–	43.3	21.3		
600	–	–	–	–	–	–	49.7	25.3		

* d, D는 관의 內經(d<D) 管經 d를 써서 읽는다.

펌프선정계산서

장비번호		용 도	
시 방	x LPM x mH x KW(/ / 60)		
형 식		회전수	RPM

(배관손실계산)

(1) 토출축		:	
직 관	x	:	
부속류	x	:	
게이트밸브	x	:	
플렉시블이음	x	:	
첵밸브	x	:	
자동조절밸브		:	
장 비		:	
장 비		:	
기 타		:	
소 계			M
(2) 흡입측			
직 관	x	:	M
부속류	x	:	
게이트밸브	x	:	
스트레이너	x	:	
플렉시블이음	x	:	
기 타		:	
소 계			M
(3)=(1)+(2)			
	x 1.1	:	M

(동력계산)

$$\frac{0.163 \times \quad \times}{} \times 1.2 = \text{KW}$$

(비 고)

송풍기선정계산서

팬번호		용 도	
시 방	x CMM x mmAq x KW(PH / VOLTS / Hz 60)		
형 식		회전수	RPM

압력손실 (전압기준)mmAq
(1) 기 내
프리필터(PRE FILTER) 5
메인필터(MAIN FILTER) 25
냉방코일(COOLING COIL) 12
난방코일(HEATING COIL) 4
기 타

소 계
(2) 기 외
덕트계통

소 계

(1)=(2) 합계(Pt)
정압 Ps=Pt−송풍기토출동압
$=Pt-(Vd/4.04)^2$
= mmAq
송풍기정압(Ps)
=Ps x 1.1
= mmAq

명 칭	평균덕트 크 기	풍량 (CMH)	풍속 (/)	m당저항 (mmAq/m)	덕트길이m 또는 기구수	평균국부저항			압력손실 (mmAq)
						손실계수	$V^2 \cdot r/2g$	mmAq/m개	
덕 트									
덕 트									
엘 보									
엘 보									
분 기									
분 기									
VD, FD									
소음엘보									
챔 버									
총압력손실 mmAq									
(비 고)									

8-1. 화장실 설비유닛

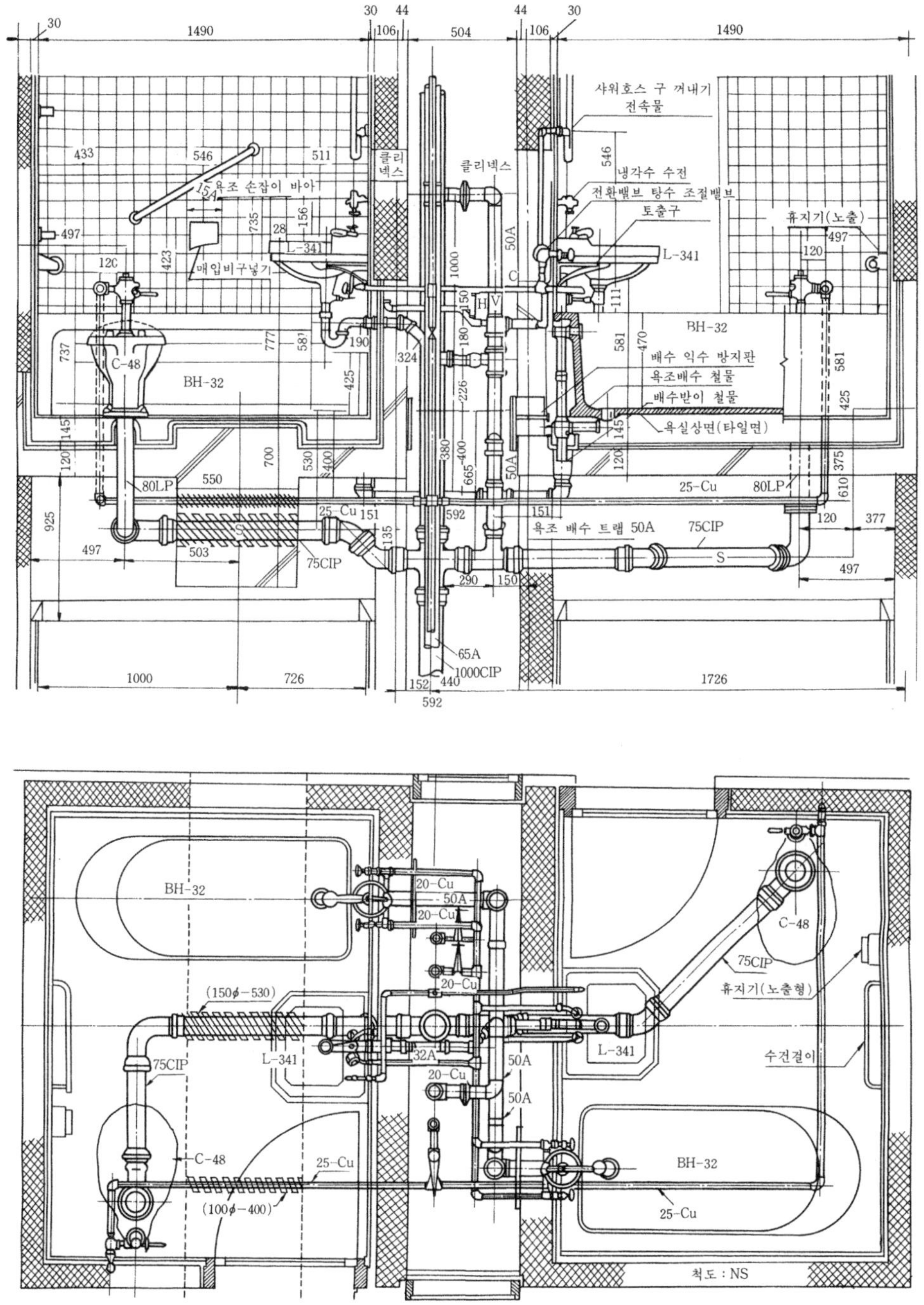

도명	화장실 설비유닛		
학번		반	
성명			

8-2. 호텔 화장실 배관도

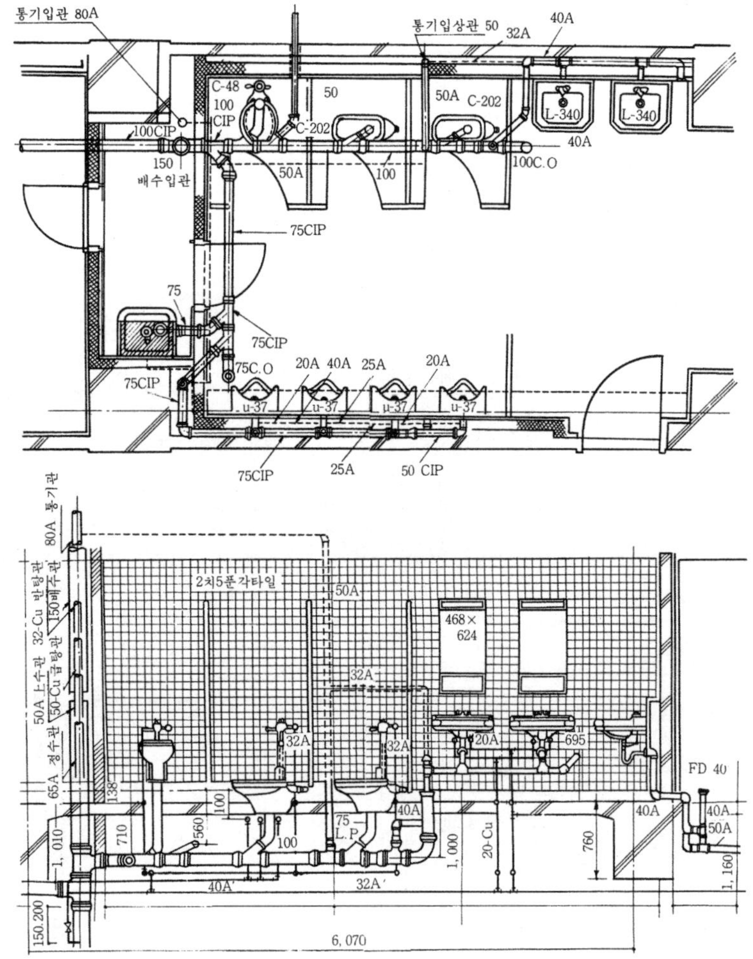

척도 : NS

도명	호텔 화장실 배관도		
학번		반	
성명			

9-1. 옥상 탱크 배관도

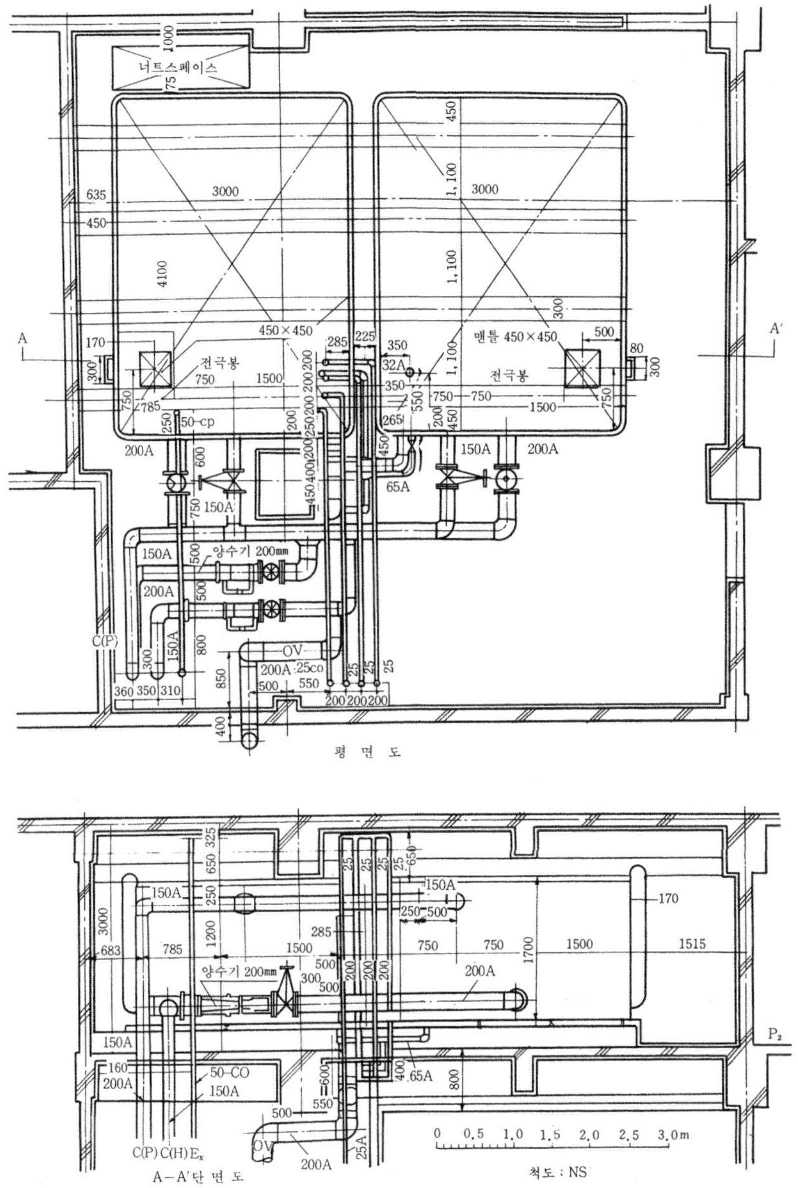

도명	옥상탱크 배관도		
학번		반	
성명			

9-2. 옥상 급탕 탱크

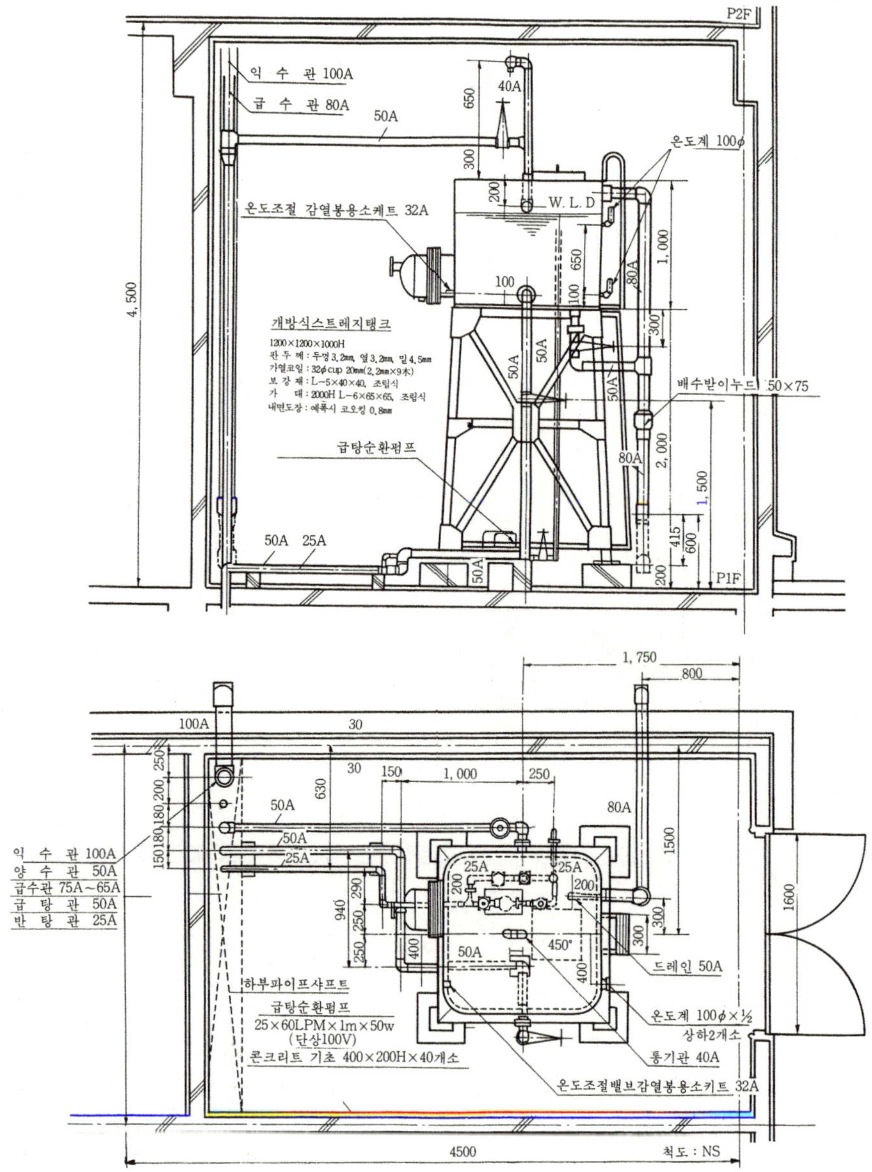

도명	옥상 급탕탱크		
학번		반	
성명			

9-3. 급탕 탱크 배관도

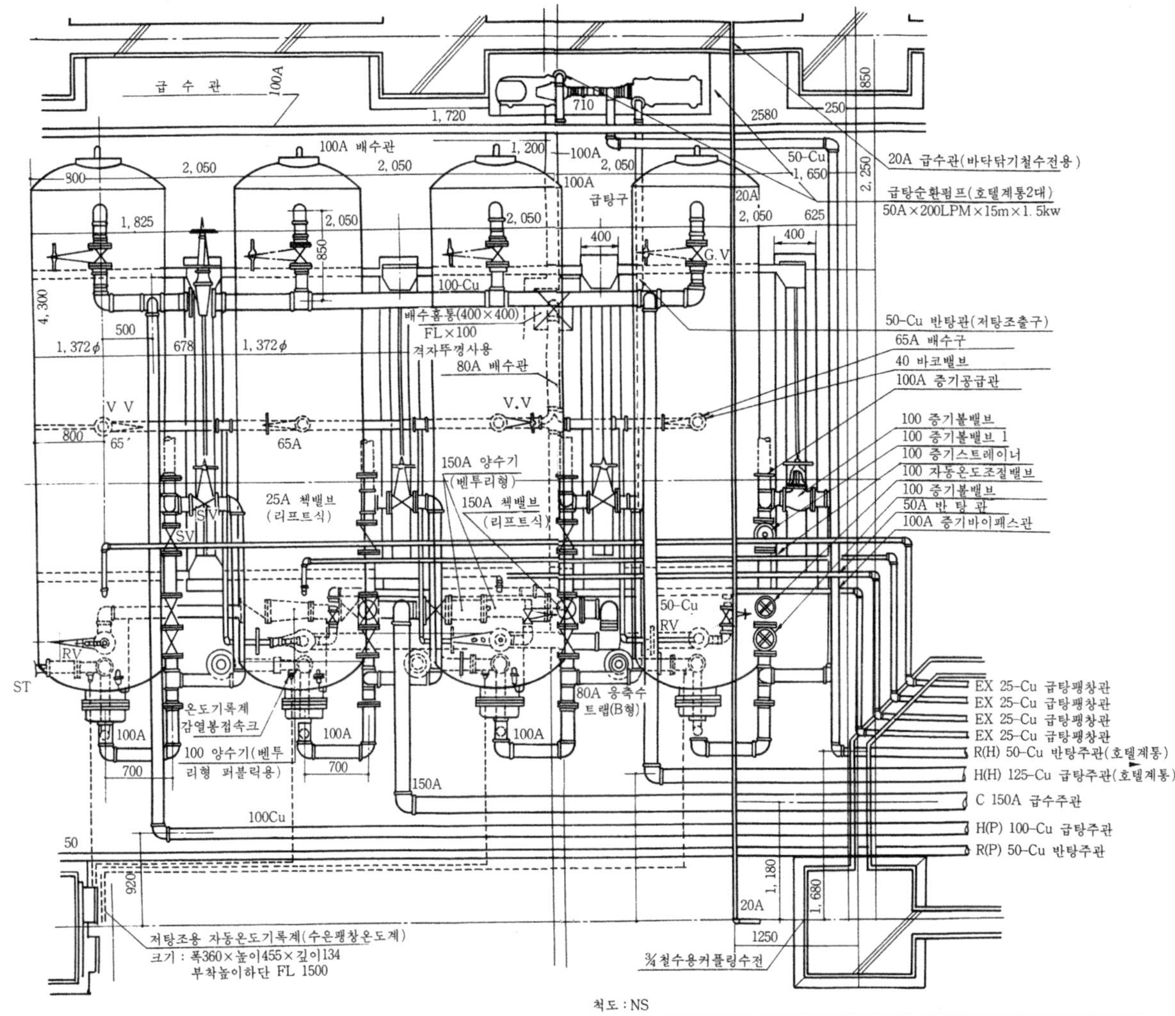

도명	급탕탱크 배관도		
학번		반	
성명			

10-1. 복관식 증기난방 방열기 배관도

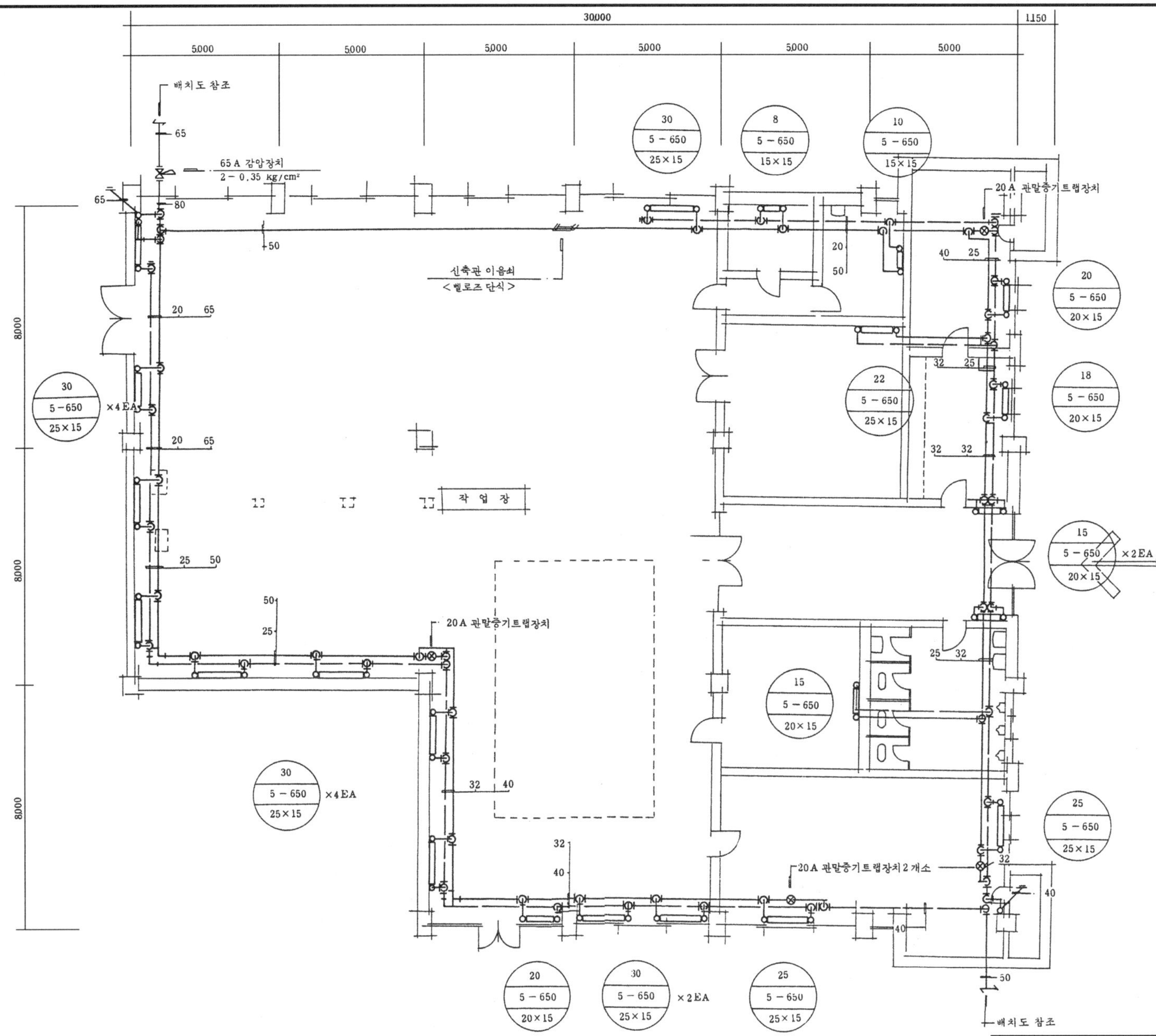

도명	복관식 증기난방 방열기 배관도		
학번		반	
성명			

10-2. 환수방식 방열기 배관도

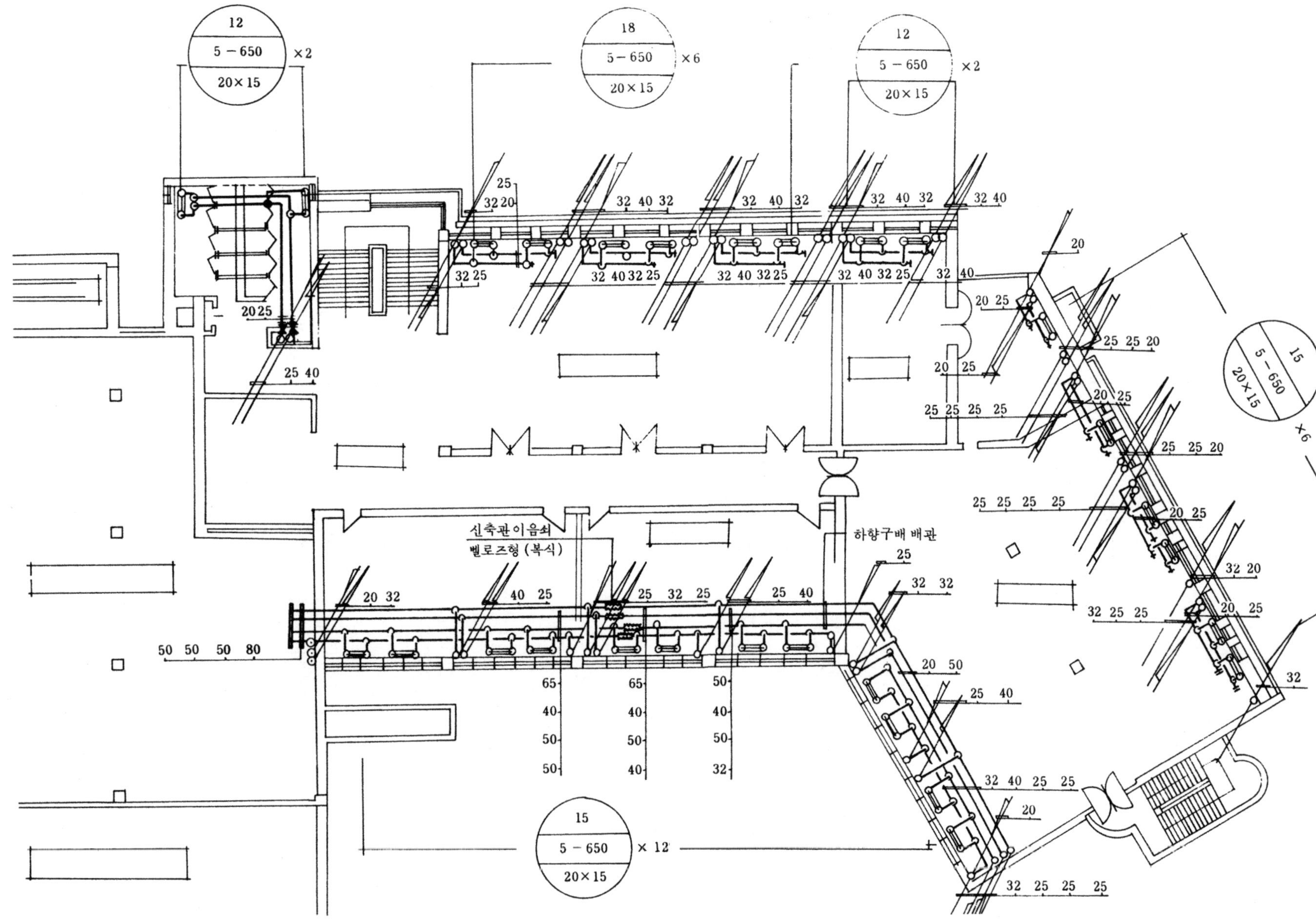

도명	환수방식 방열기 배관도		
학번		반	
성명			

10-3. 단관식 컨벡터 배관도

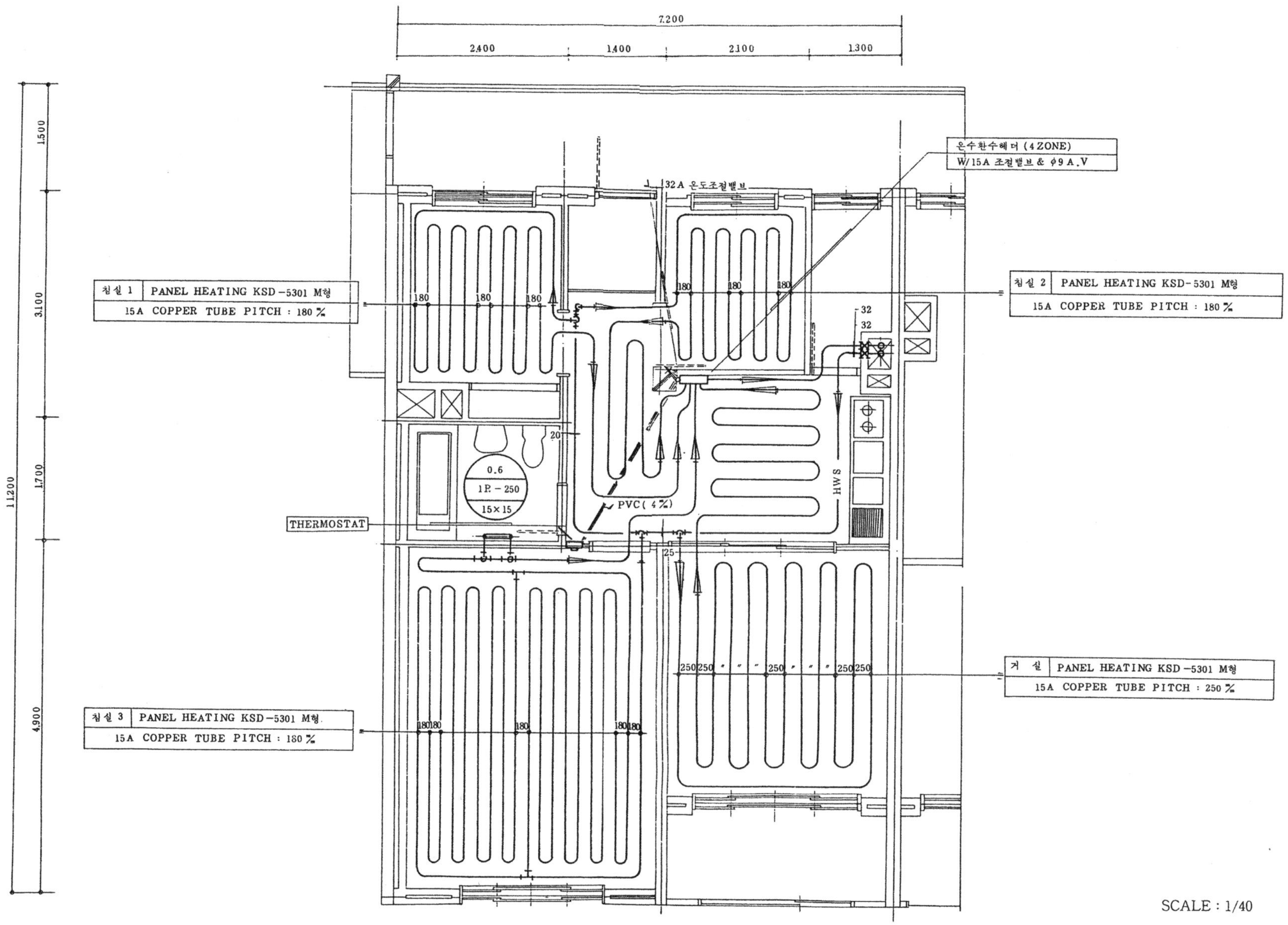

도명	단관식 컨벡터 배관도		
학번		반	
성명			

10-4. 증기 헤더 배관도

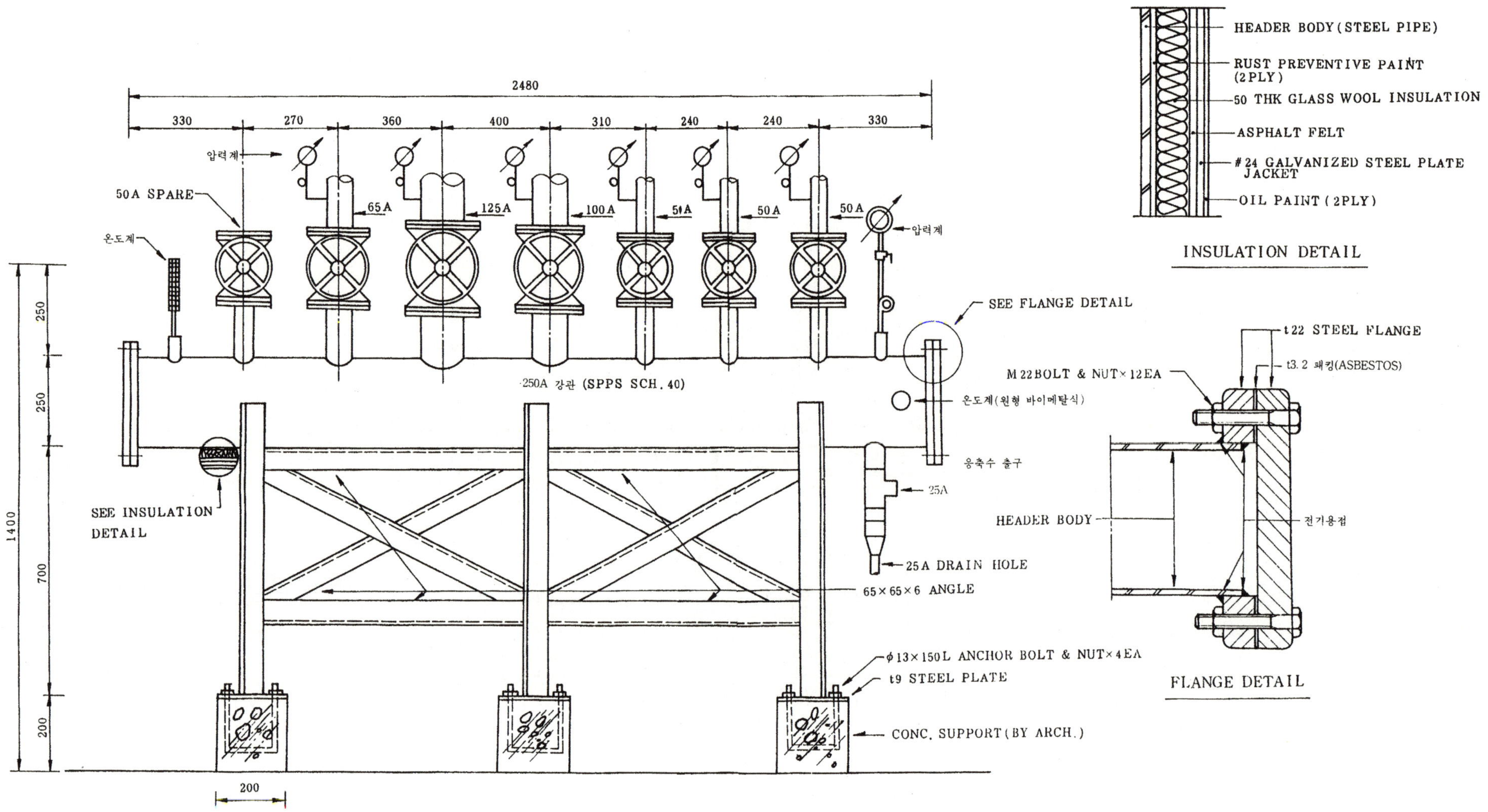

도명	증기 헤더 배관도		
학번		반	
성명			

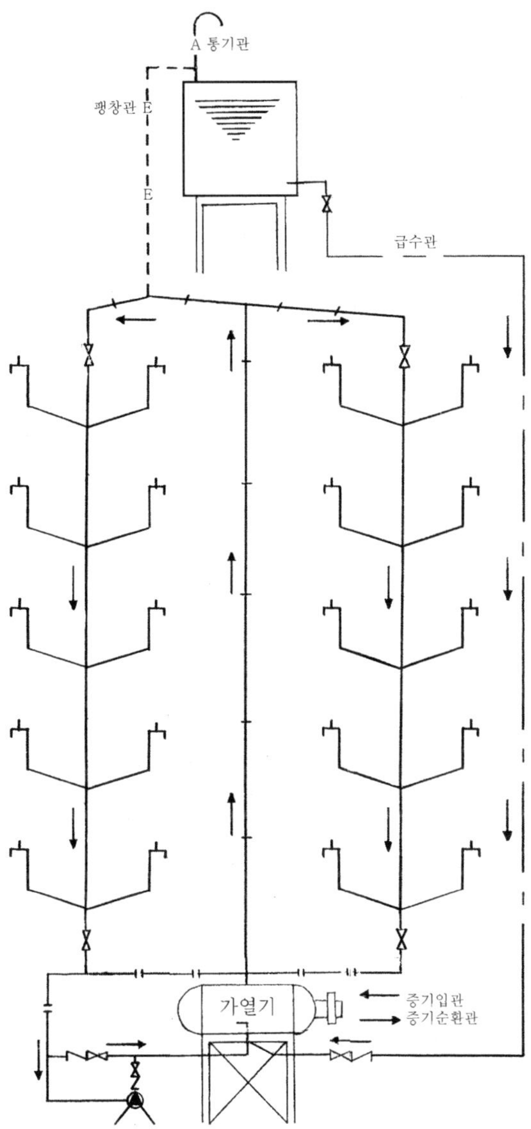

단관 하향 순환식 급탕배관

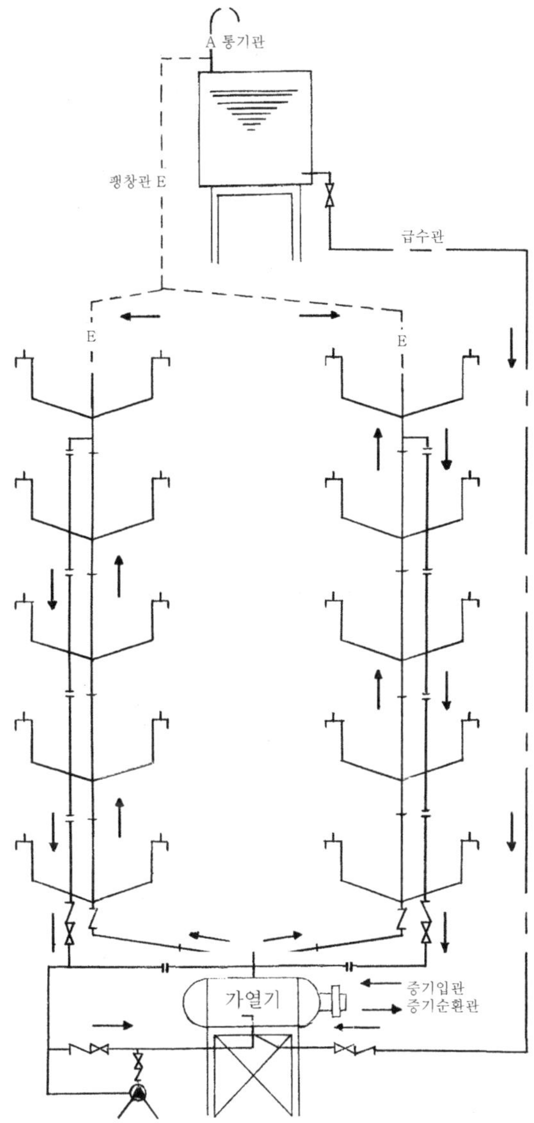

복관 상향 순환식 급탕배관

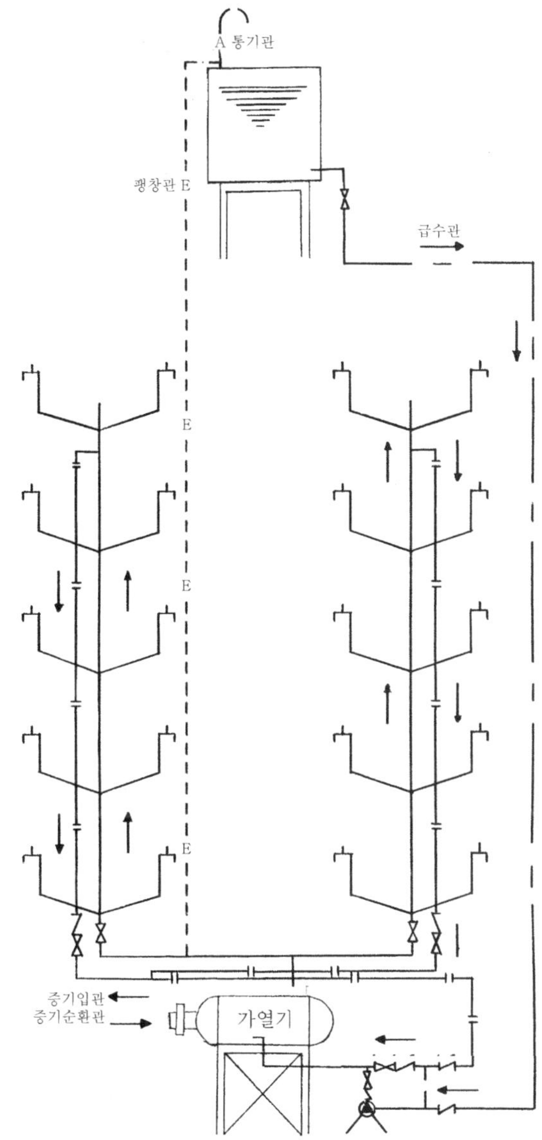

리버어스리턴 상향 순환식 급탕배관

도명	급탕배관		
학번		반	
성명			

12-1. 배수 펌프 배관도

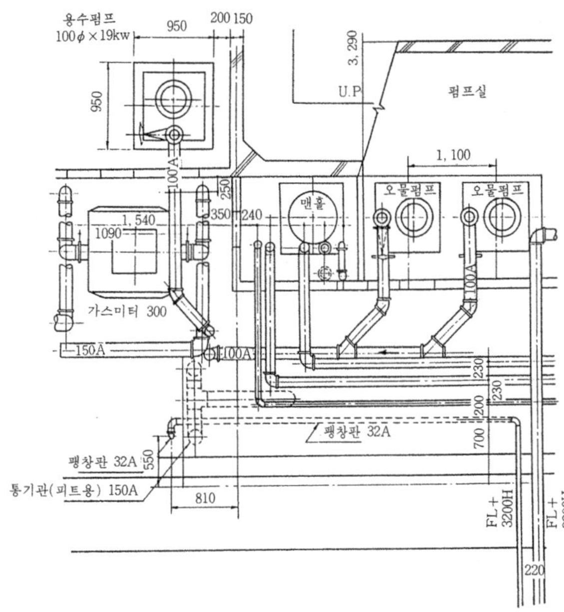

평 면 도

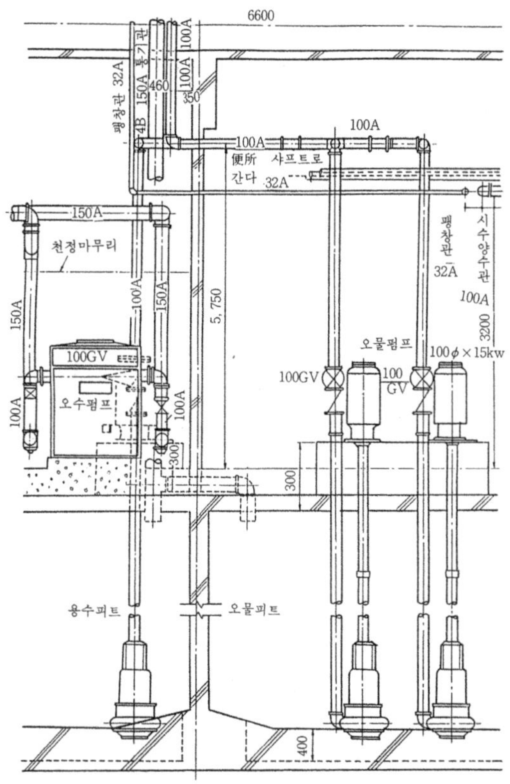

단면도

도명	배수 펌프 배관도		
학번		반	
성명			

12-2. 응용펌프 주위 배관도

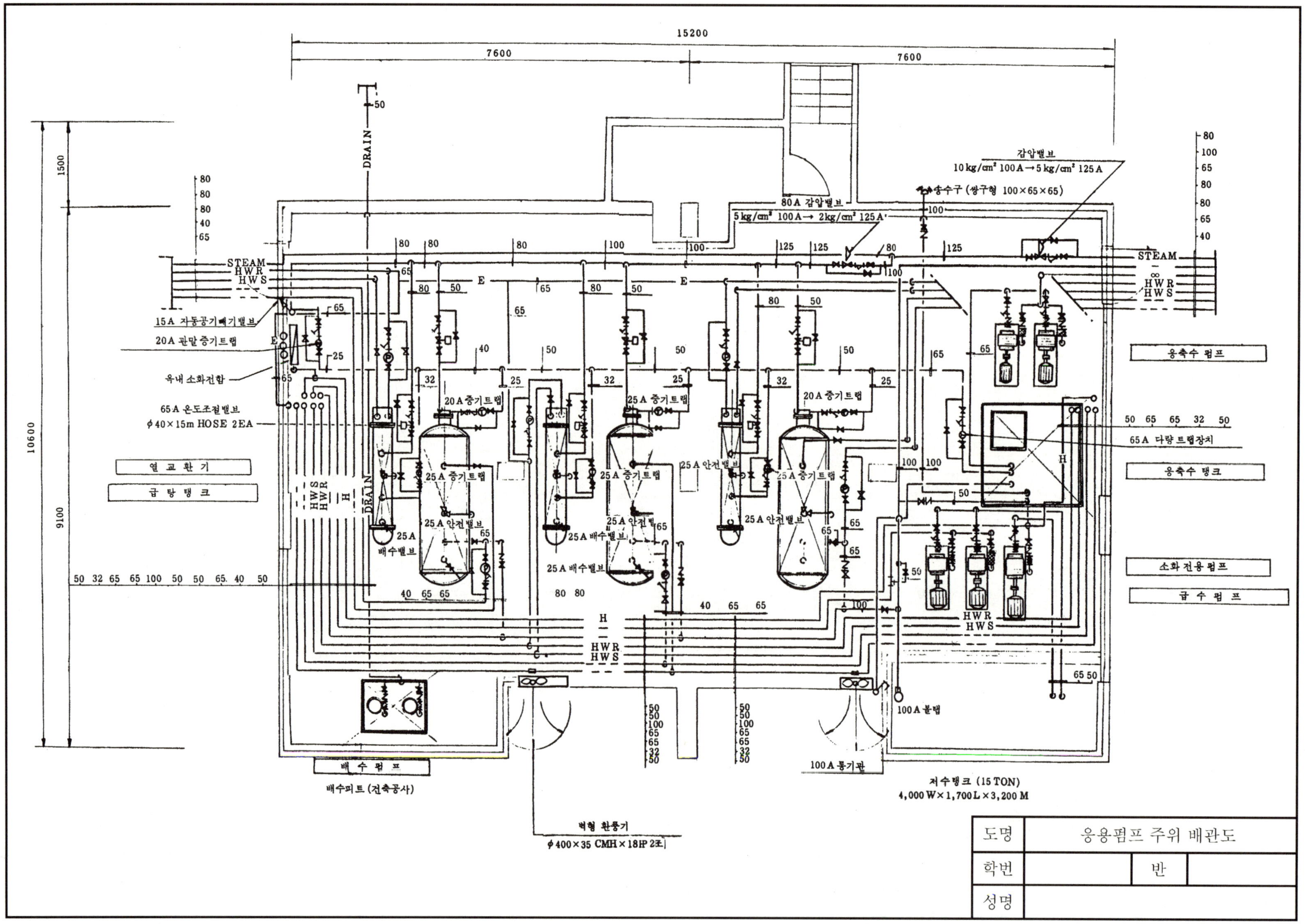

12-3. 감압장치 배관도

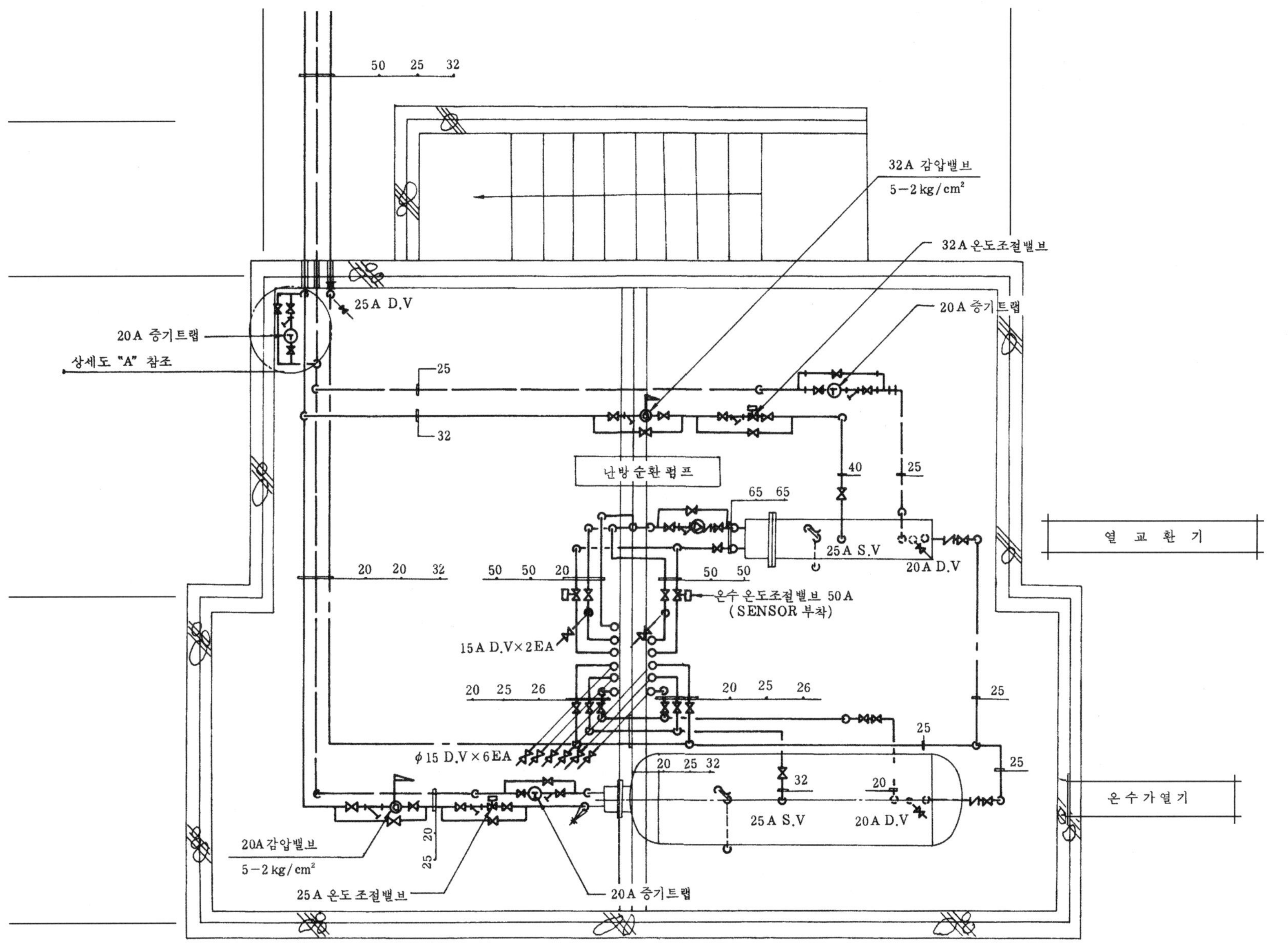

도명	감압장치 배관도		
학번		반	
성명			

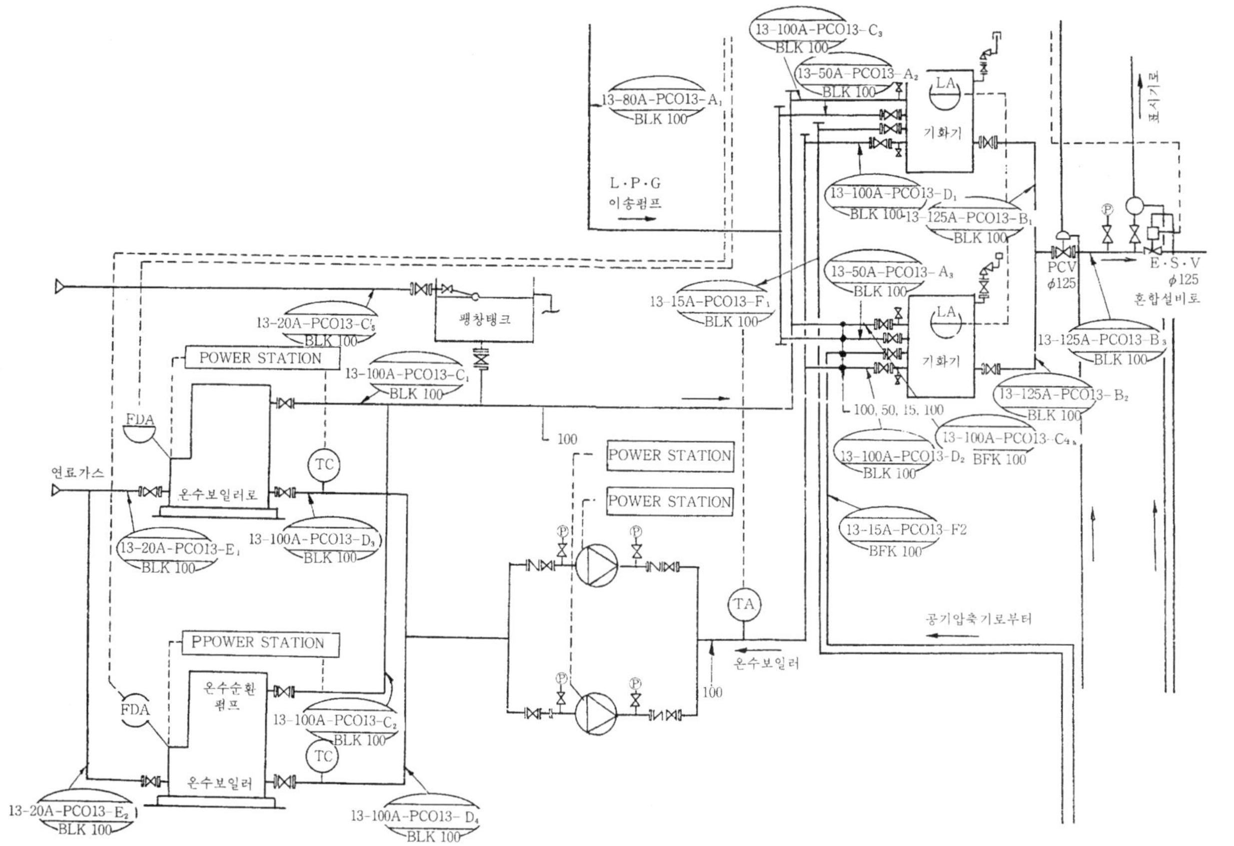

도명	기화기 주변 상세도		
학번		반	
성명			

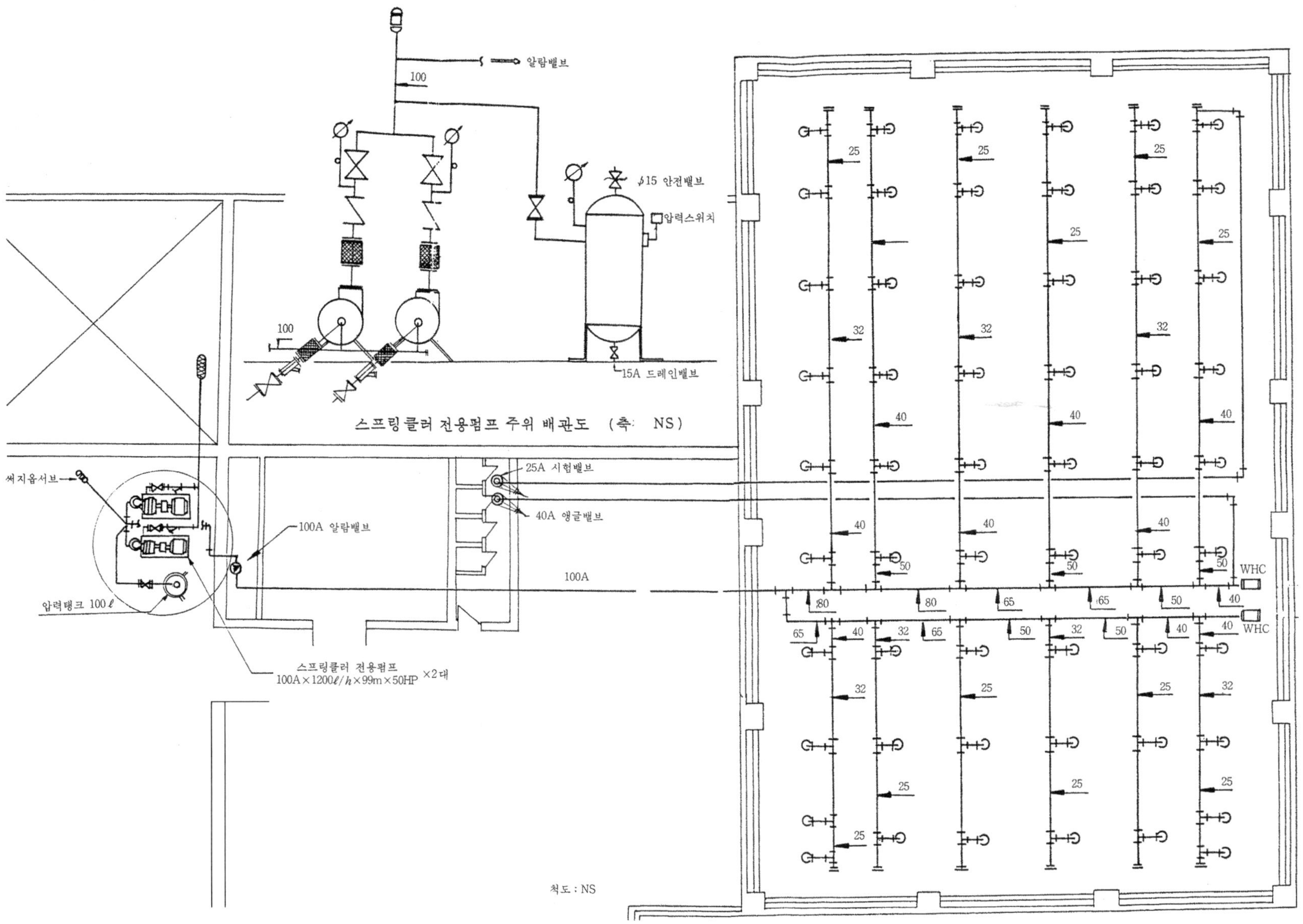

도명	습식 스프린클러설비 배관도		
학번		반	
성명			

15-1. 도면 목록표

도면목록표

발주번호	도면번호	구 분	도 면 명	설 계 변 경	A	B	C	D	E	F	G	H
	MI001	개별난방	도면목록표	A B C D E F G H	08.08 실시설계							
	MI002	개별난방	범례표	A B C D E F G H								
	MI003	개별난방	옥외공동구 관로도	A B C D E F G H								
	MI004	개별난방	옥외급수배관 평면도	A B C D E F G H								
	MI005	개별난방	옥외공동구 단면도	A B C D E F G H								
	MI006	개별난방	지하주차장(130대형)옥외배관 평면도-1	A B C D E F G H								
	MI007	개별난방	지하주차장(130대형)옥외배관 평면도-2	A B C D E F G H								
	MI008	개별난방	지하주차장(168대형)옥외배관 평면도-1	A B C D E F G H								
	MI009	개별난방	지하주차장(168대형)옥외배관 평면도-2	A B C D E F G H								
	MI010	개별난방	지하주차장(168대형)옥외배관 평면도-3	A B C D E F G H								
	MI011	개별난방	펌프실 급수배관 평면도	A B C D E F G H								
	MI012	개별난방	펌프실장비 기초도	A B C D E F G H								
	MI013	개별난방	지하주차장(130대형)환기설비 평면도-1	A B C D E F G H								
	MI014	개별난방	지하주차장(168대형)환기설비 평면도-2	A B C D E F G H								
	MI015	개별난방	옥외소화배관 평면도	A B C D E F G H								
	MI016	개별난방	펌프실 소화배관 평면도	A B C D E F G H								
	MI017	개별난방	지하주차장(130대형)소화설비 평면도-1	A B C D E F G H								
	MI018	개별난방	지하주차장(168대형)소화설비 평면도-2	A B C D E F G H								
	MI019	개별난방		A B C D E F G H								
	MI020	개별난방		A B C D E F G H								
	MI021	개별난방		A B C D E F G H								
	MI022	개별난방		A B C D E F G H								
	MI023	개별난방		A B C D E F G H								
	MI024	개별난방		A B C D E F G H								
	MI025	개별난방		A B C D E F G H								
	MI026	개별난방		A B C D E F G H								
	MI027	개별난방		A B C D E F G H								
	MI028	개별난방		A B C D E F G H								
	MI029	개별난방		A B C D E F G H								
	MI030	개별난방		A B C D E F G H								
	MI031	개별난방		A B C D E F G H								
	MI032	개별난방		A B C D E F G H								
	MI033	개별난방		A B C D E F G H								
	MI034	개별난방		A B C D E F G H								
	MI035	개별난방		A B C D E F G H								
	MI036	개별난방		A B C D E F G H	08.08 실시설계							

15-2. 범례표

범 례 표

기 호	명 칭		비 고
P •	급수가압관	CITY WATER PUMPING	
C •	자연급수관	CITY WATER(by GRAVITY)	
•	급수관	CITY WATER SUPPLY	
	상향배관	UPWARD	
	하향배관	DOWNWARD	
	엘보	ELBOW	
	티	TEE	
	리듀서	REDUCER	
	플러그	PLUG	
	캡	CAP	
	플랜지	FLANGE	
	막힘플랜지	END TYPE FLANGE	
	스트레이너	STRAINER	
	플랙시블조인트 또는 콘넥터	FLEXIBLE JOINT OR CONNECTOR	
	레스팅슈	RESTING SHOE	
	파이프가이드	PIPE GUIDE	
	파이프앙카	PIPE ANCHOR	
	수격방지기 (W.H.C)	WATER HAMMER CUSHION	
	급수전	CITY WATER FAUCET	
	급탕전	HOT WATER FAUCET	
	볼밸브	BALL VALVE	
	게이트밸브	GATE VALVE	
	체크밸브	CHECK VALVE	
	글로브밸브	GLOBE VALVE	
	버터플라이밸브	BUTTERFLY VALVE	
	감압밸브	PRESSURE REDUCING VALVE	
	자동공기빼기밸브	AUTOMATIC AIR VENTILATION VALVE	

기 호	명 칭		비 고
C.O	소제구	CLEANING OUT	
	바닥소제구	FLOOR CLEANING	
F.D	바닥배수구	FLOOR DRAIN	
WM	급수계량기	WATER METER	
	압력계	PRESSURE GAUGE	
H	옥내소화전관	INDOOR FIRE HYDRANT PIPE	
SP	스프링클러관	SPRINKLER PIPE	
H&SP	옥내소화전 및 스프링클러 겸용관	INDOOR FIRE HYDRANT AND SPRINKLER PIPE	
F	연결송수관	FIRE DEPARTMENT CONNECTION PIPE	
CF	옥외상수도소화배관	OUTDOOR EXTINGUISH PIPE (CITY WATER)	
소	ABC 분말소화기	ABC DRY CHEMICAL EXTINGUISHER	
	옥외상수도소화전	OUTDOOR FIRE HYDRANT	
	연결송수구 (단구형, 쌍구형)	FIRE DEPARTMENT CONNECTION	
	스프링클러헤드 (폐쇄형 : 상향 또는 하향형, 측벽형)	SPRINKLER HEAD	
	프리액션밸브	PRE-ACTION VALVE	
	방화댐퍼	FIRE DAMPER	

15-3. 옥외 공동구 관로도

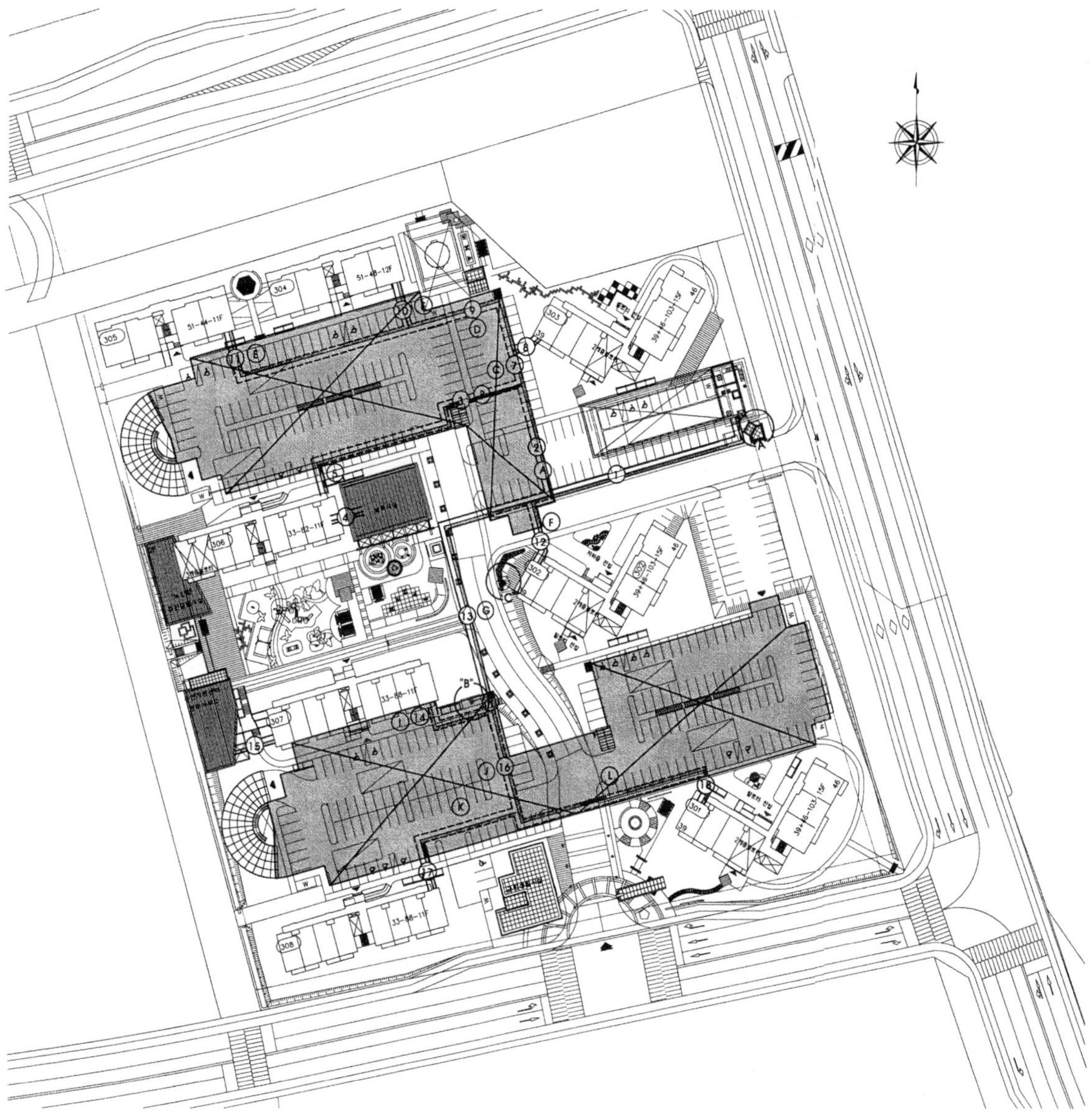

공동구 규격

구간	기계	통로	전기	계
①	750	700	350	1800
④	700	700	300	1700
⑤	600	700	400	1700
⑧	500	700	300	1500
⑩	650	700	350	1700
⑪	650	700	350	1700
⑫	700	700	400	1800
⑬	800	700	800	2300
⑮	500	700	1100	2300
⑰	700	700	300	1700
⑱	700	700	300	1700

범 례

도시기호	명 칭
	옥외 상수도 소화전
	공동구 기계측 관로
	주차장 기계측 관로

1 MI 003 옥외 공동구 관로도
SCALE :1/600(A3:1200)

15-4. 옥외 급수배관 평면도

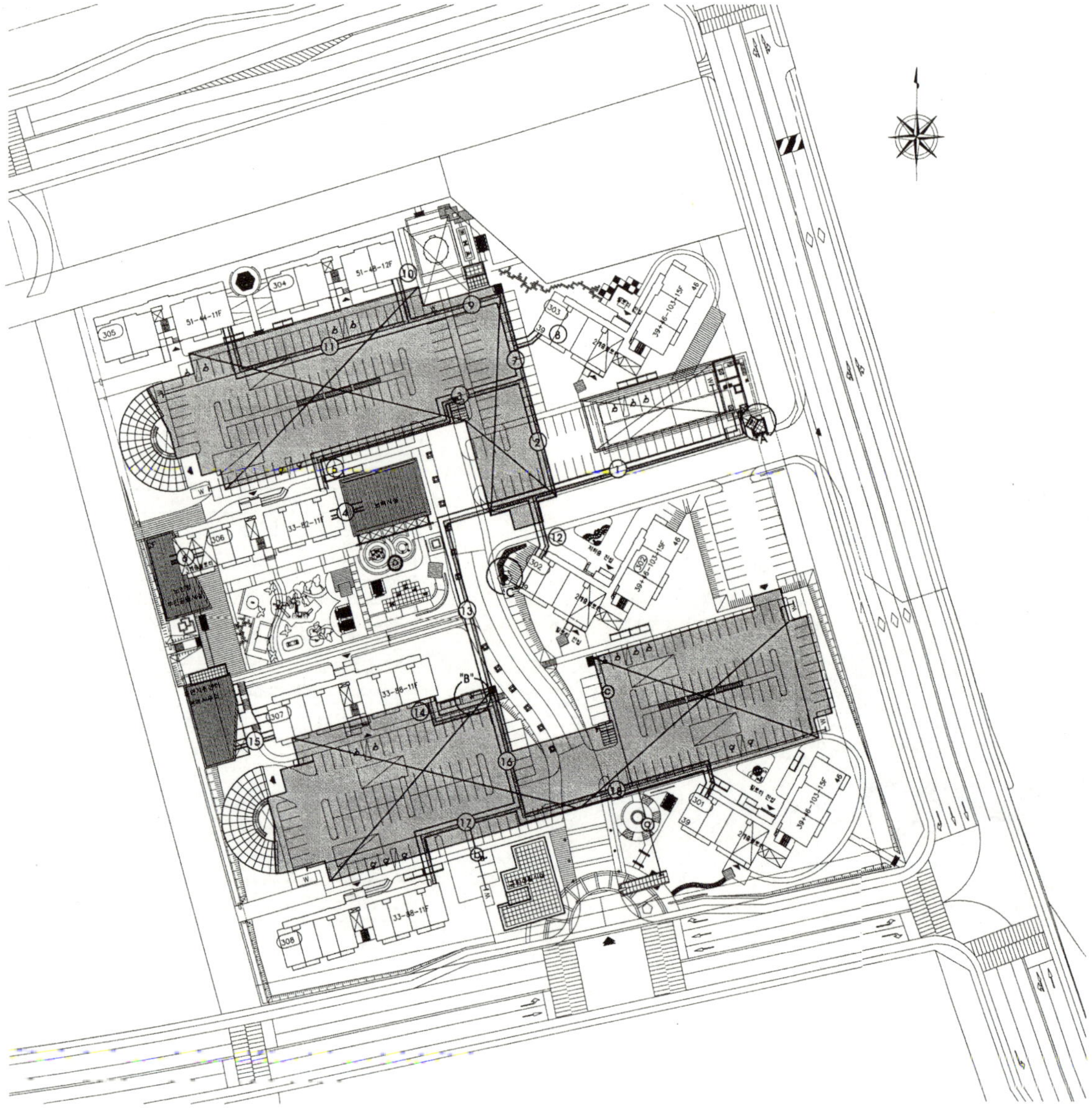

① 옥외 급수배관 평면도
MI 004
SCALE :1/600(A3:1200)

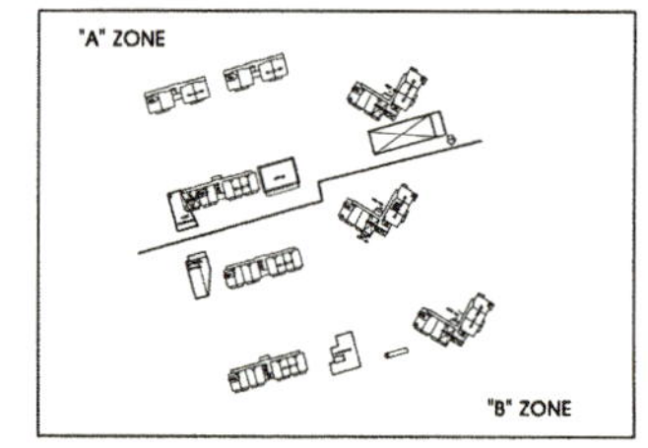

급수죠닝 KEY PLAN

구간별 급수관경

구간	급수관경(mm)		비고
	P•(A 죠닝)	P•(B 죠닝)	
①	125	150	펌프실
②	125	–	–
③	80	–	–
④	32	–	보육시설
⑤	80	–	306동
⑥	32	–	노인정 주민공동시설
⑦	125	–	–
⑧	100	–	303동
⑨	80	–	–
⑩	65	–	304동
⑪	65	–	305동
①	125	150	펌프실
⑫	–	100	302동 상수도소화전
⑬	–	125	–
⑭	–	80	307동
⑮	–	32	주민지원센터 관리사무소
⑯	–	100	–
⑰	–	80	308동
⑱	–	100	301동
ⓐ	15	15	경비실
ⓑ	20	20	세정대
ⓒ	15	15	웰롬 (지상급수전)

범 례

도시기호	명 칭
(기호)	공동구 기계측 관로
(기호)	지하주차장 기계측 관로
(기호)	옥외 상수도 소화전
P•	급수 가압관
CF	옥외 상수도 소화전 배관

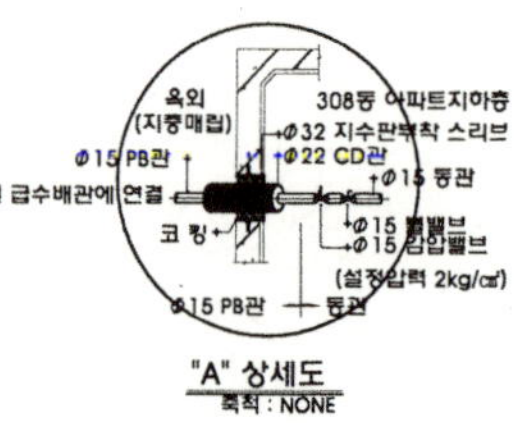

"A" 상세도
축척 : NONE

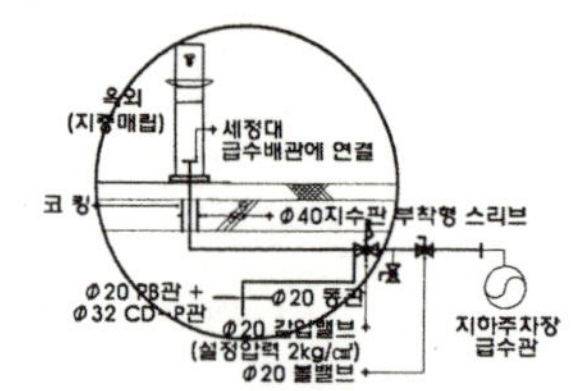

"B" 상세도
축척 : NONE

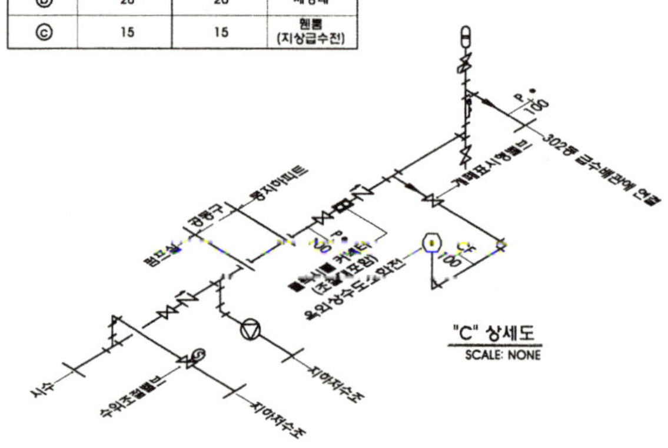

"C" 상세도
SCALE: NONE

15-5. 옥외 공동구 단면도

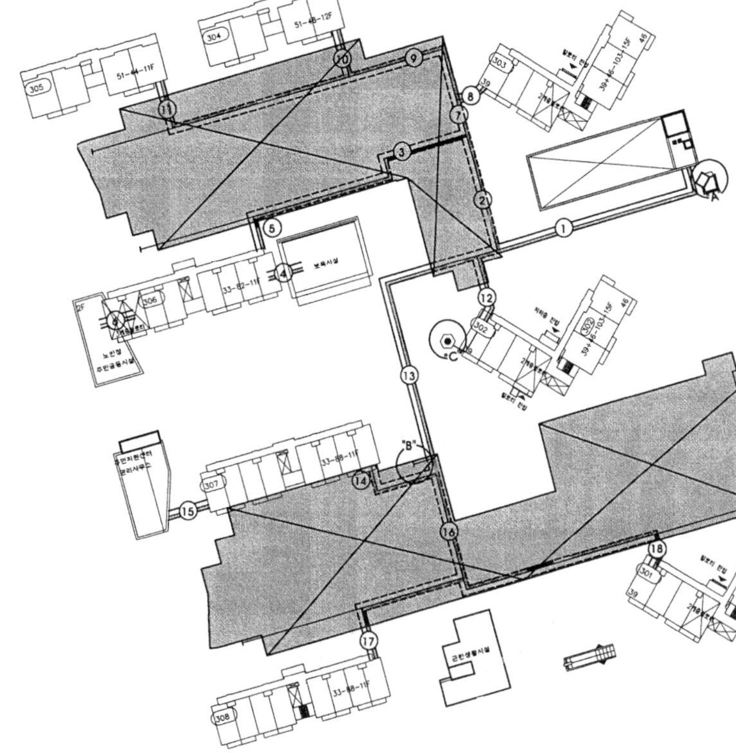

배관배열 \ 구간 / 유형		①	④	⑤	⑥	⑧	⑩	⑪	⑫	⑬	⑮	⑰	⑱
		A	E	B	E	B	B	B	C	B	E	B	B
상단	명칭	P•(A)	–	P•(A)	–	P•(A)	P•(A)	P•(A)	–	P•(B)	–	P•(B)	P•(B)
	관경	125	–	80	–	100	65	65	–	125	–	80	100
중단	명칭	P•(B)	P•(B)	H&SP	P•(B)	H&SP	H&SP	H&SP	–	H&SP	P•(B)	H&SP	H&SP
	관경	150	32	80	32	100	65	65	–	125	32	80	100
하단	명칭	H&SP	P•(A)	–	–	–	–	–	P•(B) / H&SP	–	P•(B)	–	–
	관경	150	32	–	–	–	–	–	100 / 100	–	32	–	–
공동단면도	기계	500	500	500	500	500	500	500	500	500	500	500	500
	기계(전기)	–	–	–	–	–	–	–	–	–	–	–	–
	통로	700	700	700	700	700	700	700	700	700	700	700	700
	전기	300	300	300	300	300	300	300	300	300	300	300	300
	계	1,500	1,500	1,500	1,500	1,500	1,500	1,500	1,500	1,500	1,500	1,500	1,500

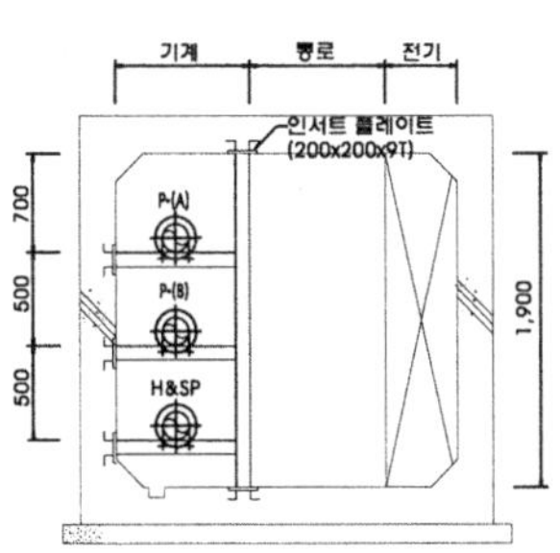

공동구 단면도("A" TYPE)
축척:NONE

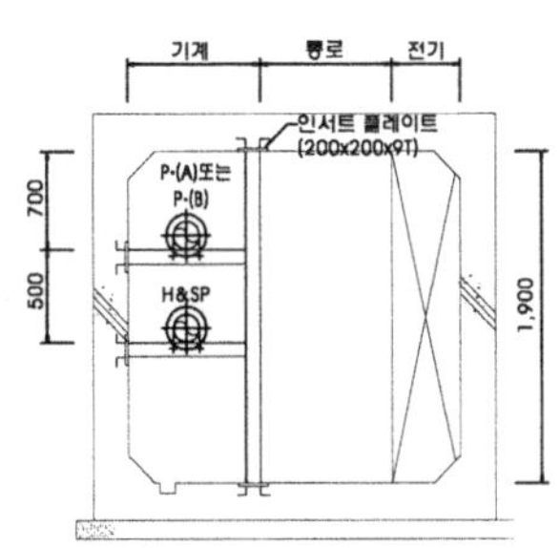

공동구 단면도("B" TYPE)
축척:NONE

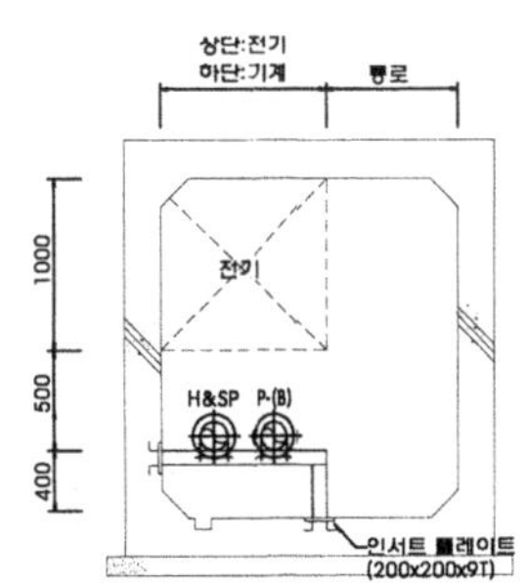

공동구 단면도("C" TYPE)
축척:NONE

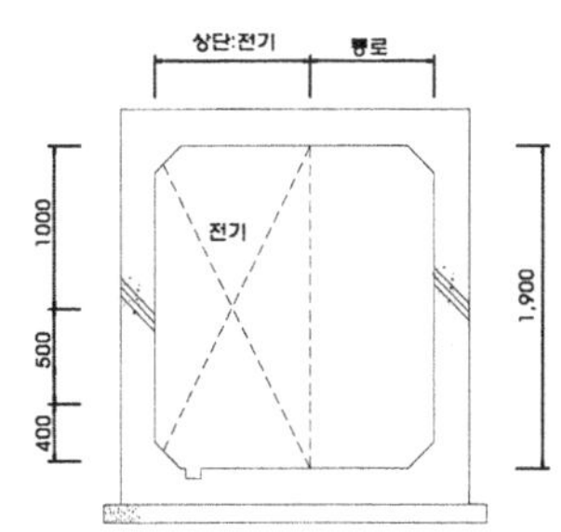

공동구 단면도("D" TYPE)
축척:NONE

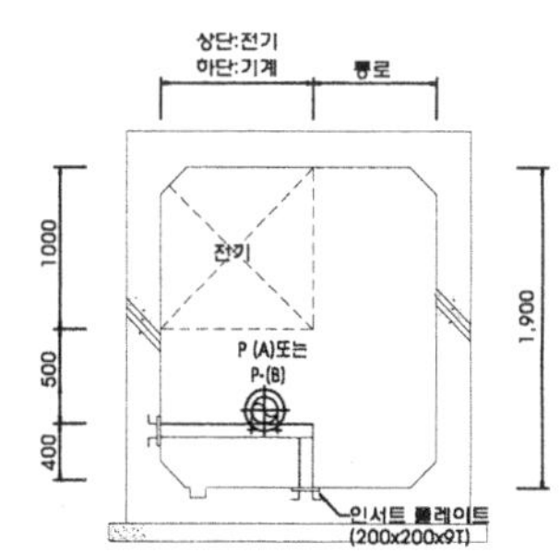

공동구 단면도("E" TYPE)
축척:NONE

1 / MID05 **옥외 공동구 단면도**
SCALE :1/600(A3:1200)

15-6. 지하주차장 옥외배관 평면도

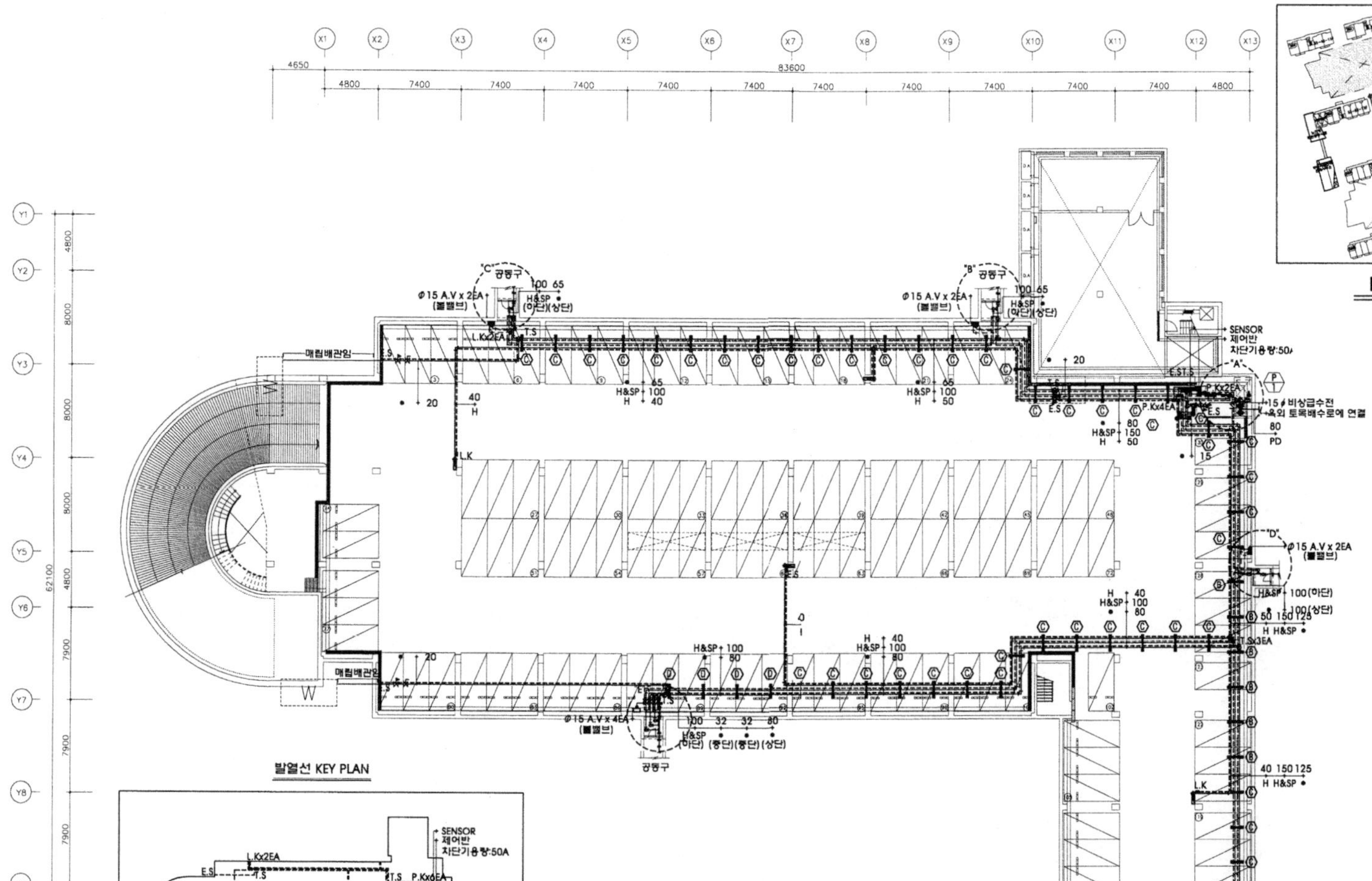

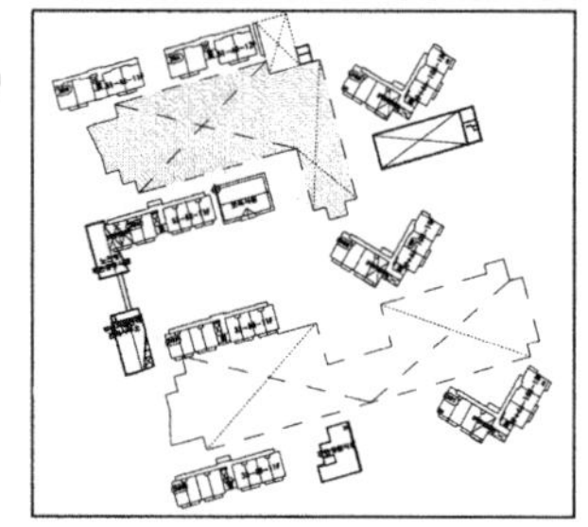

KEY PLAN

발열선 KEY PLAN

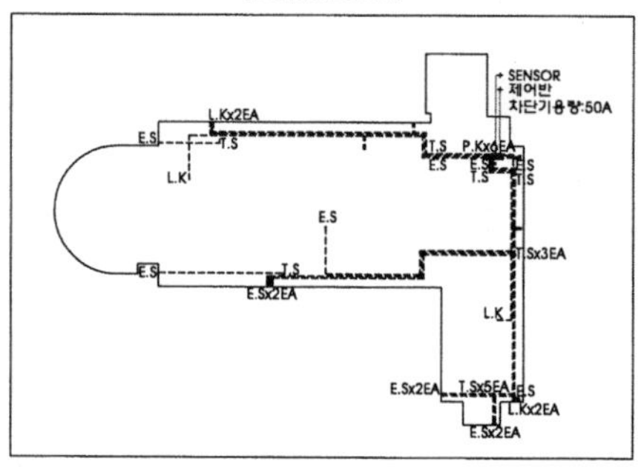

발열선 범례

T.S	TEE SPLICE	13 EA
E.S	END SEAL	13 EA
P.K	POWER CONNECTION KIT	6 EA
L.K	LAMP KIT	6 EA
	제어반	1 EA
	발열선	

배관가대규격

번 호	가 대 폭	수 량
Ⓐ	1000	1
Ⓑ	900	6
Ⓒ	800	52
Ⓓ	700	2

발열선 제어반

구분 / 조닝	온 도	배선용차단기(MCCB)	누전차단기용량(ELB)	제어반 규격	관 종	길이 (M)	발열선용량산정 (25 W/M)	발열선 총용량 (W)
a ZONE (6회로)	-10 ° C	50A	30A	500Wx600Hx200D	소화(H)	185	4,625 W	16,350 W
			30A		급수	240	6,350 W	
			30A		소화(H&SP)	215	5,375 W	

기 호	장 비 명	형 식	수 량	유 량	양 정	동 력	전 원	비 고
P 1	배수펌프	수중모터	1SET(2대)	160LPM	10M	1 HP	3/380/60	-

1 / MI 006 **지하주차장(130대형)옥외배관 평면도**

SCALE :1/200(A3: 400)

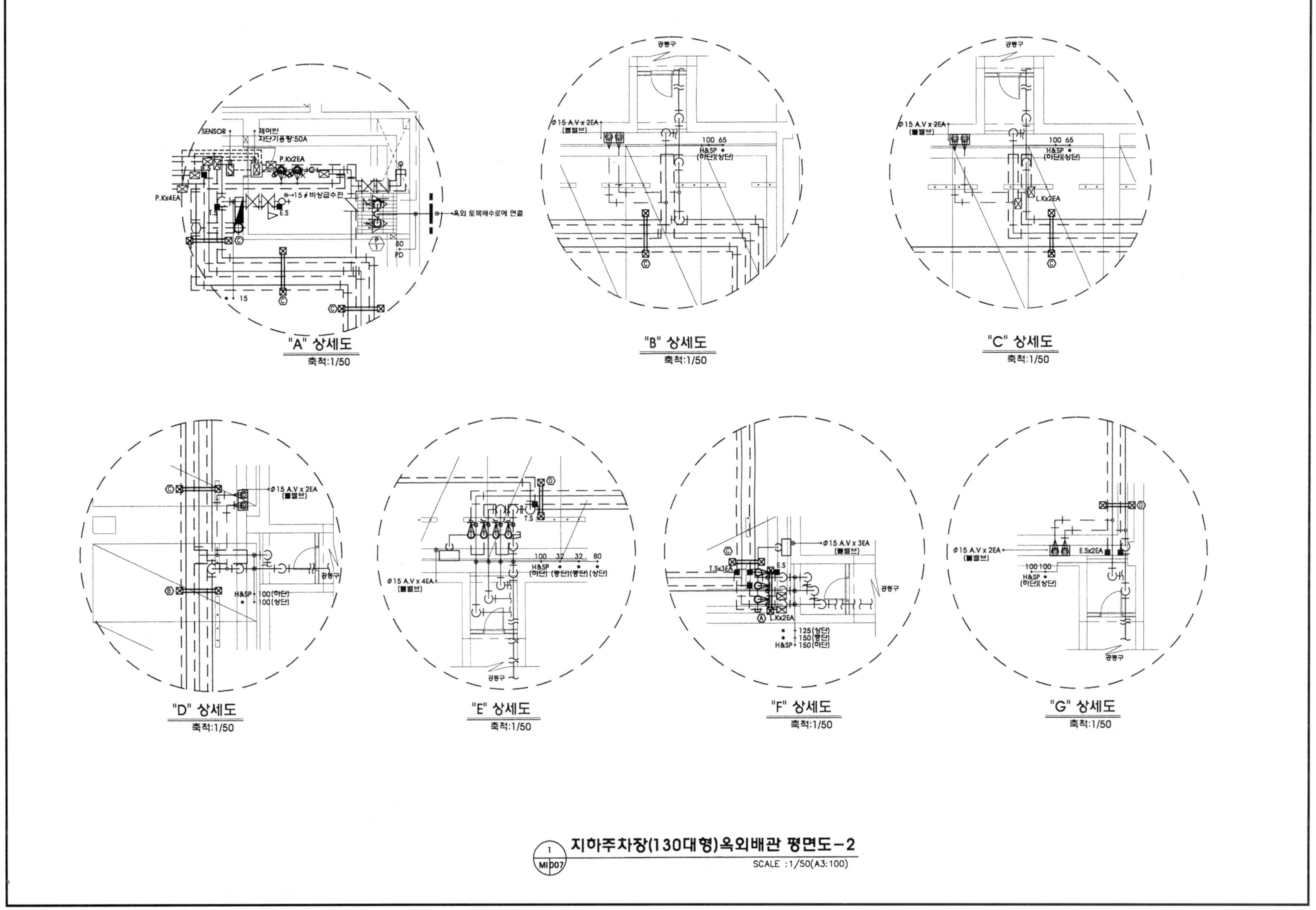
"A" 상세도
축척:1/50
"B" 상세도
축척:1/50
"C" 상세도
축척:1/50
"D" 상세도
축척:1/50
"E" 상세도
축척:1/50
"F" 상세도
축척:1/50
"G" 상세도
축척:1/50
지하주차장(130대형)옥외배관 평면도-2
SCALE :1/50(A3:100)

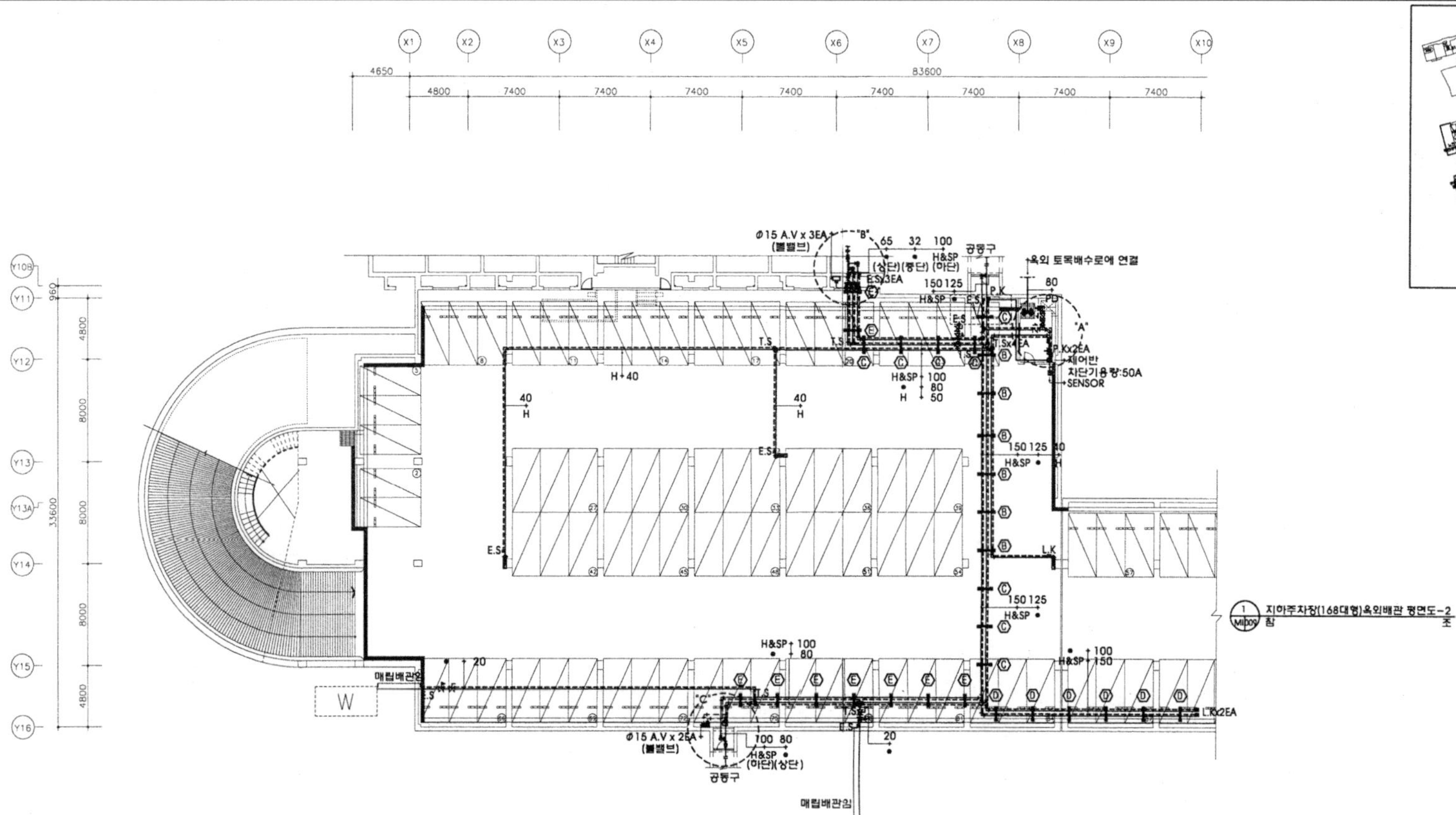

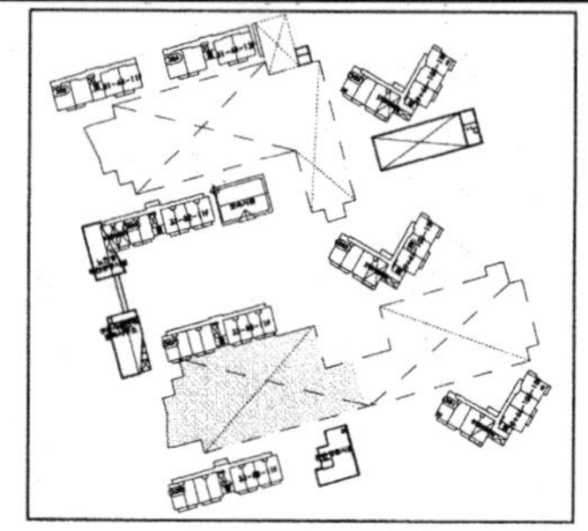

KEY PLAN

발열선 KEY PLAN

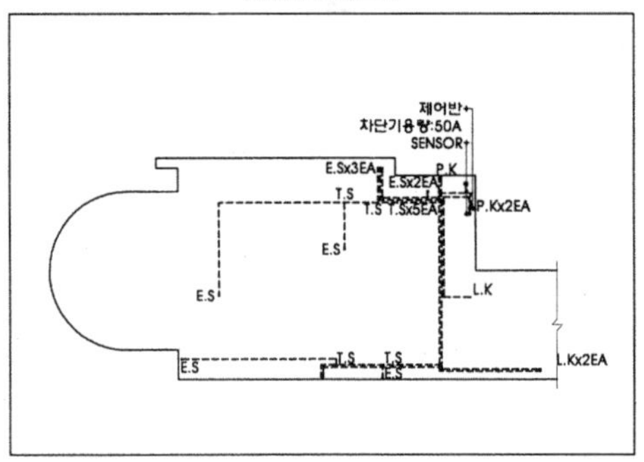

발열선 범례

기호	명칭	수량
T.S	TEE SPLICE	9 EA
E.S	END SEAL	9 EA
P.K	POWER CONNECTION KIT	3 EA
L.K	LAMP KIT	3 EA
	제어반	1 EA
	발열선	

배관가대규격

번 호	가 대 폭	수 량
Ⓑ	900	6
Ⓒ	800	8
Ⓓ	700	6
Ⓔ	600	9

발열선 제어반

구분 / 죤님	온 도	배선용차단기(MCCB)	누전차단기용량(ELB)	제어반 규격	관 종	길이 (M)	발열선용량산정 (25 W/M)	발열선 총용량 (W)
b ZONE (3회로)	-10 ° C	50A	30A	450Wx500Hx200D	소화(H)	83	2,075 W	7,550 W
			30A		급수	120	3,050 W	
			30A		소화(H&SP)	97	2,425 W	

기 호	장 비 명	형 식	수 량	유 량	양 정	동 력	전 원	비 고
P 1	배수펌프	수중모터	1SET(2대)	160LPM	10M	1 HP	3/380/60	-

1 / MI 008 지하주차장(168대형)옥외배관 평면도-1

SCALE :1/200(A3: 400)

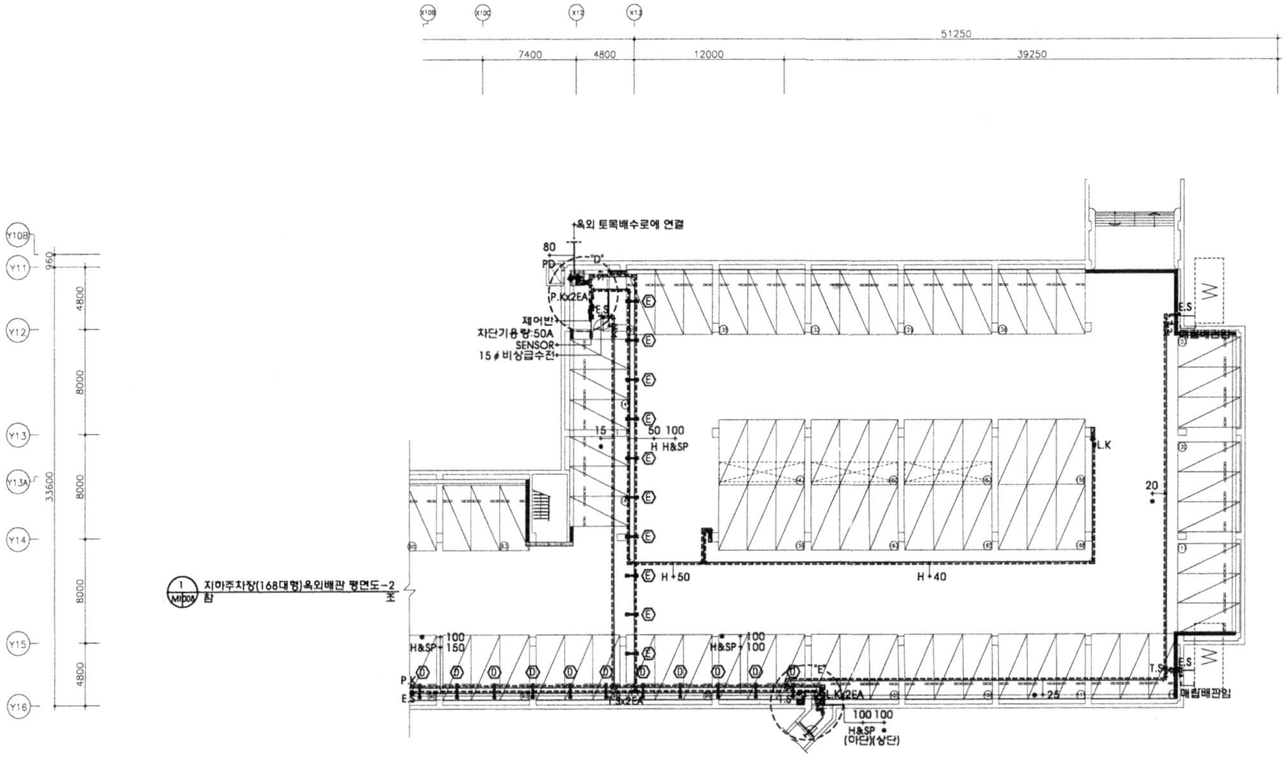

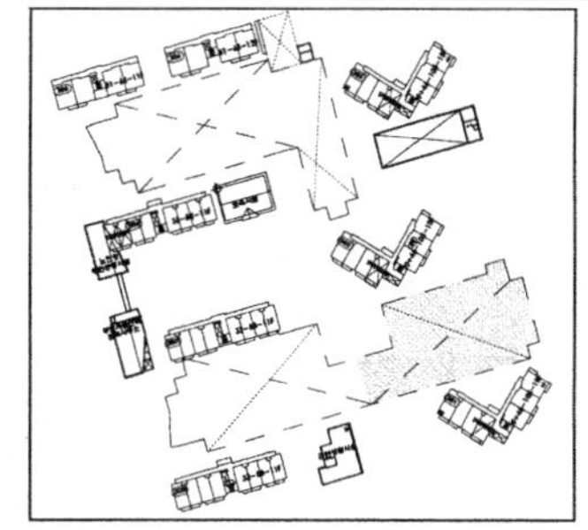

KEY PLAN

발열선 KEY PLAN

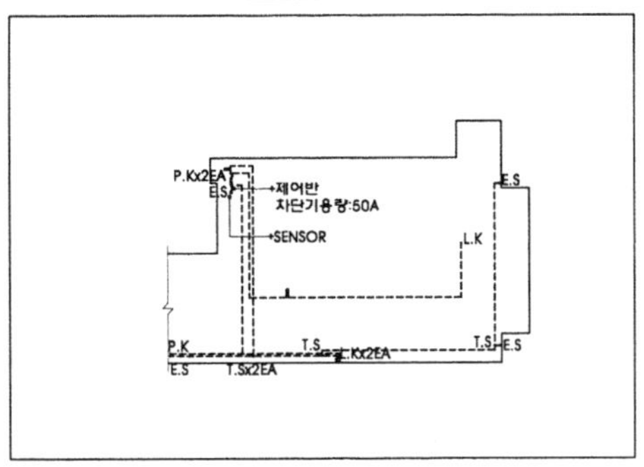

발열선 범례

T.S	TEE SPLICE	4 EA
E.S	END SEAL	4 EA
P.K	POWER CONNECTION KIT	3 EA
L.K	LAMP KIT	3 EA
	제어반	1 EA
	발열선	

배관가대규격

번 호	가 대 폭	수 량
D	700	11
E	600	10

발열선 제어반

구분 / 죤넘	온 도	배선용차단기(MCCB)	누전차단기용량(ELB)	제어반 규격	관 종	길이 (M)	발열선용량산정 (25 W/M)	발열선 총용량 (W)
c ZONE (3회로)	-10 ° C	50A	30A	450Wx500Hx200D	소화(H)	72	1,800 W	6,750 W
			30A		급수	120	3,125 W	
			30A		소화(H&SP)	73	1,825 W	

기 호	장 비 명	형 식	수 량	유 량	양 정	동 력	전 원	비 고
P 1	배수펌프	수중모터	1SET(2대)	160LPM	10M	1 HP	3/380/60	-

1 MI 009 지하주차장(168대형)옥외배관 평면도-2

SCALE :1/200(A3: 400)

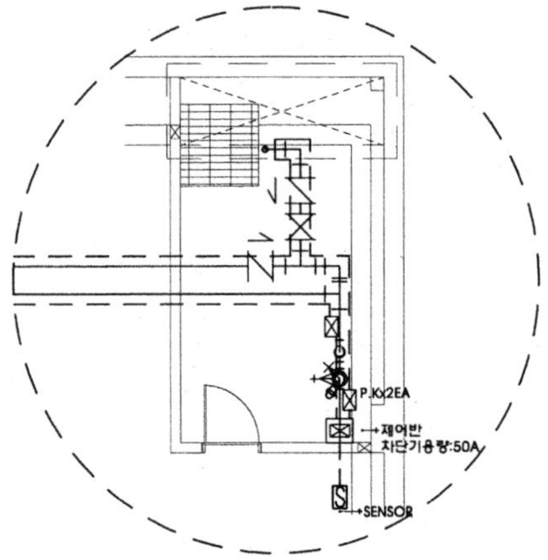

"A" 상세도
축척:1/50

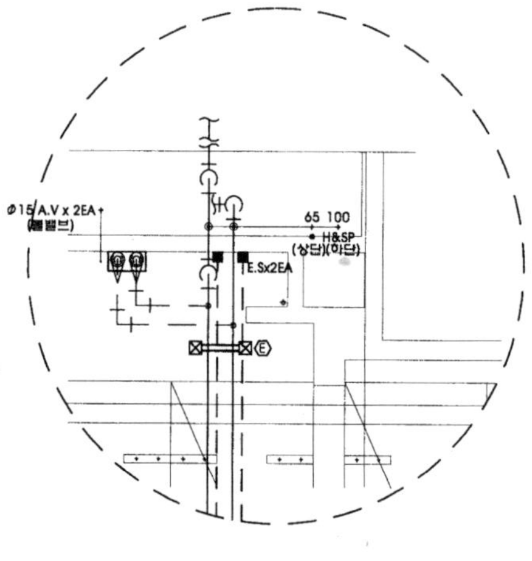

"B" 상세도
축척:1/50

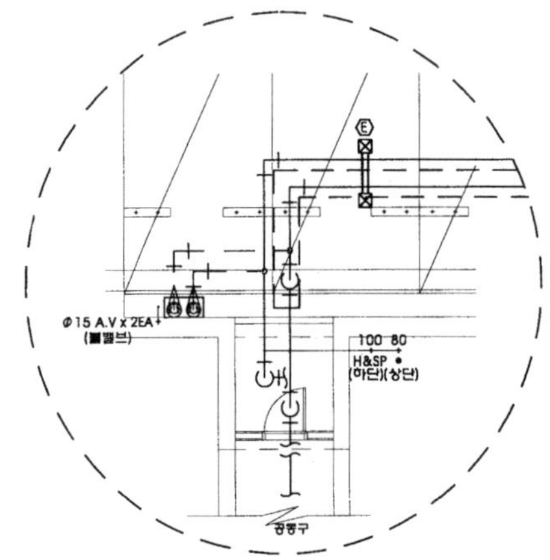

"C" 상세도
축척:1/50

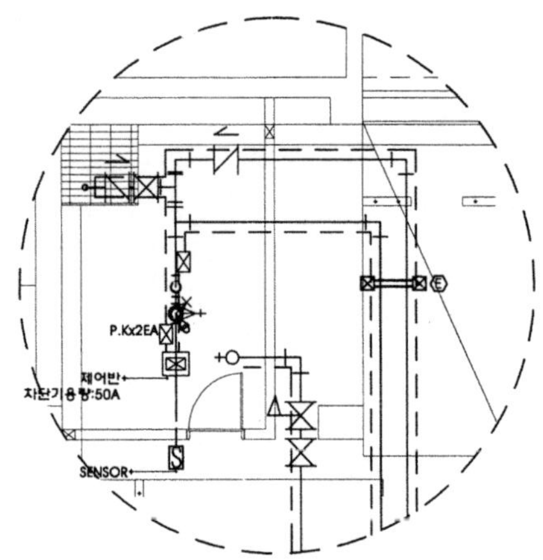

"D" 상세도
축척:1/50

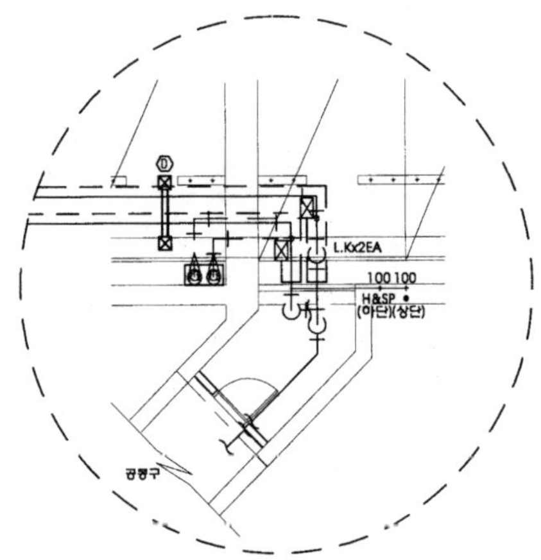

"E" 상세도
축척:1/50

1 MI010 **지하주차장(168대형)옥외배관 평면도-3**
SCALE :1/50(A3:100)

15-7. 펌프실 급수배관 평면도

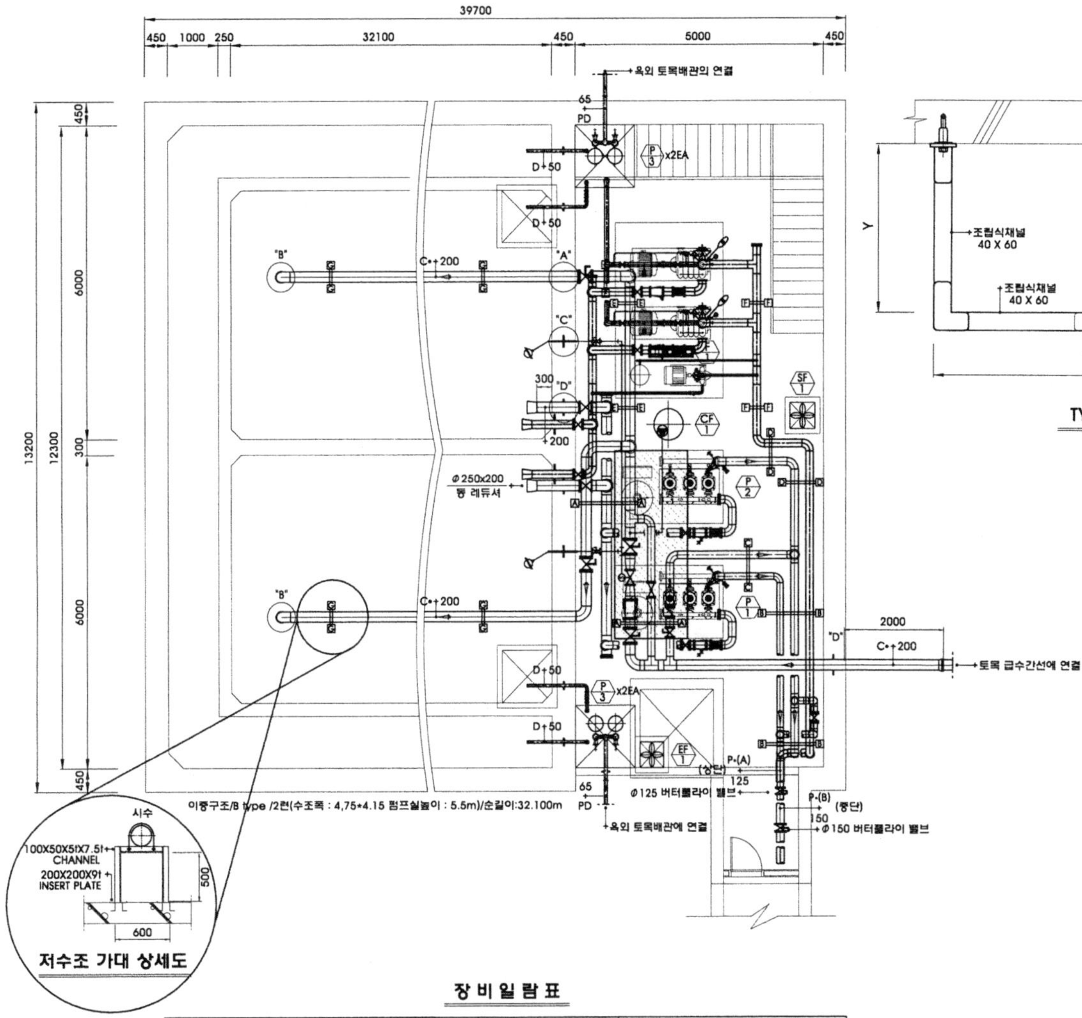

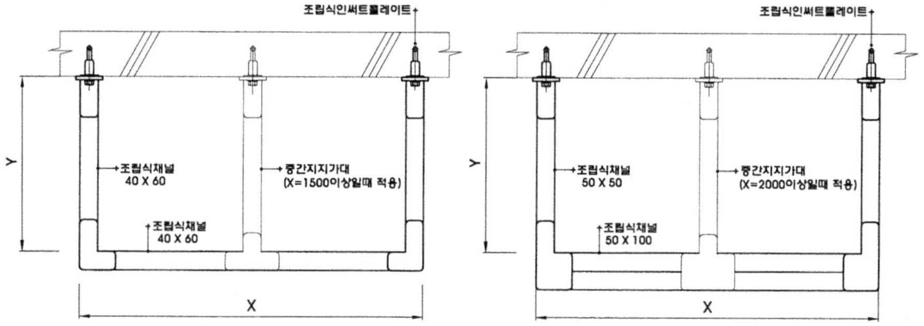

TYPE-1 TYPE-2

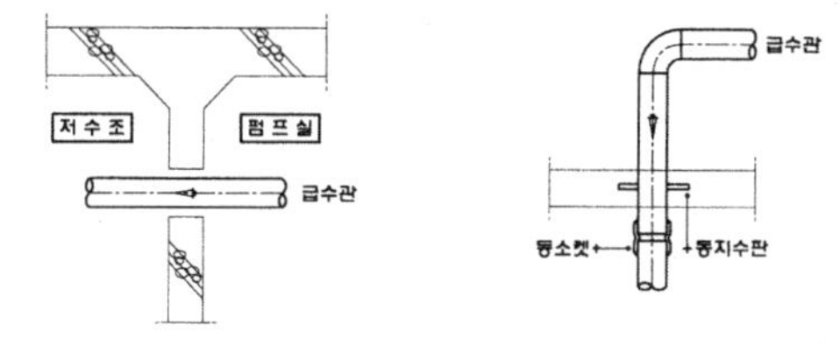

"A" 상세도 "B" 상세도

가대규격

번호	가대폭	가대높이	수량
A	1500	1500	2
B	1200	2000	2
C	1000	2000	1
D	900	2000	2
E	700	2000	1
F	600	2000	4
G	600	500	30

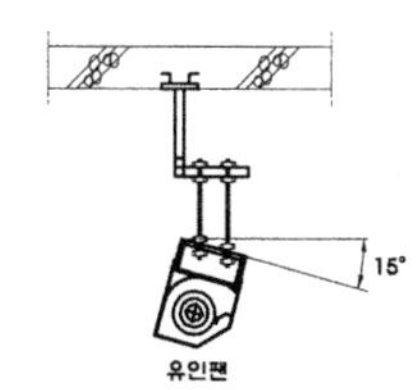

펌프실 유인팬 설치상세도

장비일람표

번호	종류	수량	대당 유량 (LPM)	양정 (m)	동력 (HP / kW)	PH/V/Hz	형식	비고
P-1	급수 가압 펌프	1 Set (3대)	300	92	20 / 15.0	3/380/60	입형 다단 원심	(제어판 포함)
P-2	급수 가압 펌프	1 Set (3대)	400	91	20 / 15.0	3/380/60	입형 다단 원심	(제어판 포함)
P-3	배수 펌프	4	150	12	2 / 1.5	3/380/60	수중 모터 펌프	

번호	종류	수량	탱크용량	펌프			방청제
				토출량	동력	상/전압/주파수	
CF-1	급수용 케미컬피더	1	200 Lit	26~50cc/min	7~16W	1/220V/60Hz	수압시험용(옥외) : 1 kg 인수인계용 : 480 kg

번호	종류	수량	풍량 (CMM)	정압 (mmAq/kPa)	동력 (HP / kW)	상/전압/주파수 (PH/V/Hz)	형식	비고
SF-1	급기팬	1	70	5 / 4.90	1/4 / 0.2	1/220/60	ROOF	
EF-1	배기팬	1	70	6 / 4.90	1/4 / 0.2	1/220/60	ROOF	
F-1	유인팬	1	31	–	132W 이하	1/220/60	LINE	도달거리 25M 이상, 소음 59dB 이하 플랫폼 하부 설치

1 MI011 펌프실 급수배관 평면도

SCALE :1/50(A3:100)

15-8. 펌프실 장비 기초도

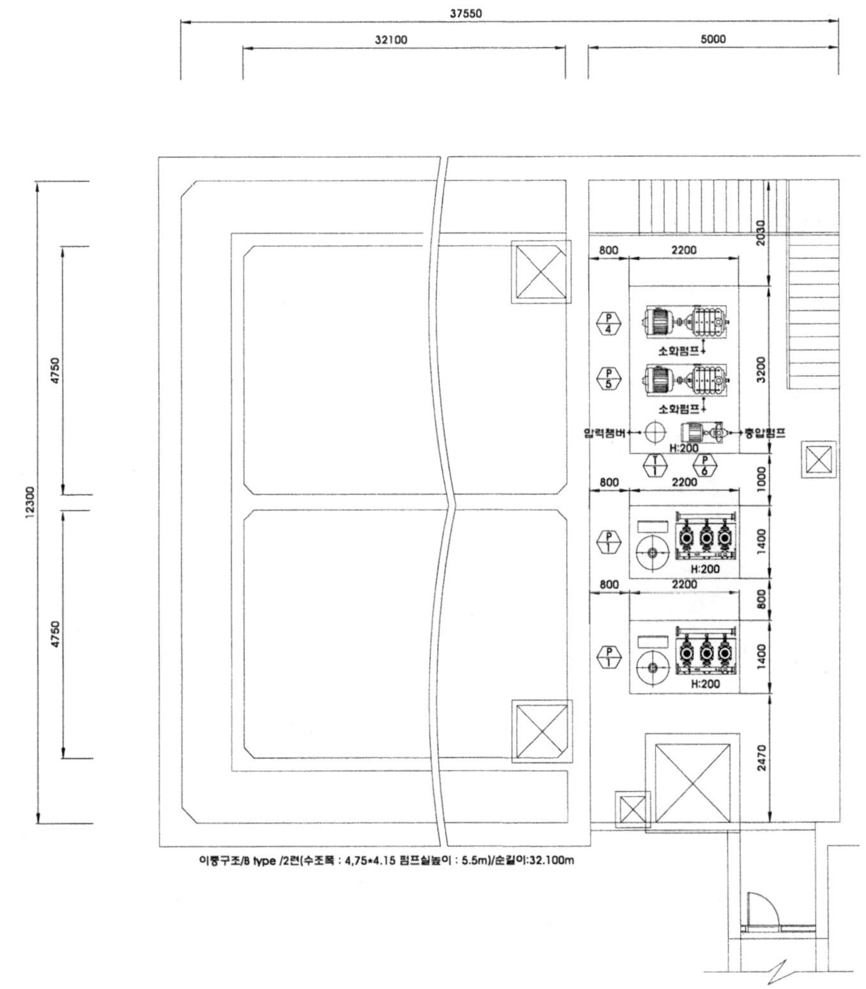

펌프실 장비 기초도

1 / MI012 SCALE :1/50(A3:100)

15-9. 지하주차장 환기설비 평면도

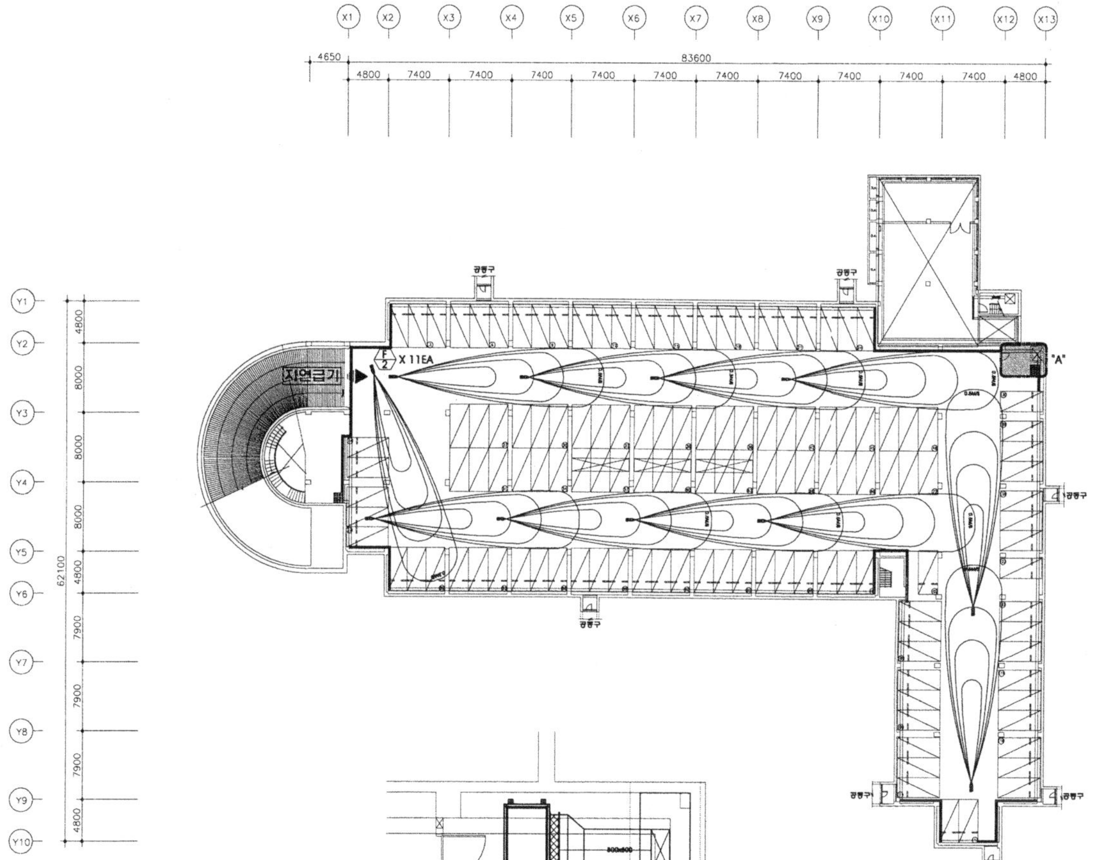

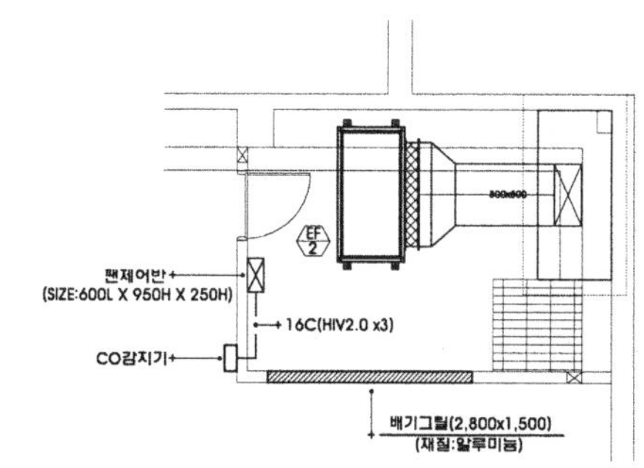

"A" 헨룸 확대 평면도

SCALE :1/50

MODEL	풍 량	동 력	정 압	전 력	수 량	형 식	용 도
EF 2	550 CMM	5.5 KW	10~15 mmAq	380V / 3Ph / 60Hz	1	벨트구동	배기용
F 2	25 CMM 이상	215 W	3 mmAq	220V / 1Ph / 60Hz	14	AXIAL	유인휀

1 MI013 지하주차장(130대형)환기설비 평면도-1

SCALE :1/300(A3:600)

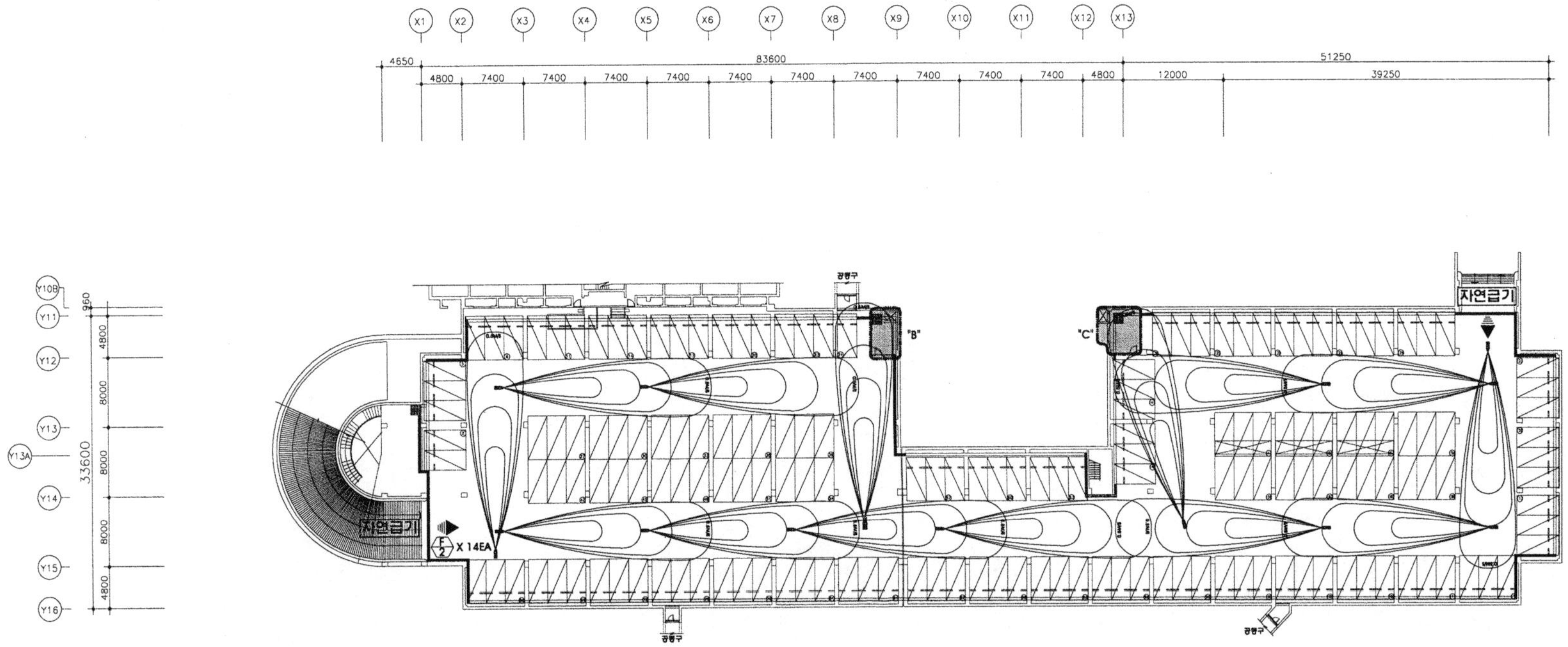

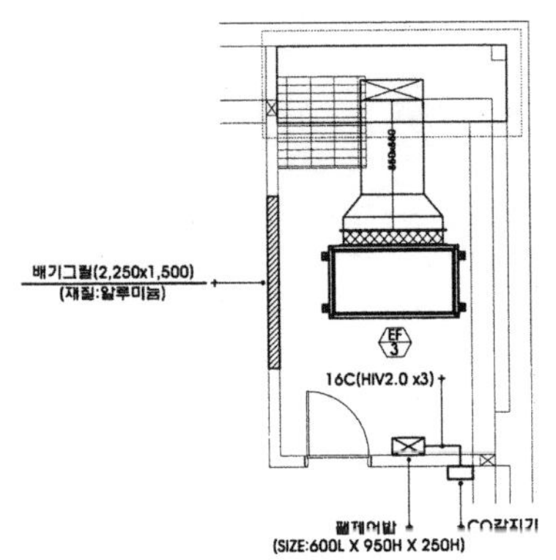

"B" 휀룸 확대 평면도

SCALE :1/50

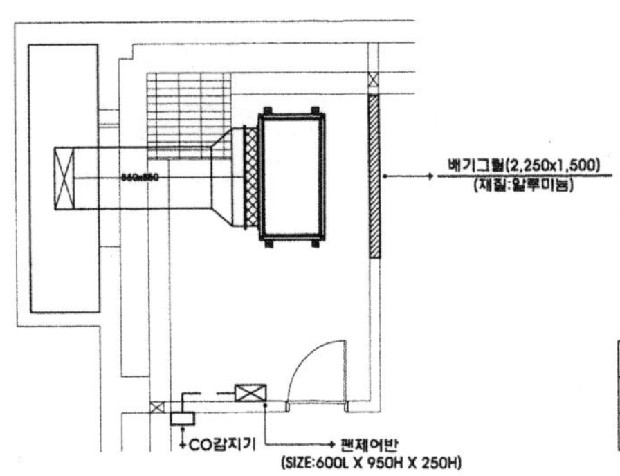

"C" 휀룸 확대 평면도

SCALE :1/50

MODEL	풍 량	동 력	정 압	전 력	수 량	형 식	용 도
EF-3	405 CMM	5.5 KW	10~15 mmAq	380V / 3Ph / 60Hz	2	직구동	배기용
F-2	25 CMM 이상	215 W	3 mmAq	220V / 1Ph / 60Hz	14	AXIAL	유인휀

1 / MI014 지하주차장(168대형)환기설비 평면도-2

SCALE :1/300(A3:600)

15-10. 옥외 소화배관 평면도

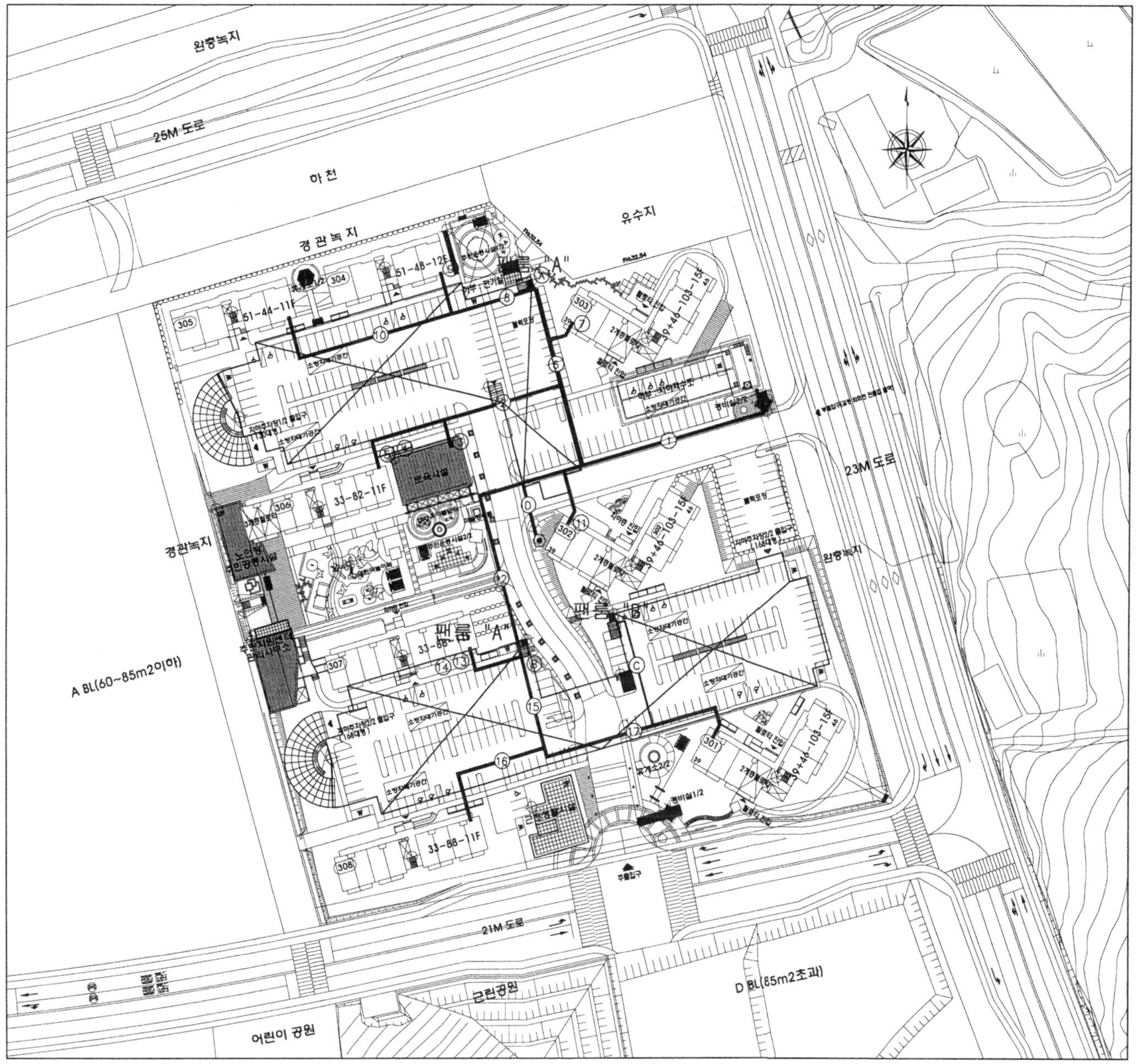

소 화 배 관 경

구 간	관 경	비 고
①	150 (H&SP)	펌프실
②	150 (H&SP)	-
③	-	-
④	-	-
⑤	100 (H&SP)	306동
⑥	150 (H&SP)	-
⑦	100 (H&SP)	303동
⑧	150 (H&SP)	-
⑨	100 (H&SP)	304동
⑩	100 (H&SP)	305동
⑪	100 (H&SP)	302동
⑫	150 (H&SP)	-
⑬	100 (H&SP)	307동
⑭	-	-
⑮	150 (H&SP)	-
⑯	100 (H&SP)	308동
⑰	100 (H&SP)	301동
Ⓐ	100 (H&SP)	지하주차장 1 팬룸 "A"
Ⓑ	100 (H&SP)	지하주차장 2 팬룸 "A"
Ⓒ	100 (H&SP)	지하주차장 2 팬룸 "B"
Ⓓ	100 (CH)	상수도소화전

범 례

⬢	옥외 상수도 소화전
—	공동구 기계측 관로
—	지하주차장 기계측 관로

① 옥외 소화배관 평면도
MI015 SCALE :1/600(A3:1200)

15-11. 펌프실 소화배관 평면도

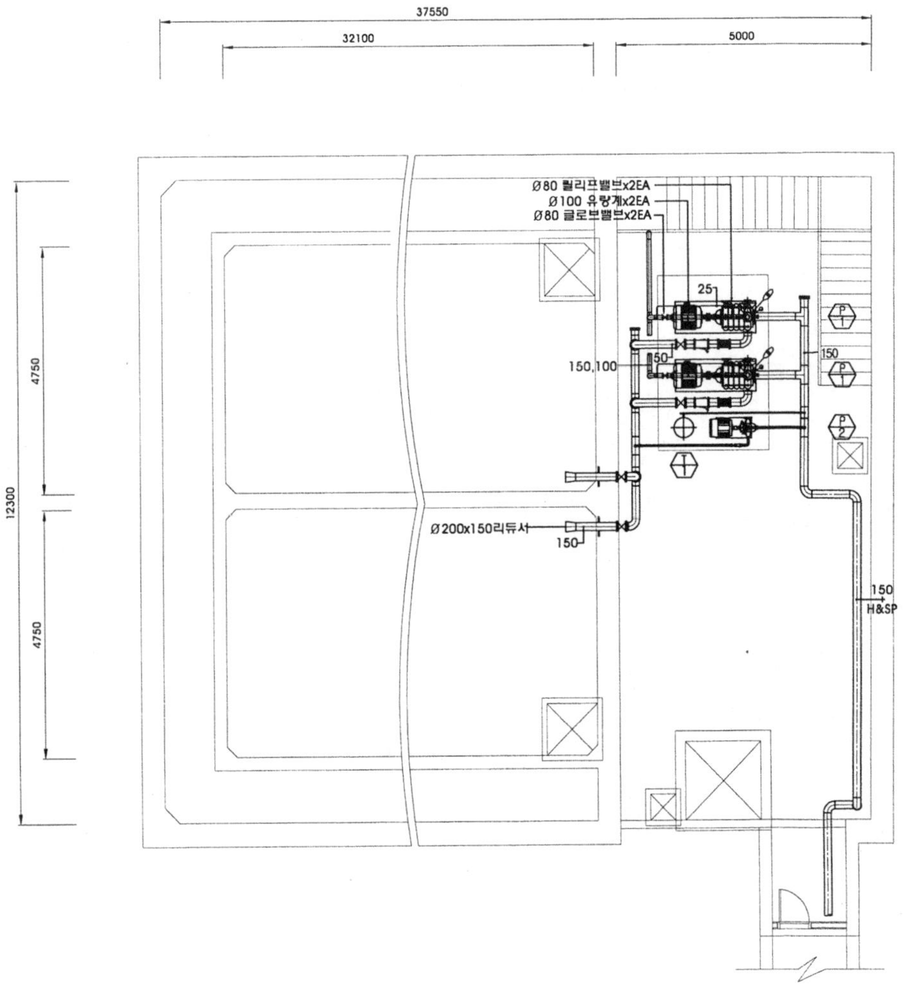

펌프실 소화배관 평면도
SCALE :1/50(A3:100)

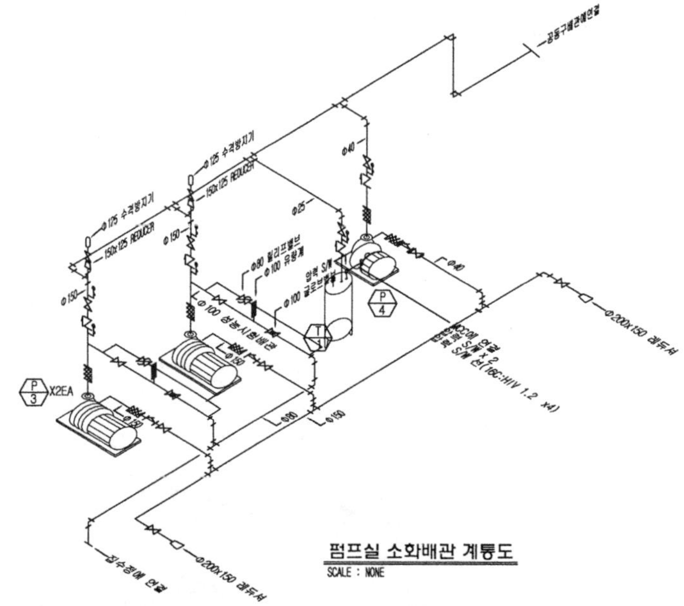

펌프실 소화배관 계통도
SCALE : NONE

장비일람표

번호	명칭	형식	수량	유량 (LPM)	양정 (M)	동력 (HP)	전원 (PH/V/Hz)	비고
P1	소화용 펌프	터빈 또는 다단볼류트	2	1450	100	60(45kW)	3/380/60	1대 예비
P2	충압펌프	웨스코	1	60	100	7.5(5.5kW)	3/380/60	
P3	압력챔버	용량 100 LIT	1					소방검정품 사용압:10Kg/cm²

압력조절기 설정

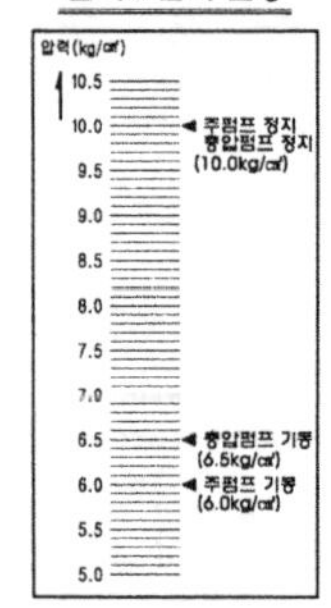

압력조절기 설정

1. 주펌프의 기동압력은 수압개폐장치(펌프토출측)로 부터 최상단 스프링클러헤드까지의 높이에 1.5kg/㎠을 더한 양정압으로 설정하고, 정지압력은 펌프의 전양정 압력으로 설정한다.

2. 충압펌프의 기동압력은 주펌프 기동압력보다 0.5kg/㎠(49kPa) 정도 더 높은 압력으로 설정하고, 정지압력은 주펌프 기동압력과 같거나 0.5kg/㎠(49kPa) 더 낮은 압력으로 설정한다.

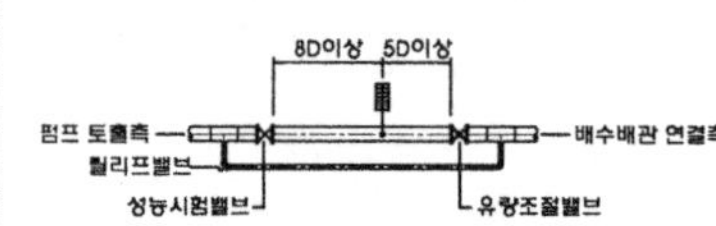

유량계 설치 상세도
축척 : NONE

15-12. 지하주차장 소화배관 평면도

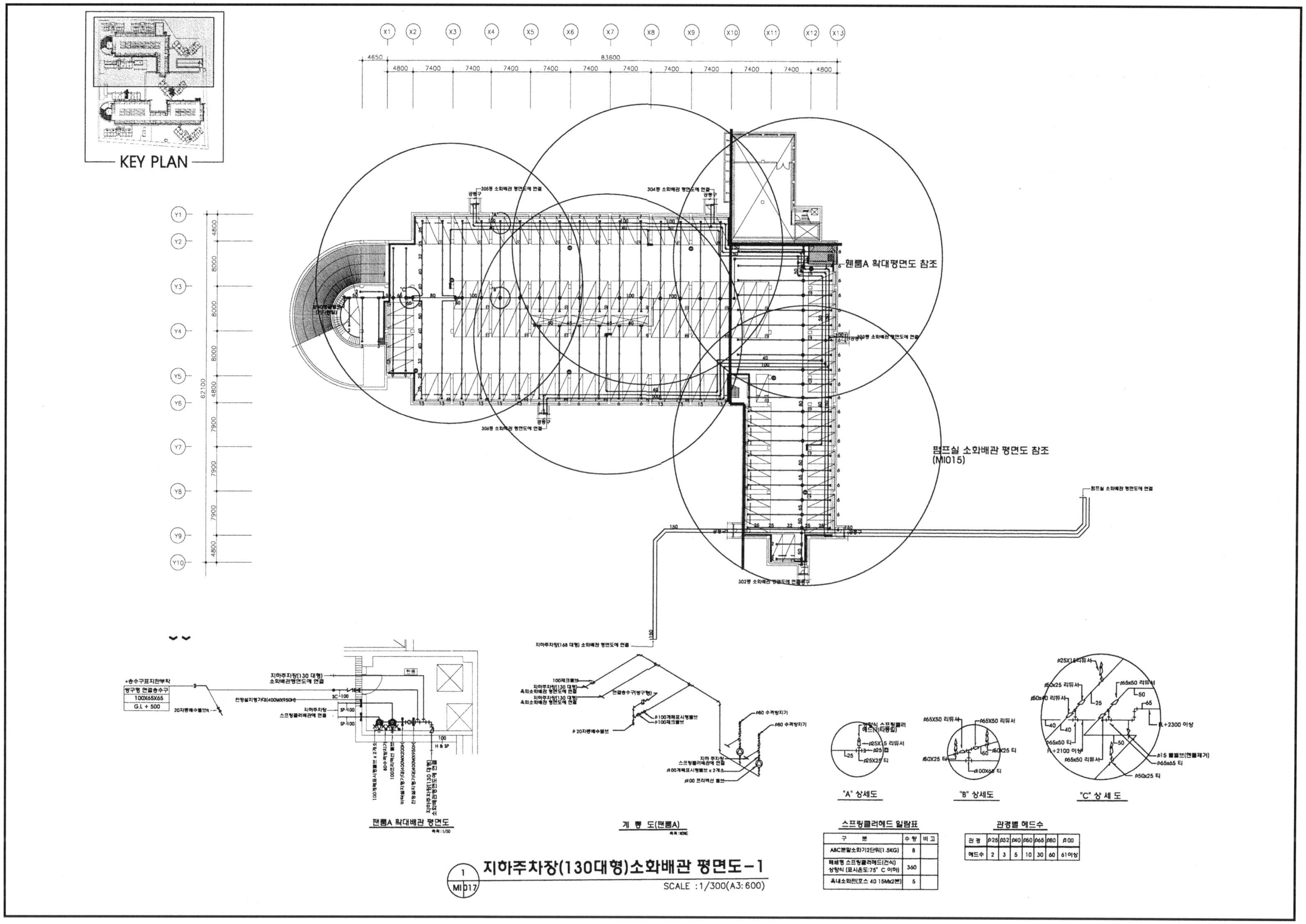

스프링클러헤드 일람표

구 분	수 량	비 고
ABC분말소화기2단위(1.5KG)	8	
폐쇄형 스프링클러헤드(건식) 상향식 (표시온도:75° C 이하)	360	
옥내소화전(호스 40 15Mx2본)	5	

관경별 헤드수

관 경	ø25	ø32	ø40	ø50	ø65	ø80	ø100
헤드수	2	3	5	10	30	60	61이상

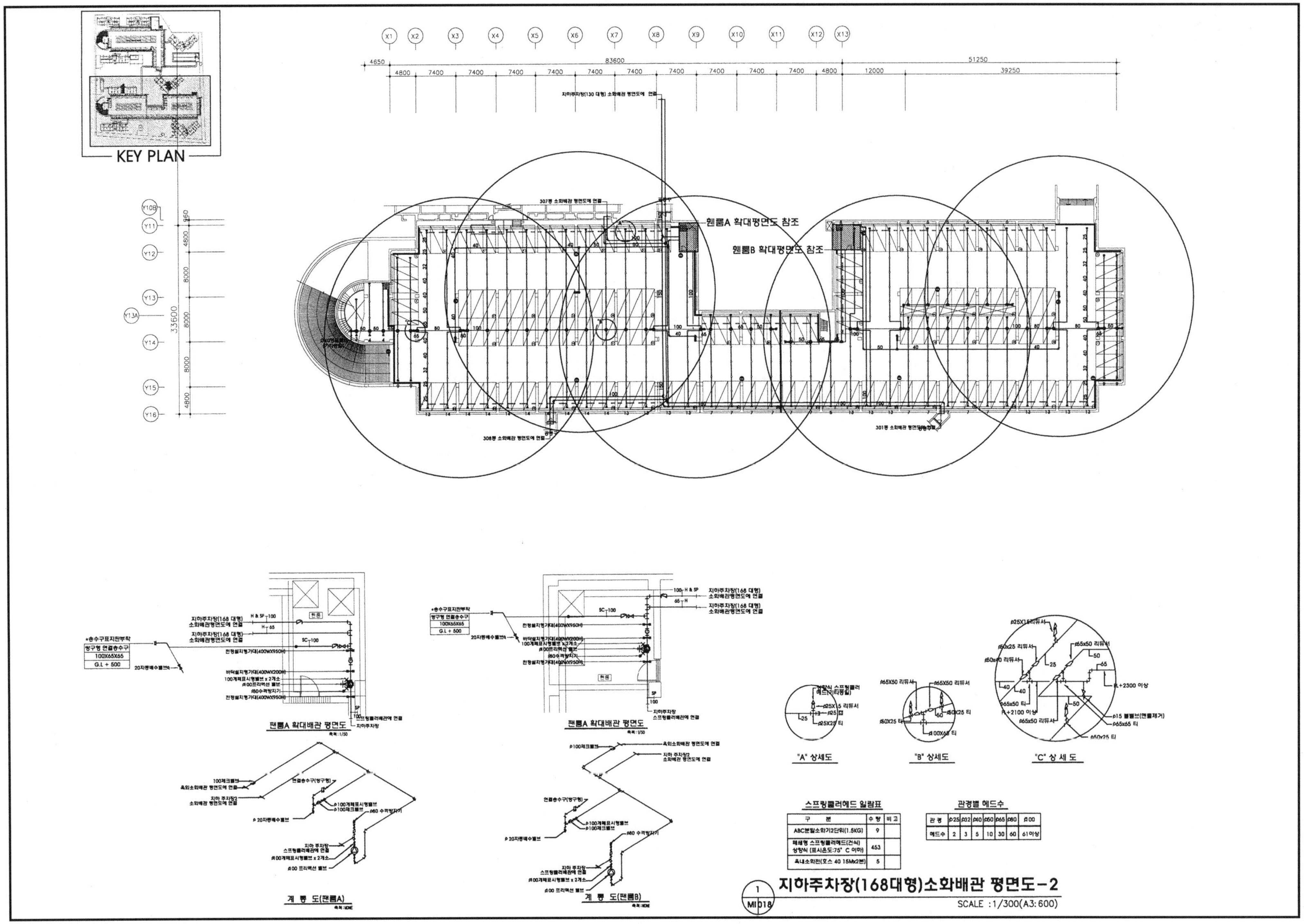

구 분	수 량	비 고
ABC분말소화기2단위(1.5KG)	9	
폐쇄형 스프링클러헤드(건식) 상향식 (표시온도:75' C 이하)	453	
옥내소화전(호스 40 15Mx2본)	5	

관 경	ø25	ø32	ø40	ø50	ø65	ø80	ø100
헤드수	2	3	5	10	30	60	61이상

16-1. 도면 목록표

도면목록표-1

발주번호	도면번호	구 분	도 면 명	설 계 변 경	A	B	C	D	E	F	G	H
	MI001	개별난방	도면목록표 - 1	⊠ B C D E F G H	08.08 실시설계							
	MI002	개별난방	도면목록표 - 2	⊠ B C D E F G H								
	MI003	개별난방	도면목록표 - 3	⊠ B C D E F G H								
	MI004	개별난방	도면목록표 - 4	⊠ B C D E F G H								
	MI005	개별난방	범례표	⊠ B C D E F G H								
	MI006	개별난방	난방 KEY PLAN - 1	⊠ B C D E F G H								
	MI007	개별난방	난방 KEY PLAN - 2	⊠ B C D E F G H								
	MI008	개별난방	33m^2 단위세대 난방배관 평면도	⊠ B C D E F G H								
	MI009	개별난방	39m^2 단위세대 난방배관 평면도	⊠ B C D E F G H								
	MI010	개별난방	46m^2 단위세대 난방배관 평면도	⊠ B C D E F G H								
	MI011	개별난방	51m^2 단위세대 난방배관 평면도	⊠ B C D E F G H								
	MI012	개별난방	33m^2 단위세대 위생배관 평면도(1층)	⊠ B C D E F G H								
	MI013	개별난방	33m^2 단위세대 위생배관 평면도(기준층)	⊠ B C D E F G H								
	MI014	개별난방	39m^2 단위세대 위생배관 평면도(1층)	⊠ B C D E F G H								
	MI015	개별난방	39m^2 단위세대 위생배관 평면도(기준층)	⊠ B C D E F G H								
	MI016	개별난방	46m^2 단위세대 위생배관 평면도(1층)	⊠ B C D E F G H								
	MI017	개별난방	46m^2 단위세대 위생배관 평면도(기준층)	⊠ B C D E F G H								
	MI018	개별난방	51m^2 단위세대 위생배관 평면도(1층)	⊠ B C D E F G H								
	MI019	개별난방	51m^2 단위세대 위생배관 평면도(기준층)	⊠ B C D E F G H								
	MI020	개별난방	33m^2 단위세대 환기설비 평면도	⊠ B C D E F G H								
	MI021	개별난방	36m^2 단위세대 환기설비 평면도	⊠ B C D E F G H								
	MI022	개별난방	46m^2 단위세대 환기설비 평면도	⊠ B C D E F G H								
	MI023	개별난방	51m^2 단위세대 환기설비 평면도	⊠ B C D E F G H								
	MI024	개별난방	301동 급수배관 계통도	⊠ B C D E F G H								
	MI025	개별난방	301동 오배수배관 계통도	⊠ B C D E F G H								
	MI026	개별난방	301동 PIT층 급수, 오배수배관 평면도	⊠ B C D E F G H								
	MI027	개별난방	301동 1~2층 급수배관 평면도	⊠ B C D E F G H								
	MI028	개별난방	301동 3~14층 급수배관 평면도	⊠ B C D E F G H								
	MI029	개별난방	301동 15층, 지붕층 급수배관 평면도	⊠ B C D E F G H								
	MI030	개별난방	302동 급수배관 계통도	⊠ B C D E F G H								
	MI031	개별난방	302동 오배수배관 계통도	⊠ B C D E F G H								
	MI032	개별난방	302동 PIT층 급수, 오배수배관 평면도	⊠ B C D E F G H								
	MI033	개별난방	302동 1~2층 급수배관 평면도	⊠ B C D E F G H								
	MI034	개별난방	302동 3~14층 급수배관 평면도	⊠ B C D E F G H								
	MI035	개별난방	302동 15층, 지붕층 급수배관 평면도	⊠ B C D E F G H								
	MI036	개별난방	303동 급수배관 계통도	⊠ B C D E F G H								
	MI037	개별난방	303동 오배수배관 계통도	⊠ B C D E F G H	08.08 실시설계							

도면목록표-2

발주번호	도면번호	구 분	도 면 명	설 계 변 경	A	B	C	D	E	F	G	H
	MI038	개별난방	303동 PIT층 급수, 오배수배관 평면도	A(×) B C D E F G H	08.08 실시설계							
	MI039	개별난방	303동 1~2층 급수배관 평면도	A(×) B C D E F G H								
	MI040	개별난방	303동 3~14층 급수배관 평면도	A(×) B C D E F G H								
	MI041	개별난방	303동 15층, 지붕층 급수배관 평면도	A(×) B C D E F G H								
	MI042	개별난방	304동 급수배관 계통도	A(×) B C D E F G H								
	MI043	개별난방	304동 오배수배관 계통도	A(×) B C D E F G H								
	MI044	개별난방	304동 PIT층 급수, 오배수배관 평면도	A(×) B C D E F G H								
	MI045	개별난방	304동 1~2층 급수배관 평면도	A(×) B C D E F G H								
	MI046	개별난방	304동 3~11층 급수배관 평면도	A(×) B C D E F G H								
	MI047	개별난방	304동 12층, 지붕층 급수배관 평면도	A(×) B C D E F G H								
	MI048	개별난방	305동 급수배관 계통도	A(×) B C D E F G H								
	MI049	개별난방	305동 오배수배관 계통도	A(×) B C D E F G H								
	MI050	개별난방	305동 PIT층 급수, 오배수배관 평면도	A(×) B C D E F G H								
	MI051	개별난방	305동 1~2층 급수배관 평면도	A(×) B C D E F G H								
	MI052	개별난방	305동 3~10층 급수배관 평면도	A(×) B C D E F G H								
	MI053	개별난방	305동 11층, 지붕층 급수배관 평면도	A(×) B C D E F G H								
	MI054	개별난방	306동 급수배관 계통도	A(×) B C D E F G H								
	MI055	개별난방	306동 오배수배관 계통도	A(×) B C D E F G H								
	MI056	개별난방	306동 PIT층 급수, 오배수배관 평면도	A(×) B C D E F G H								
	MI057	개별난방	306동 1~2층 급수배관 평면도	A(×) B C D E F G H								
	MI058	개별난방	306동 3~10층 급수배관 평면도	A(×) B C D E F G H								
	MI059	개별난방	306동 11층, 지붕층 급수배관 평면도	A(×) B C D E F G H								
	MI060	개별난방	307동 급수배관 계통도	A(×) B C D E F G H								
	MI061	개별난방	307동 오배수배관 계통도	A(×) B C D E F G H								
	MI062	개별난방	307동 PIT층 급수, 오배수배관 평면도	A(×) B C D E F G H								
	MI063	개별난방	307동 1~2층 급수배관 평면도	A(×) B C D E F G H								
	MI064	개별난방	307동 3~10층 급수배관 평면도	A(×) B C D E F G H								
	MI065	개별난방	307동 11층, 지붕층 급수배관 평면도	A(×) B C D E F G H								
	MI066	개별난방	308동 급수배관 계통도	A(×) B C D E F G H								
	MI067	개별난방	308동 오배수배관 계통도	A(×) B C D E F G H								
	MI068	개별난방	308동 PIT층 급수, 오배수배관 평면도	A(×) B C D E F G H								
	MI069	개별난방	308동 1~2층 급수배관 평면도	A(×) B C D E F G H								
	MI070	개별난방	308동 3~10층 급수배관 평면도	A(×) B C D E F G H								
	MI071	개별난방	308동 11층, 지붕층 급수배관 평면도	A(×) B C D E F G H								
	MI072	개별난방	301 ~ 303동 PIPE SHAFT 상세도	A(×) B C D E F G H								
	MI073	개별난방	304, 305동 PIPE SHAFT 상세도	A(×) B C D E F G H								
	MI074	개별난방	306 ~ 308동 PIPE SHAFT 상세도	A(×) B C D E F G H	08.08 실시설계							

도면목록표-3

발주번호	도면번호	구 분	도 면 명	설 계 변 경	A	B	C	D	E	F	G	H
	MI075	개별난방	301~303동 발코니 하부 건식화 PD 상세도-1	~~A~~ B C D E F G H	08.08 실시설계							
	MI076	개별난방	301~303동 발코니 하부 건식화 PD 상세도-2	~~A~~ B C D E F G H								
	MI077	개별난방	304, 305동 발코니 하부 건식화 PD 상세도	~~A~~ B C D E F G H								
	MI078	개별난방	306동 발코니 하부 건식화 PD 상세도	~~A~~ B C D E F G H								
	MI079	개별난방	307동 발코니 하부 건식화 PD 상세도-1	~~A~~ B C D E F G H								
	MI080	개별난방	307동 발코니 하부 건식화 PD 상세도-2	~~A~~ B C D E F G H								
	MI081	개별난방	308동 발코니 하부 건식화 PD 상세도	~~A~~ B C D E F G H								
	MI082	개별난방	PIT층 지지배관 상세도	~~A~~ B C D E F G H								
	MI083	개별난방	급수, 가스배관 원격검침 배선도-1(301~303동)	~~A~~ B C D E F G H								
	MI084	개별난방	급수, 가스배관 원격검침 배선도-2(304~305동)	~~A~~ B C D E F G H								
	MI085	개별난방	급수, 가스배관 원격검침 배선도-3(306~308동)	~~A~~ B C D E F G H								
	MI086	개별난방	보일러 설치 상세도-1	~~A~~ B C D E F G H								
	MI087	개별난방	보일러 설치 상세도-2	~~A~~ B C D E F G H								
	MI088	개별난방	보일러 설치 상세도-3	~~A~~ B C D E F G H								
	MI089	개별난방	보일러 설치 상세도-4	~~A~~ B C D E F G H								
	MI090	개별난방	301동 PIT층 발열선 평면도	~~A~~ B C D E F G H								
	MI091	개별난방	302동 PIT층 발열선 평면도	~~A~~ B C D E F G H								
	MI092	개별난방	303동 PIT층 발열선 평면도	~~A~~ B C D E F G H								
	MI093	개별난방	304동 PIT층 발열선 평면도	~~A~~ B C D E F G H								
	MI094	개별난방	305동 PIT층 발열선 평면도	~~A~~ B C D E F G H								
	MI095	개별난방	33m² 단위세대 소화배관 평면도	~~A~~ B C D E F G H								
	MI096	개별난방	36m² 단위세대 소화배관 평면도	~~A~~ B C D E F G H								
	MI097	개별난방	46m² 단위세대 소화배관 평면도	~~A~~ B C D E F G H								
	MI098	개별난방	51m² 단위세대 소화배관 평면도	~~A~~ B C D E F G H								
	MI099	개별난방	301~303동 소화배관 계통도	~~A~~ B C D E F G H								
	MI100	개별난방	301동 PIT층, 1층 소화배관 평면도	~~A~~ B C D E F G H								
	MI101	개별난방	301~303동 2층, 기준층 소화배관 평면도	~~A~~ B C D E F G H								
	MI102	개별난방	302동 PIT층, 1층 소화배관 평면도	~~A~~ B C D E F G H								
	MI103	개별난방	303동 PIT층, 1층 소화배관 평면도	~~A~~ B C D E F G H								
	MI104	개별난방	304동 소화배관 계통도	~~A~~ B C D E F G H								
	MI105	개별난방	305동 소화배관 계통도	~~A~~ B C D E F G H								
	MI106	개별난방	304, 305동 PIT층, 1층 소화배관 평면도	~~A~~ B C D E F G H								
	MI107	개별난방	304, 305동 기준층 소화배관 평면도	~~A~~ B C D E F G H								
	MI108	개별난방	306동 소화배관 계통도	~~A~~ B C D E F G H								
	MI109	개별난방	306동 PIT층, 1층 소화배관 평면도	~~A~~ B C D E F G H								
	MI110	개별난방	306동 2층, 3층 소화배관 평면도	~~A~~ B C D E F G H								
	MI111	개별난방	306동 기준층 소화배관 평면도	~~A~~ B C D E F G H	08.08 실시설계							

도면목록표 - 4

발주번호	도면번호	구 분	도 면 명	설 계 변 경	A	B	C	D	E	F	G	H
	MI112	개별난방	307,308동 소화배관 계통도	~~A~~ B C D E F G H	08.08 실시설계							
	MI113	개별난방	307동 PIT층, 1층 소화배관 평면도	~~A~~ B C D E F G H								
	MI114	개별난방	307동 2층 소화배관 평면도	~~A~~ B C D E F G H								
	MI115	개별난방	307동 기준층 소화배관 평면도	~~A~~ B C D E F G H								
	MI116	개별난방	308동 PIT층, 1층 소화배관 평면도	~~A~~ B C D E F G H								
	MI117	개별난방	308동 2층 소화배관 평면도	~~A~~ B C D E F G H								
	MI118	개별난방	308동 기준층 소화배관 평면도	~~A~~ B C D E F G H								
	MI119	개별난방	301~303동 소화 발연선 설치도	~~A~~ B C D E F G H								
	MI120	개별난방	301동 소화 발연선 평면도	~~A~~ B C D E F G H								
	MI121	개별난방	302동 소화 발연선 평면도	~~A~~ B C D E F G H								
	MI122	개별난방	303동 소화 발연선 평면도	~~A~~ B C D E F G H								
	MI123	개별난방	304동 소화 발연선 설치도	~~A~~ B C D E F G H								
	MI124	개별난방	305동 소화 발연선 설치도	~~A~~ B C D E F G H								
	MI125	개별난방	304,305동 소화 발연선 평면도	~~A~~ B C D E F G H								
	MI126	개별난방	306동 소화 발연선 설치도	~~A~~ B C D E F G H								
	MI127	개별난방	306동 소화 발연선 평면도	~~A~~ B C D E F G H								
	MI128	개별난방	307,308동 소화 발연선 설치도	~~A~~ B C D E F G H								
	MI129	개별난방	307동 소화 발연선 평면도	~~A~~ B C D E F G H								
	MI130	개별난방	308동 소화 발연선 평면도	~~A~~ B C D E F G H								
	MI131	개별난방	301 ~ 303동 건식화 PD 상세도 - 1	~~A~~ B C D E F G H								
	MI132	개별난방	301 ~ 303동 건식화 PD 상세도 - 2	~~A~~ B C D E F G H								
	MI133	개별난방	301 ~ 303동 건식화 PD 상세도 - 3	~~A~~ B C D E F G H								
	MI134	개별난방	304, 305동 건식화 PD 상세도 - 1	~~A~~ B C D E F G H								
	MI135	개별난방	304, 305동 건식화 PD 상세도 - 2	~~A~~ B C D E F G H								
	MI136	개별난방	306 ~ 308동 건식화 PD 상세도 - 1	~~A~~ B C D E F G H								
	MI137	개별난방	306 ~ 308동 건식화 PD 상세도 - 2	~~A~~ B C D E F G H								
				~~A~~ B C D E F G H								
				~~A~~ B C D E F G H								
				~~A~~ B C D E F G H								
				~~A~~ B C D E F G H								
				~~A~~ B C D E F G H								
				~~A~~ B C D E F G H								
				~~A~~ B C D E F G H								
				~~A~~ B C D E F G H								
				~~A~~ B C D E F G H								
				~~A~~ B C D E F G H								
				~~A~~ B C D E F G H	08.08 실시설계							

16-2. 범례표

범 례 표

기 호	명 칭		비 고
—— P • ——	급수가압관	CITY WATER PUMPING	
—— C • ——	자연급수관	CITY WATER(by GRAVITY)	
—— • ——	급수관	CITY WATER SUPPLY	
—— •• ——	급탕관	HOT WATER SUPPLY	
—— ••• ——	환탕관	HOT WATER RETURN	
—— ∘∘ ——	급탕보급수관	SUPPLEMENT WATER FOR HOT WATER	
—— S ——	오수관	SANITARY	
—— D ——	배수관	DRAIN	
—— V ——	통기관	VENTILATION	
—— HWS ——	난방공급관	HOT WATER SUPPLY FOR HEATING	
—— HWR ——	난방환수관	HOT WATER RETURN FOR HEATING	
—— E ——	팽창관	EXPANSION	
—— ECW ——	팽창보급수관	SUPPLEMENT WATER FOR EXPANSION WATER	
	상향배관	UPWARD	
	하향배관	DOWNWARD	
	엘보	ELBOW	
	티	TEE	
	리듀서	REDUCER	
	플러그	PLUG	
	캡	CAP	
	플랜지	FLANGE	
	막힘플랜지	END TYPE FLANGE	
	스트레이너	STRAINER	
	플렉시블조인트 또는 콘넥터	FLEXIBLE JOINT OR CONNECTOR	
	신축접수 (4-Elbow)	EXPANSION LOOP	
	신축접수 (벨로우즈 복식)	EXPANSION JOINT(DOUBLE TYPE)	
	신축접수 (벨로우즈 단식)	EXPANSION JOINT(SINGLE TYPE)	

기 호	명 칭		비 고
C.O	소제구	CLEANING OUT	
	바닥소제구	FLOOR CLEANING	
F.D	바닥배수구	FLOOR DRAIN	
WM	급수계량기	WATER METER	
	압력계	PRESSURE GAUGE	
	온도계	TEMPERATURE GAUGE	
V.T.R	지붕통기구	VENT ON THE ROOF	
	방열기	RADITOR	
—— H ——	옥내소화전관	INDOOR FIRE HYDRANT PIPE	
—— SP ——	스프링클러관	SPRINKLER PIPE	
—— H&SP ——	옥내소화전 및 스프링클러 겸용관	INDOOR FIRE HYDRANT AND SPRINKLER PIPE	
—— F ——	연결송수관	FIRE DEPARTMENT CONNECTION PIPE	
—— CF ——	옥외상수도소화배관	OUTDOOR EXTINGUISH PIPE (CITY WATER)	
	옥내소화전 (전용)	INDOOR FIRE HYDRANT (ONLY)	
	옥내소화전 (방수구 겸용)	INDOOR FIRE HYDRANT (ADDITION WATER DELIVERY OUT-LET)	
	방수용기구함	WATER DELIVERY APPARATUS CABINET	
소	ABC 분말 소화기	ABC DRY CHEMICAL EXTINGUISHER	
확	자동확산 소화기	AUTOMATIC DIFFUSION EXTINGUISHER	
자	자동식 소화기	AUTOMATIC FIRE EXTINGUISHER	
완	완강기	DESCEDING LIFE LINE	
	옥외상수도소화전	OUTDOOR FIRE HYDRANT	
,	연결송수구 (단구형, 쌍구형)	FIRE DEPARTMENT CONNECTION	
,	스프링클러헤드 (폐쇄형 : 상향 또는 하향형, 측벽형)	SPRINKLER HEAD	
	프리액션밸브	PRE-ACTION VALVE	
	방화댐퍼	FIRE DAMPER	

16-3. 난방 KEY PLAN

난방 KEY PLAN-1

Ⓐ 	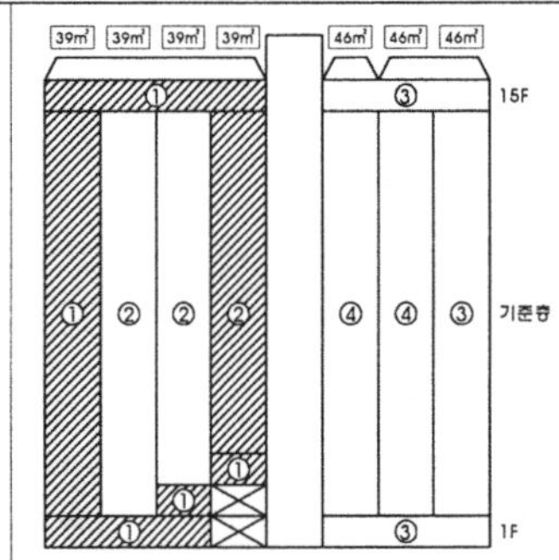	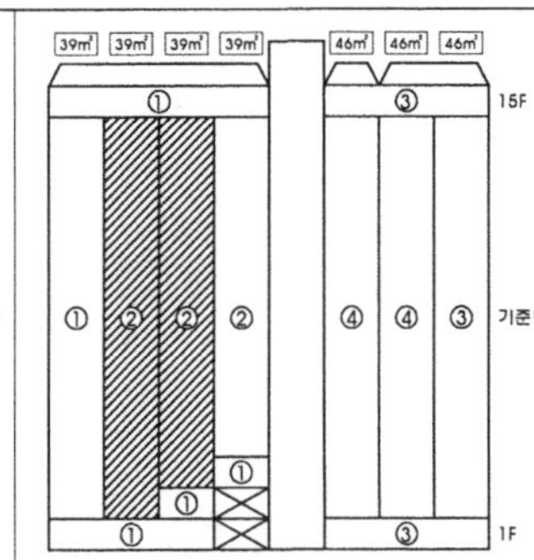	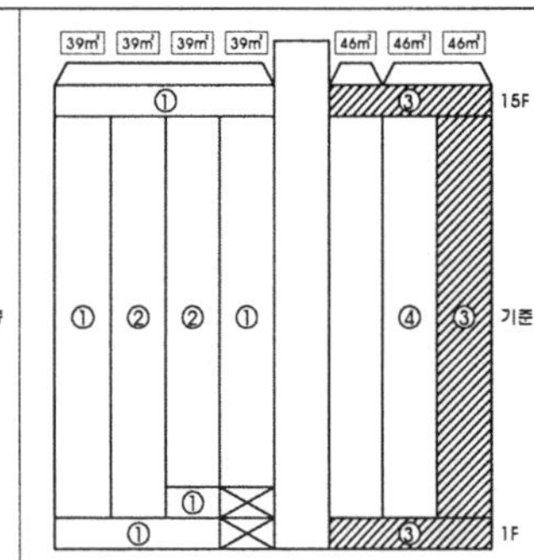	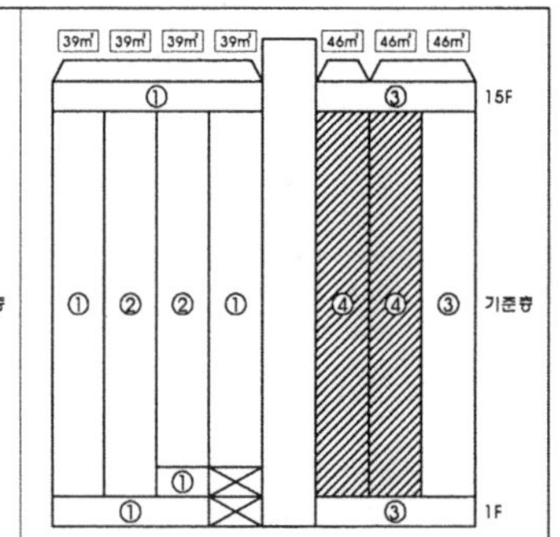
301동~303동 KEY PLAN(39m²+46m²-103호-15층)	MI009 ①39m² 최하,최상층,측벽세대(33세대)	MI009 ②39m² 기준층(25세대)	MI010 ③46m² 최하,최상층,측벽세대(19세대)	MI010 ④46m² 기준층(26세대)
Ⓑ 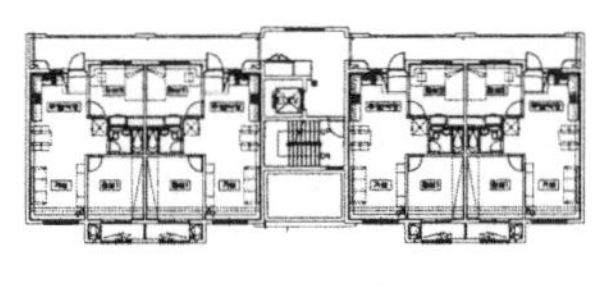	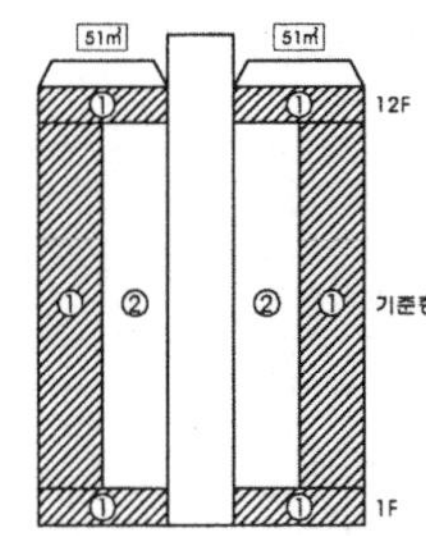	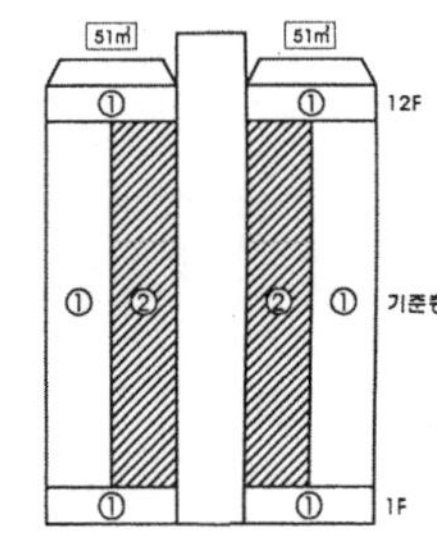		
304동 KEY PLAN(51m²-48호-12층)	MI011 ①51m² 최하,최상층,측벽세대(28세대)	MI011 ②51m² 기준층(20세대)		
Ⓒ 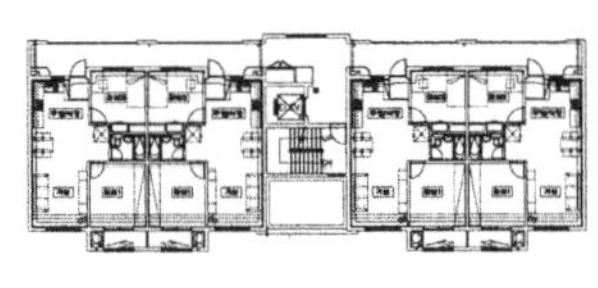	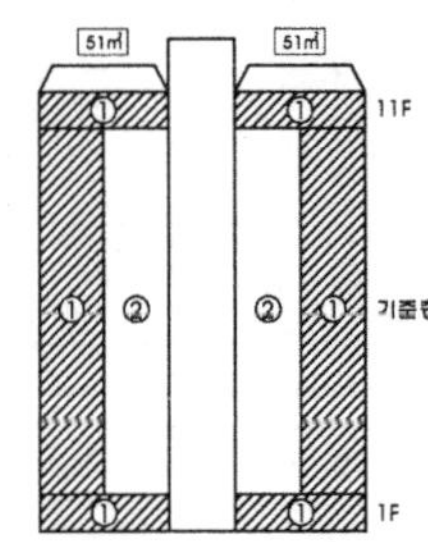	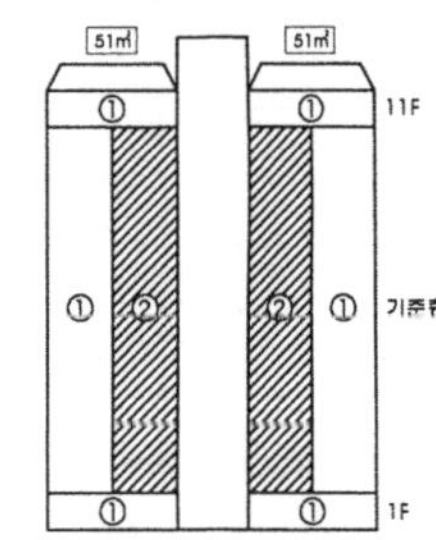		
305동 KEY PLAN(51m²-40호-11층)	MI011 ①51m² 최하,최상층,측벽세대(26세대)	MI011 ②51m² 기준층(18세대)		

난방 KEY PLAN-2

Ⓓ 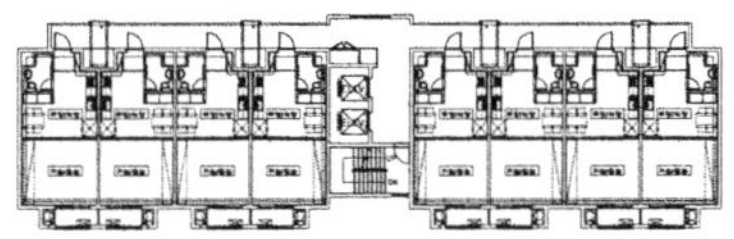	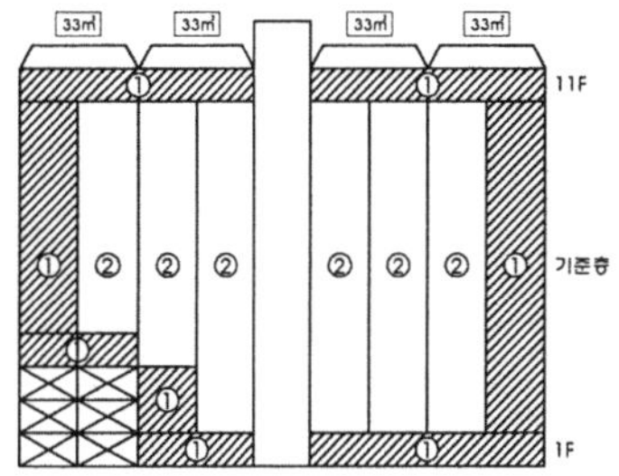	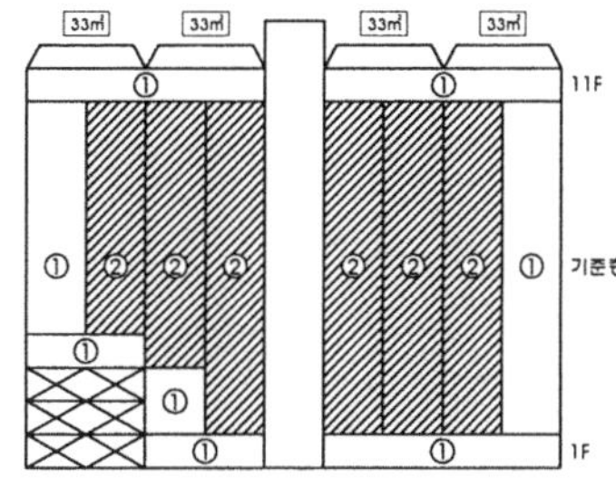	
306동 KEY PLAN(33m²-82호-11층)	MI008 ① 33m² 최하,최상층,측벽세대(33세대)	MI008 ② 33m² 기준층(49세대)	
Ⓔ 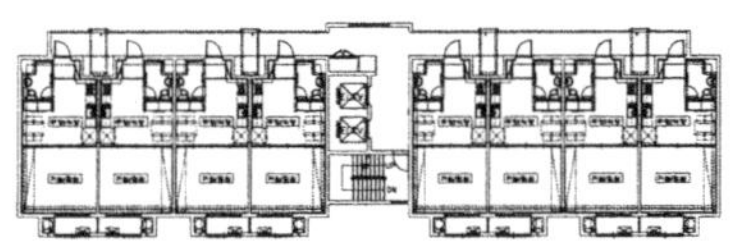	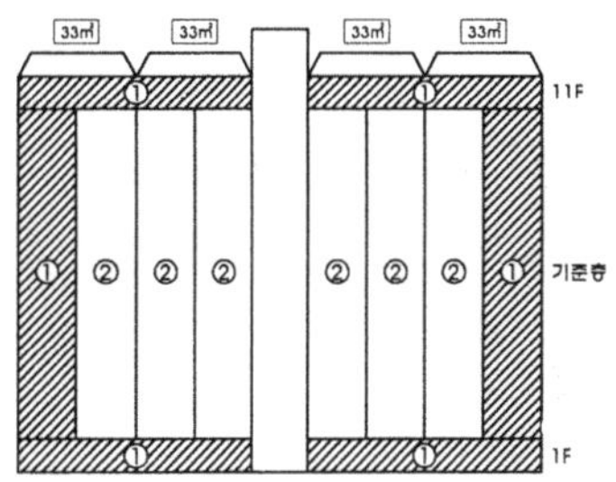	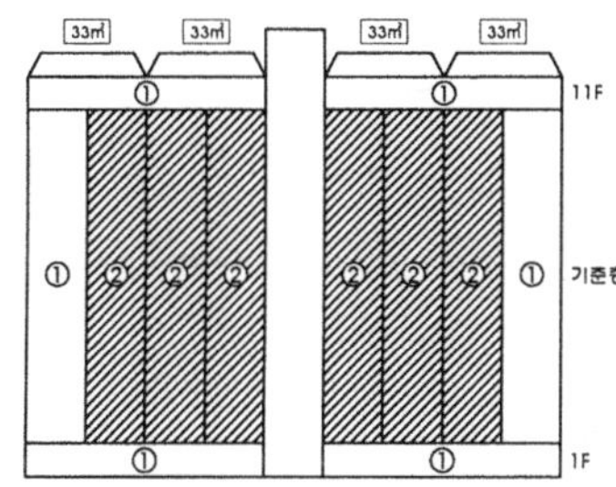	
307동, 308동 KEY PLAN(33m²-88호-11층)	MI008 ① 33m² 최하,최상층,측벽세대(34세대)	MI008 ② 33m² 기준층(54세대)	

16-4. 단위세대 난방배관 평면도

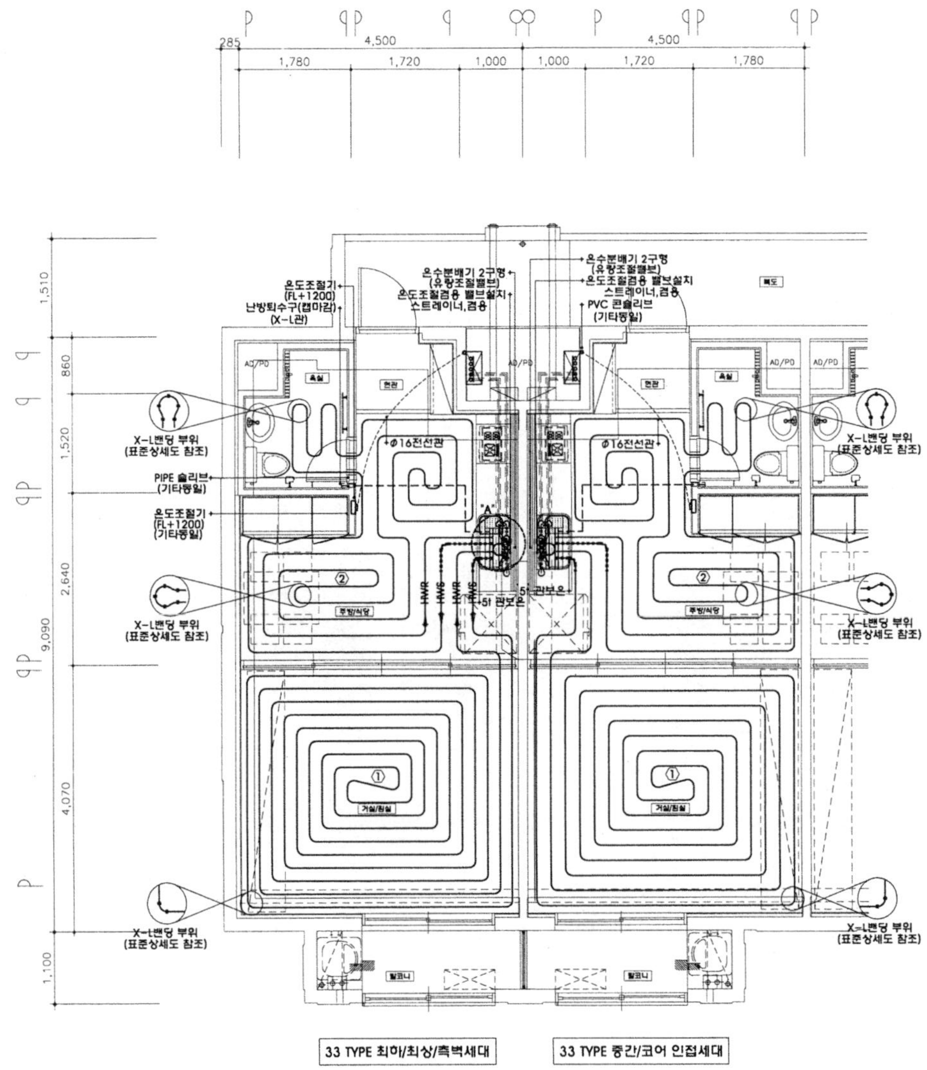

■ 33 TYPE 최하/최상/측벽세대

실 명	피 치	관 경	길 이	비 고
거실/침실1	200	ø15	85.7	①
주방/식당	250	ø15	46	②

■ 33 TYPE 중간/코어 인접세대

실 명	피 치	관 경	길 이	비 고
거실/침실1	230	ø15	74.2	①
주방/식당	250	ø15	45.5	②

■ "A" 온수 분배기 주위 배관

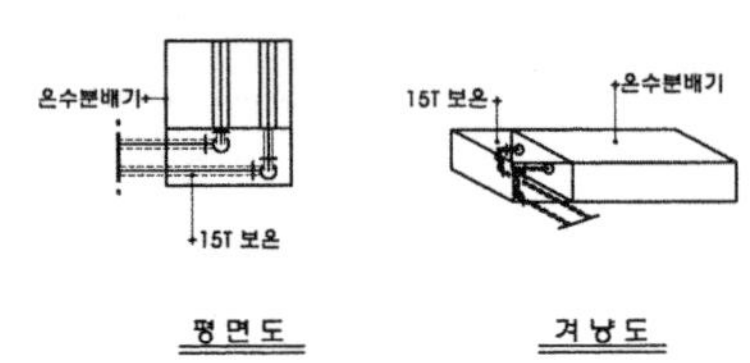

(1/MI008) 33m² 단위세대 난방배관 평면도

SCALE :1/40(A3:80)

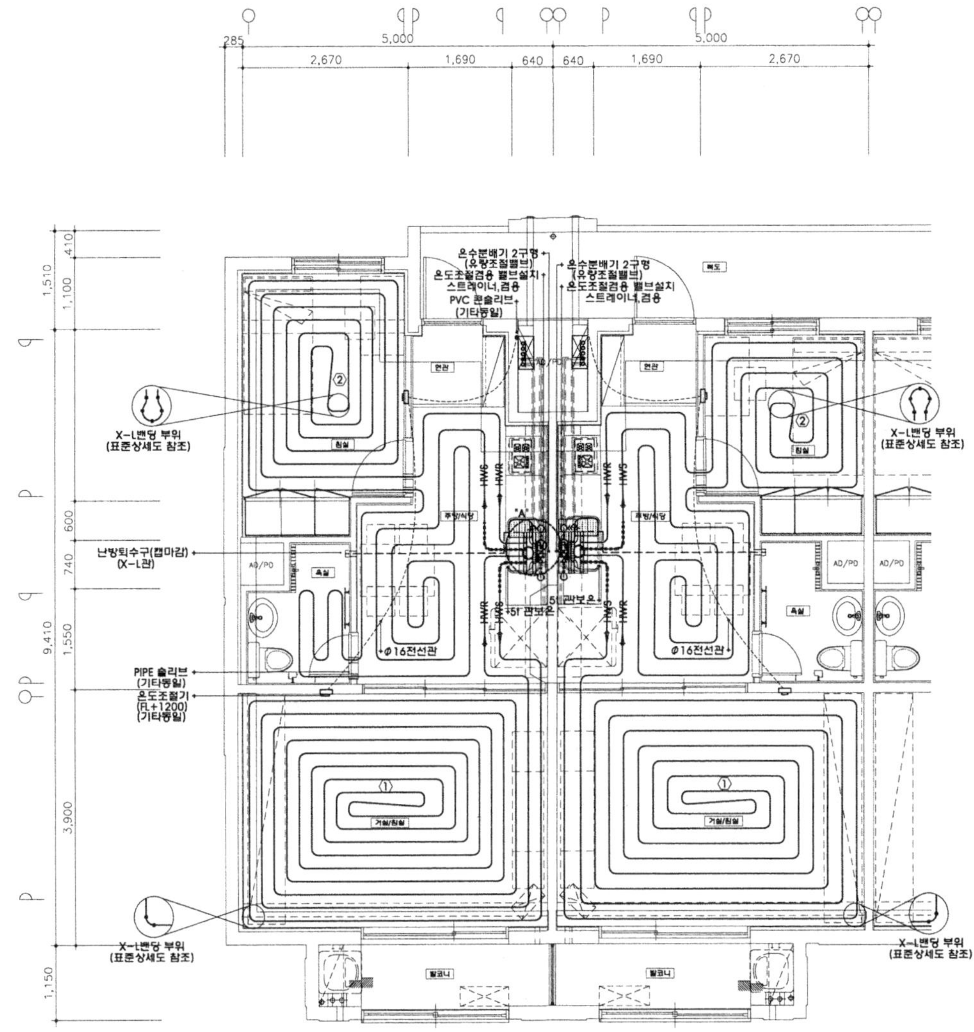

39 TYPE 최하/최상/측벽세대

39 TYPE 중간/코어 인접세대

39m² 단위세대 난방배관 평면도

1 / MI 009

SCALE :1/40(A3: 80)

■ 39 TYPE 최하/최상/측벽세대

실 명	피 치	관 경	길 이	비 고
거실/침실1	200	Φ15	92.4	①
침실2	230	Φ15	80.6	②
주방/식당	250	Φ15	–	–

■ 39 TYPE 중간/코어 인접세대

실 명	피 치	관 경	길 이	비 고
거실/침실1	230	Φ15	80.1	①
침실2	230	Φ15	58.1	②
주방/식당	250	Φ15	–	–

■ "A" 온수 분배기 주위 배관

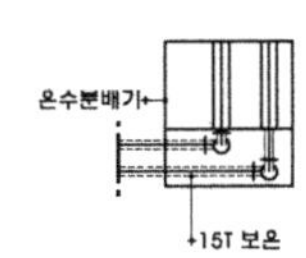

평 면 도

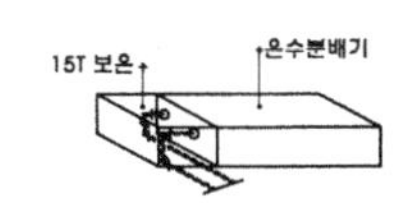

겨 냥 도

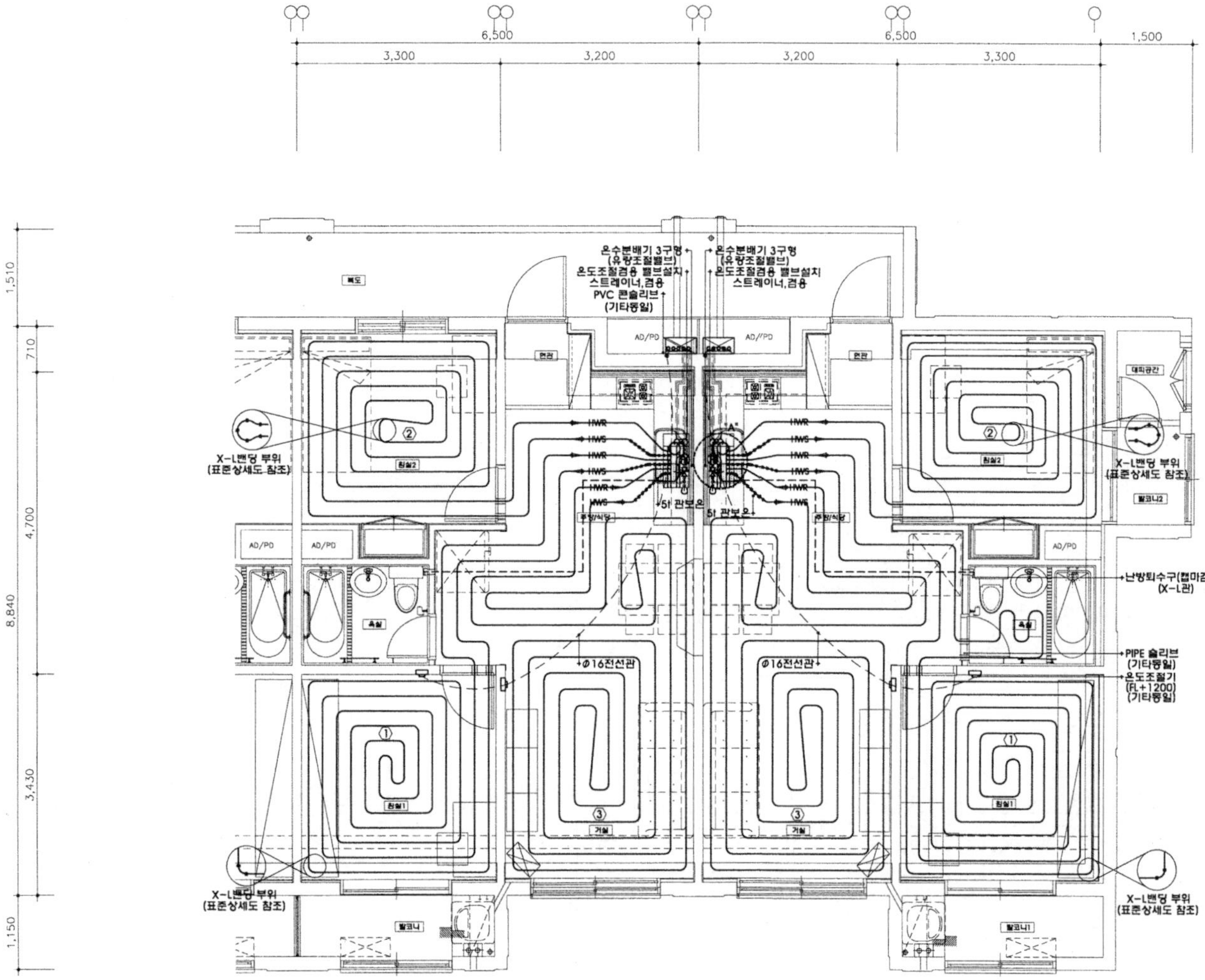

46 TYPE 중간/코어 인접세대

46 TYPE 최하/최상/측벽세대

46m² 단위세대 난방배관 평면도

1 / MI010

SCALE :1/40(A3:80)

■ 46A TYPE 최하/최상/측벽세대

실 명	피 치	관 경	길 이	비 고
침실1	200	φ15	69	①
침실2	200	φ15	52.6	②
거실	250	φ15	70.8	③
주방/식당	250	φ15	–	–

■ 46A TYPE 중간/코어 인접세대

실 명	피 치	관 경	길 이	비 고
침실1	230	φ15	56.9	①
침실2	230	φ15	46.7	②
거실	250	φ15	70.5	③
주방/식당	250	φ15	–	–

■ "A" 온수 분배기 주위 배관

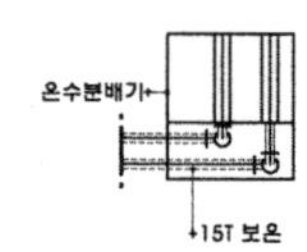

평면도

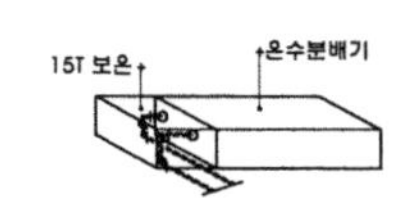

겨냥도

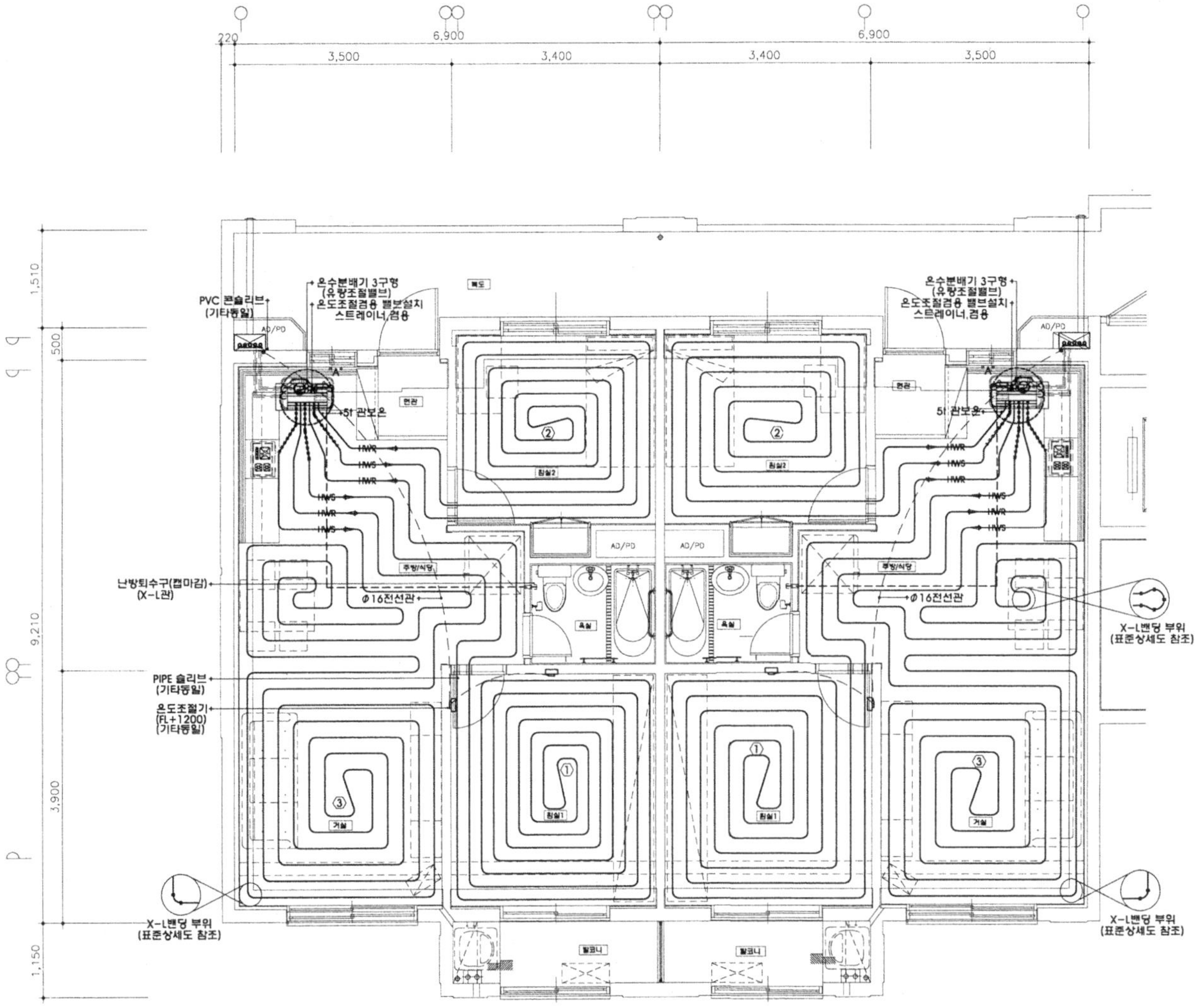

51 TYPE 최하/최상/측벽세대 | 51 TYPE 중간/코어 인접세대

■ 51A TYPE 최하/최상/측벽세대

실 명	피 치	관 경	길 이	비 고
침실1	200	Φ15	73.9	①
침실2	200	Φ15	52.3	②
거실	250	Φ15	80	③
주방/식당	250	Φ15	-	-

■ 51A TYPE 중간/코어 인접세대

실 명	피 치	관 경	길 이	비 고
침실1	230	Φ15	66.4	①
침실2	230	Φ15	46.8	②
거실	250	Φ15	79.6	③
주방/식당	250	Φ15	-	-

■ "A" 온수 분배기 주위 배관

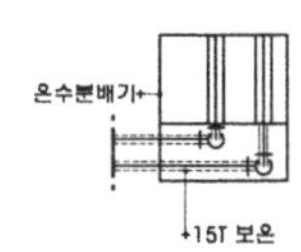

평 면 도

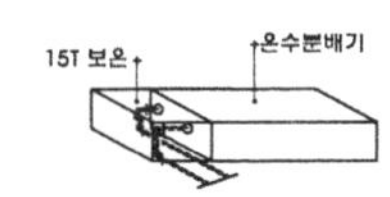

겨 냥 도

1 MI011 51m²단위세대 난방배관 평면도

SCALE : 1/40(A3: 80)

16-5. 단위세대 위생배관 평면도

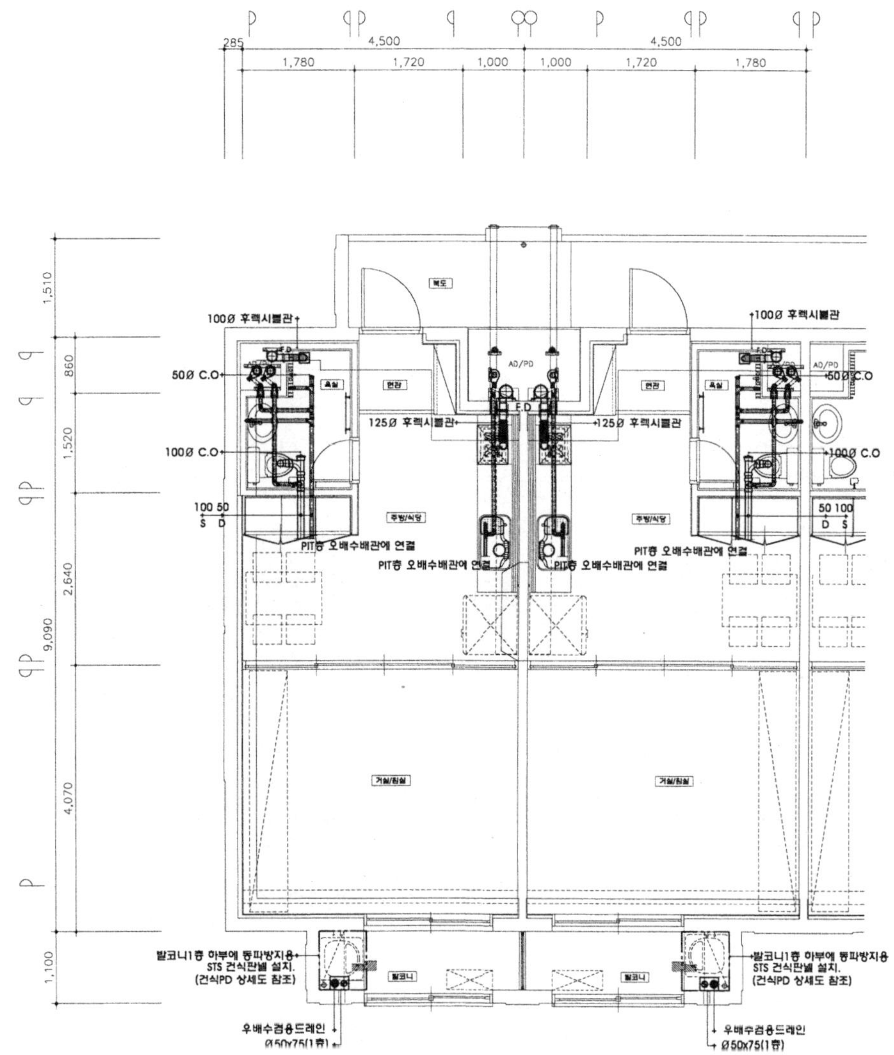

1 MI012 33m² 단위세대 위생배관 평면도 (1층)

SCALE :1/40(A3: 80)

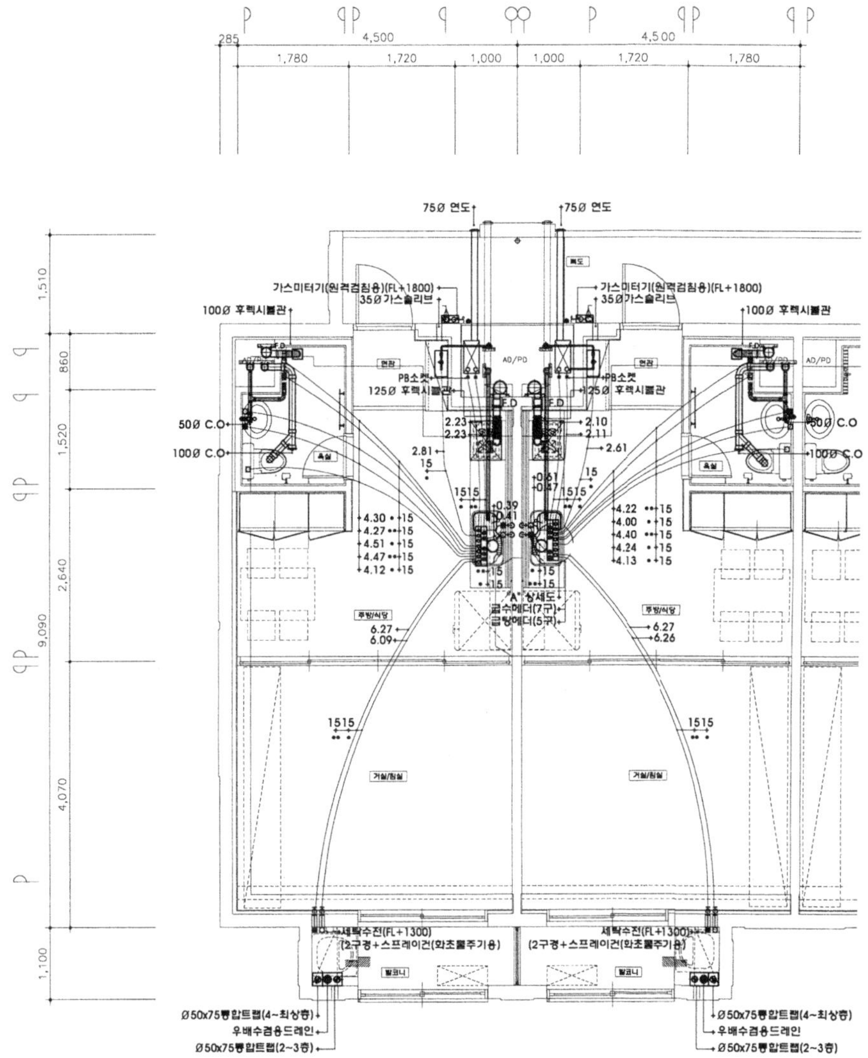

1 MI013 **33m² 단위세대 위생배관 평면도 (기준층)**

SCALE :1/40(A3: 80)

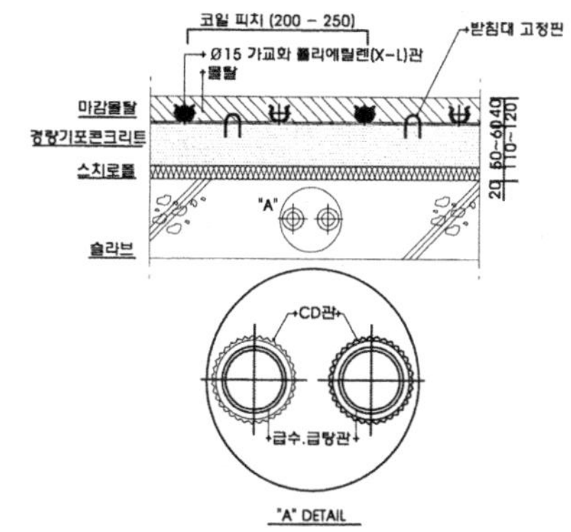

급수 급탕 이중관 단면상세도

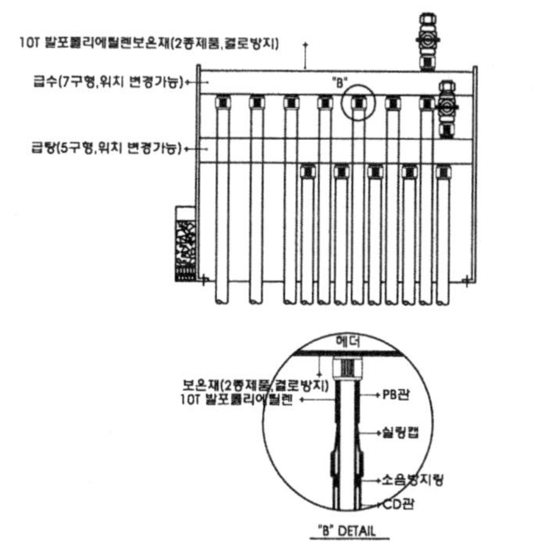

급수 급탕 분배기 "A"상세도

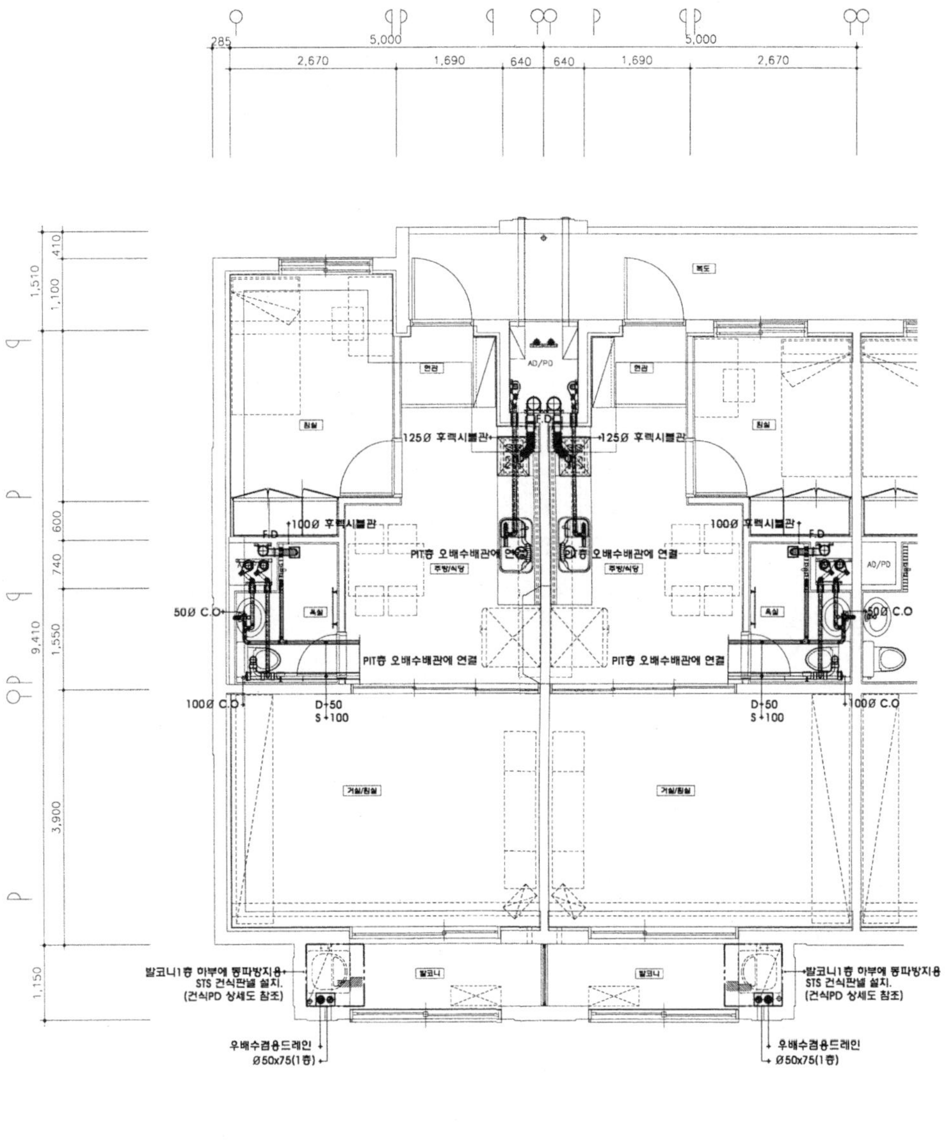

39m²단위세대 위생배관 평면도 (1층)

SCALE :1/40(A3:80)

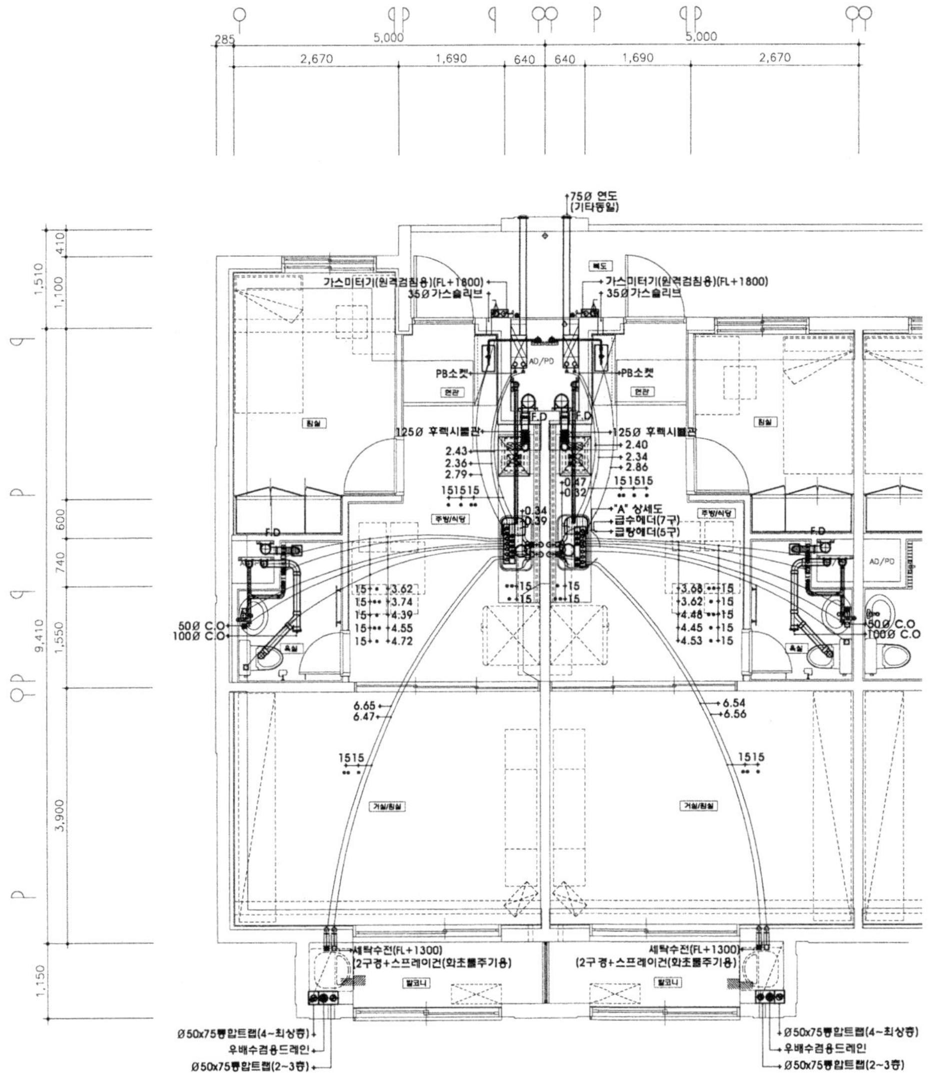

39m²단위세대 위생배관 평면도 (기준층)

SCALE :1/40(A3:80)

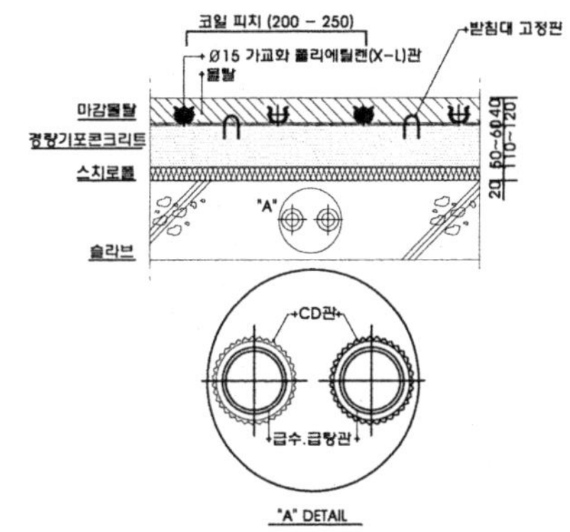

급수 급탕 이중관 단면상세도

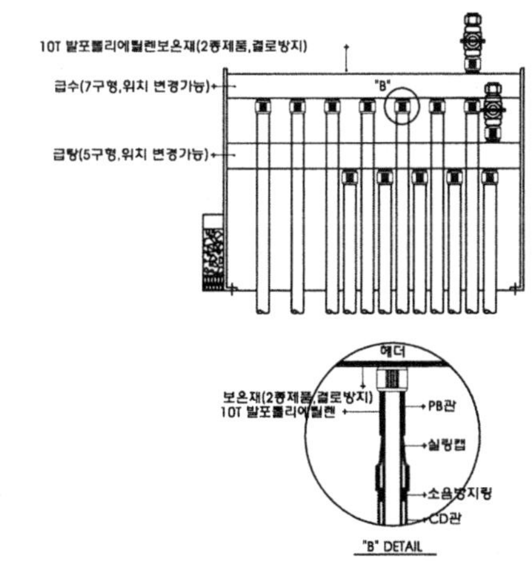

급수 급탕 분배기 "A"상세도

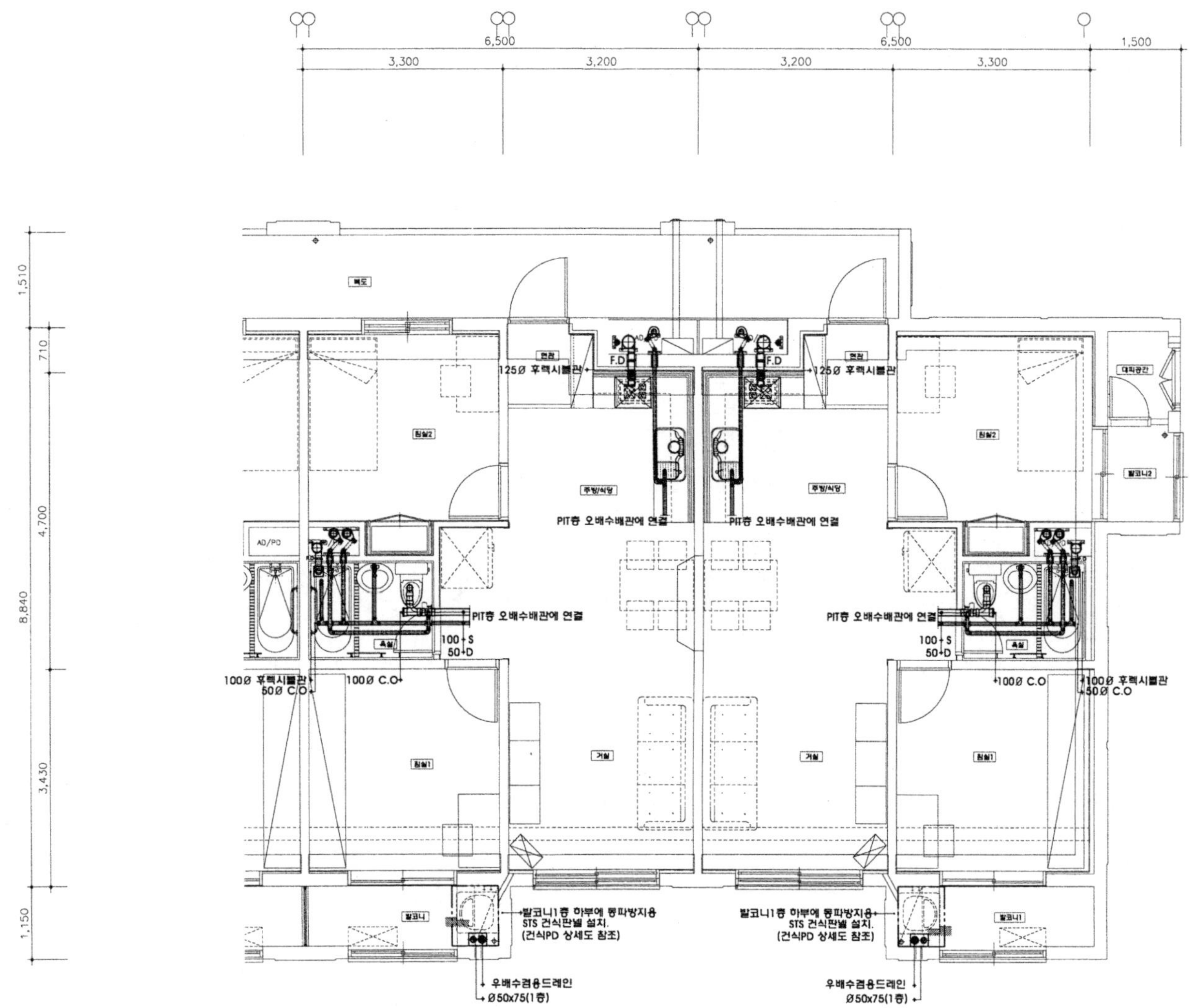

46m² 단위세대 위생배관 평면도 (1층)

SCALE : 1/40(A3: 80)

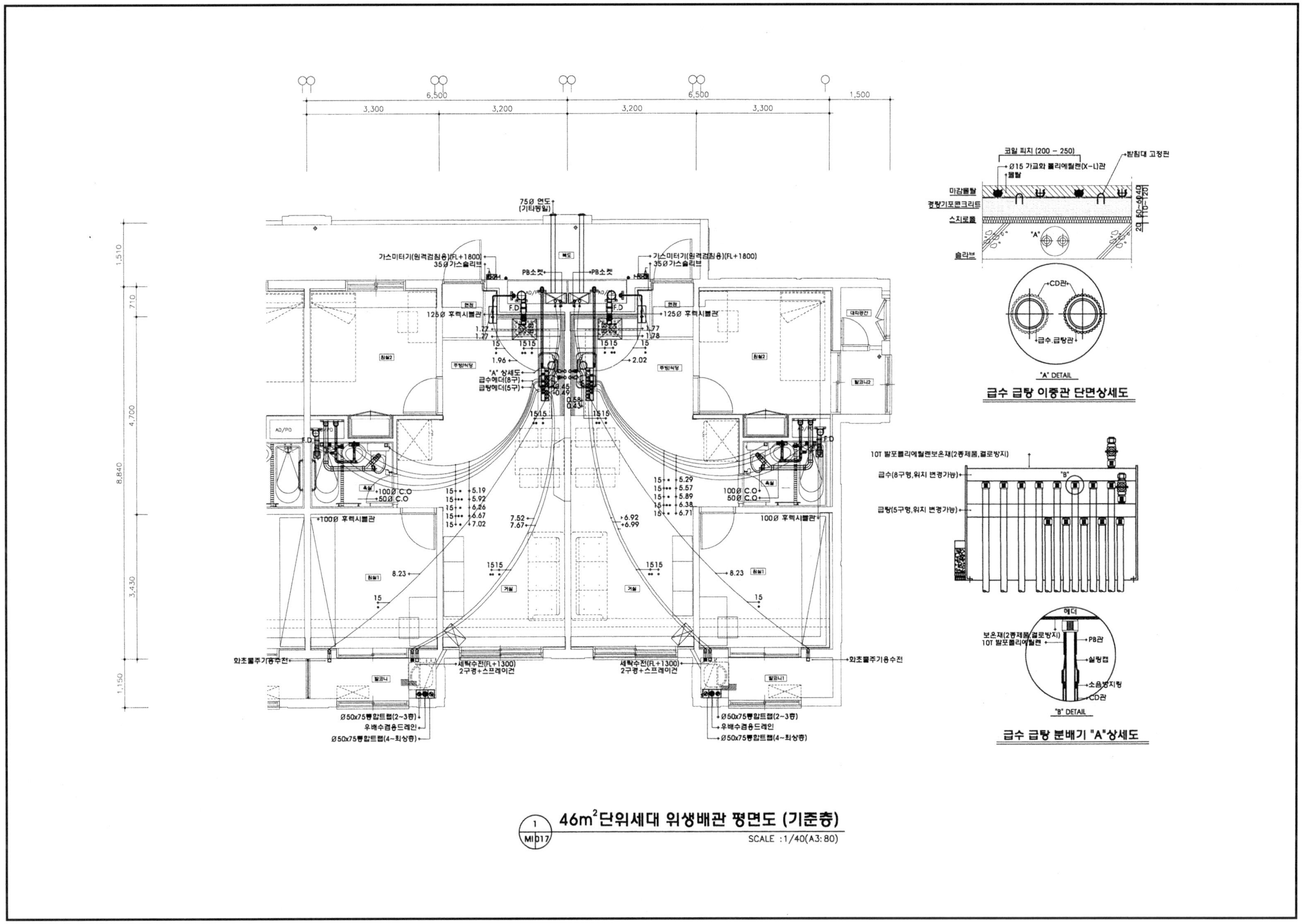
46m² 단위세대 위생배관 평면도 (기준층)
SCALE :1/40(A3:80)
급수 급탕 이중관 단면상세도
"A" DETAIL
급수 급탕 분배기 "A"상세도
"B" DETAIL

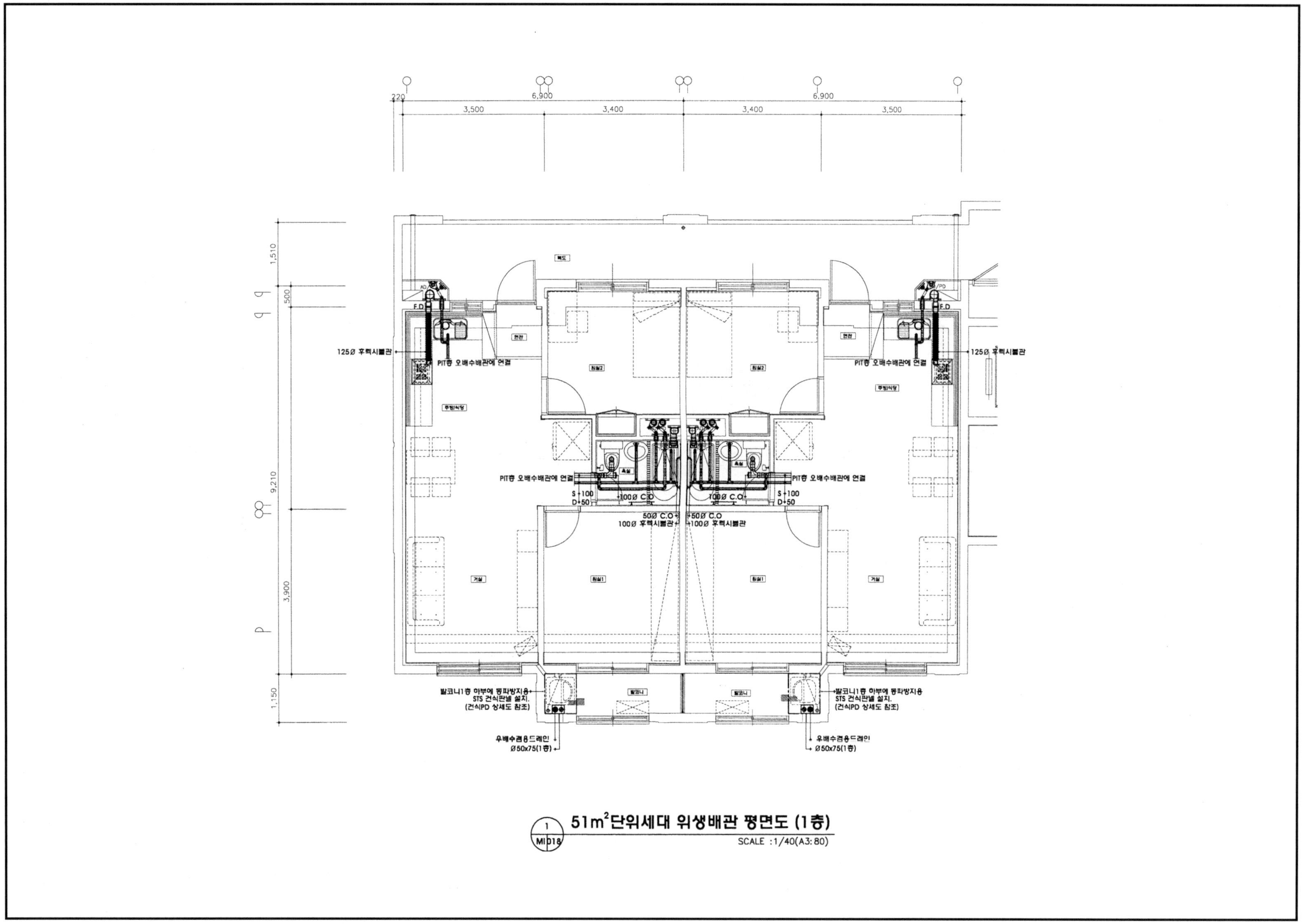
125Ø 후렉시블관
PIT층 오배수배관에 연결
S+100
D+50
100Ø C.O
50Ø C.O
100Ø 후렉시블관
우배수겸용드레인
Ø50x75(1층)
51m²단위세대 위생배관 평면도 (1층)
SCALE :1/40(A3:80)

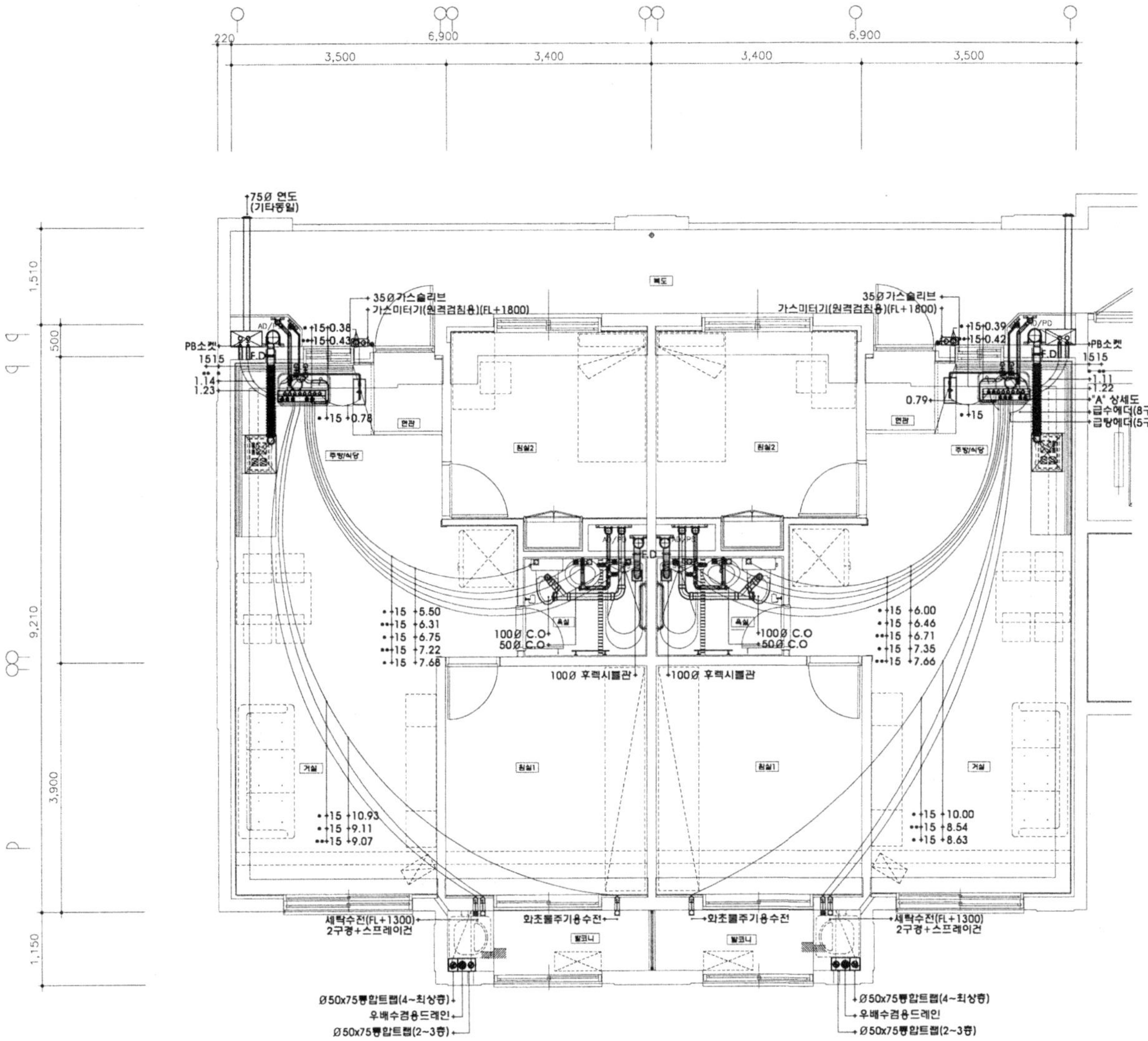

51m²단위세대 위생배관 평면도 (기준층)

SCALE :1/40(A3: 80)

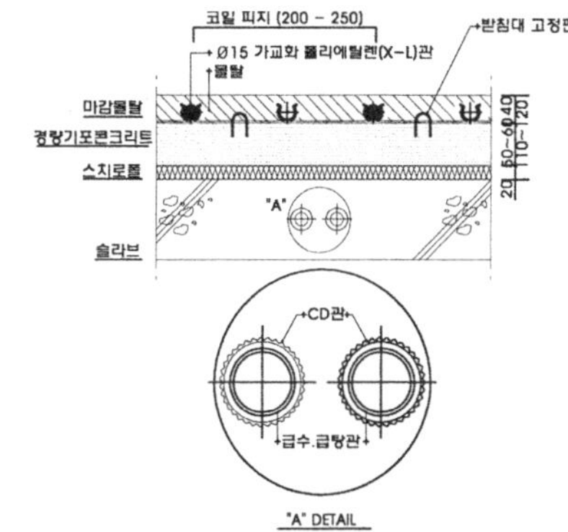

급수 급탕 이중관 단면상세도

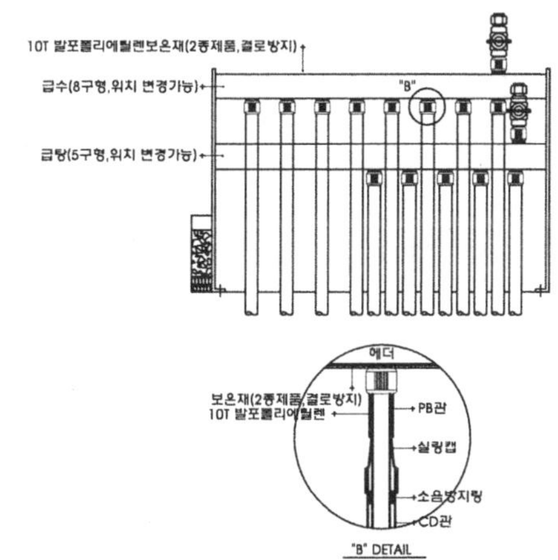

급수 급탕 분배기 "A"상세도

16-6. 단위세대 환기설비 평면도

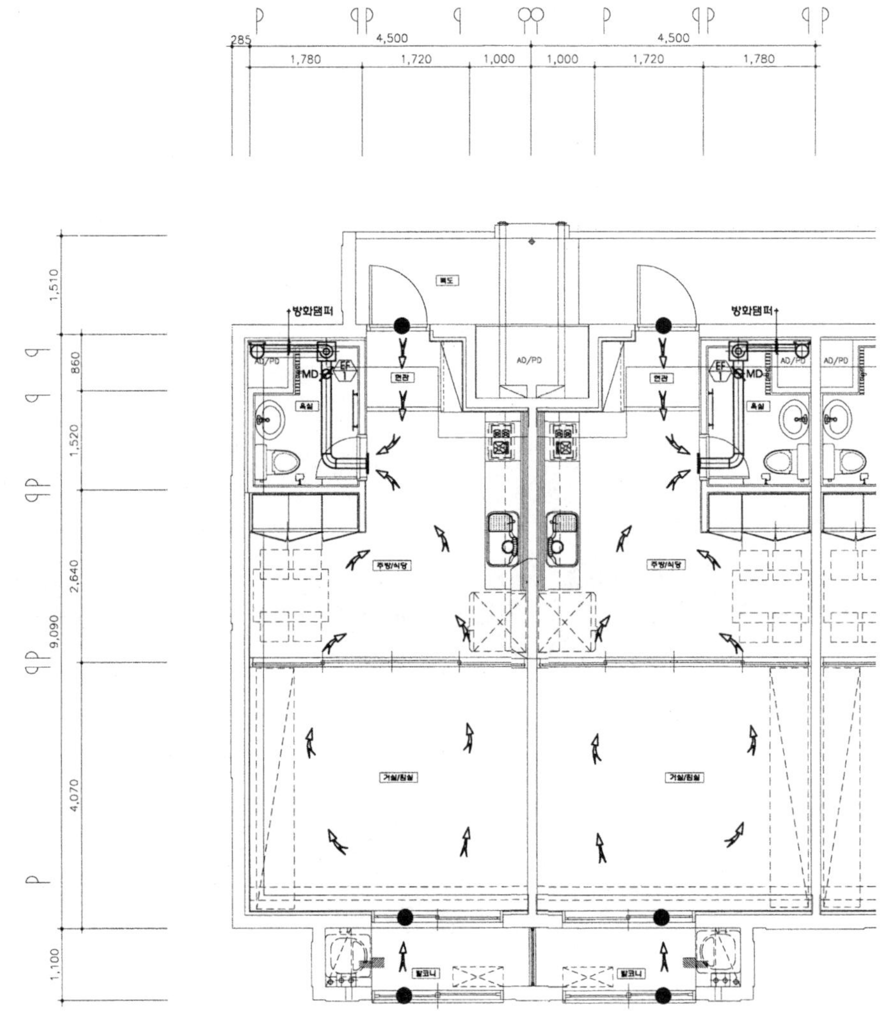

장 비 목 록

범례(기호)	명 칭	규 격	비 고
EF 1	실내˜환기팬	84 CMH 이상	욕실배기팬 겸용
●	자연환기구	–	세대형별 "자연환기구상세도" 참조
	배기그릴	벽부형	–
ØMD	전동댐퍼	–	실내환기시 : 개방 욕실배기시 : 폐쇄

1 MI020 33m² 단위세대 환기설비 평면도

SCALE :1/40(A3:80)

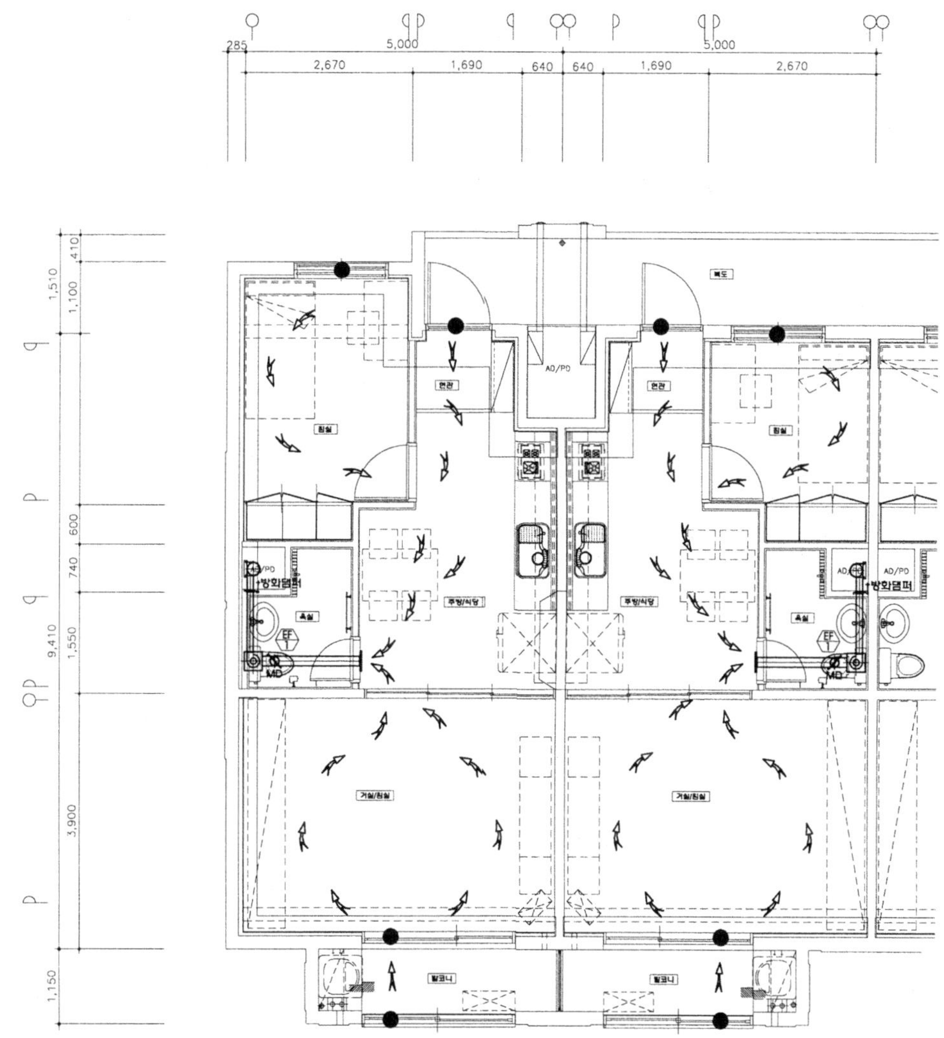

장 비 목 록

범례(기호)	명 칭	규 격	비 고
EF 1	실내 환기팬	84 CMH 이상	욕실배기팬 겸용
●	자연환기구	–	세대형별 "자연환기구상세도" 참조
	배기그릴	벽부형	–
⌀MD	전동댐퍼	–	실내환기시 : 개방 욕실배기시 : 패쇄

1 MI021 **39m² 단위세대 환기설비 평면도**

SCALE : 1/40(A3: 80)

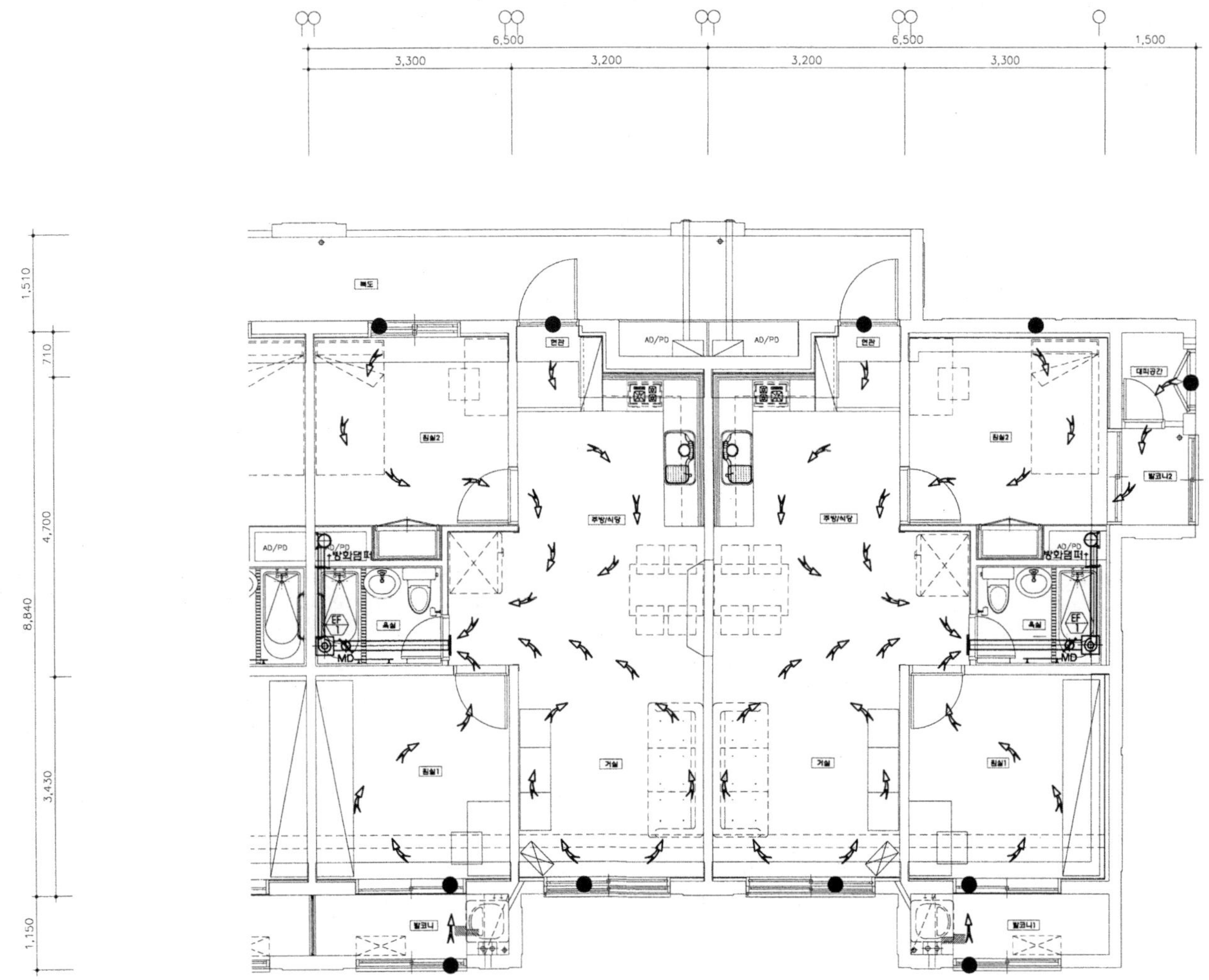

장 비 목 록

범례(기호)	명 칭	규 격	비 고
EF 1	실내 환기팬	84 CMH 이상	욕실배기팬 겸용
●	자연환기구	–	세대형별 "자연환기구상세도" 참조
	배기그릴	벽부형	–
∅MD	전동댐퍼	–	실내환기시 : 개방 욕실배기시 : 폐쇄

1 MI 022 **46m² 단위세대 환기설비 평면도**

SCALE :1/40(A3: 80)

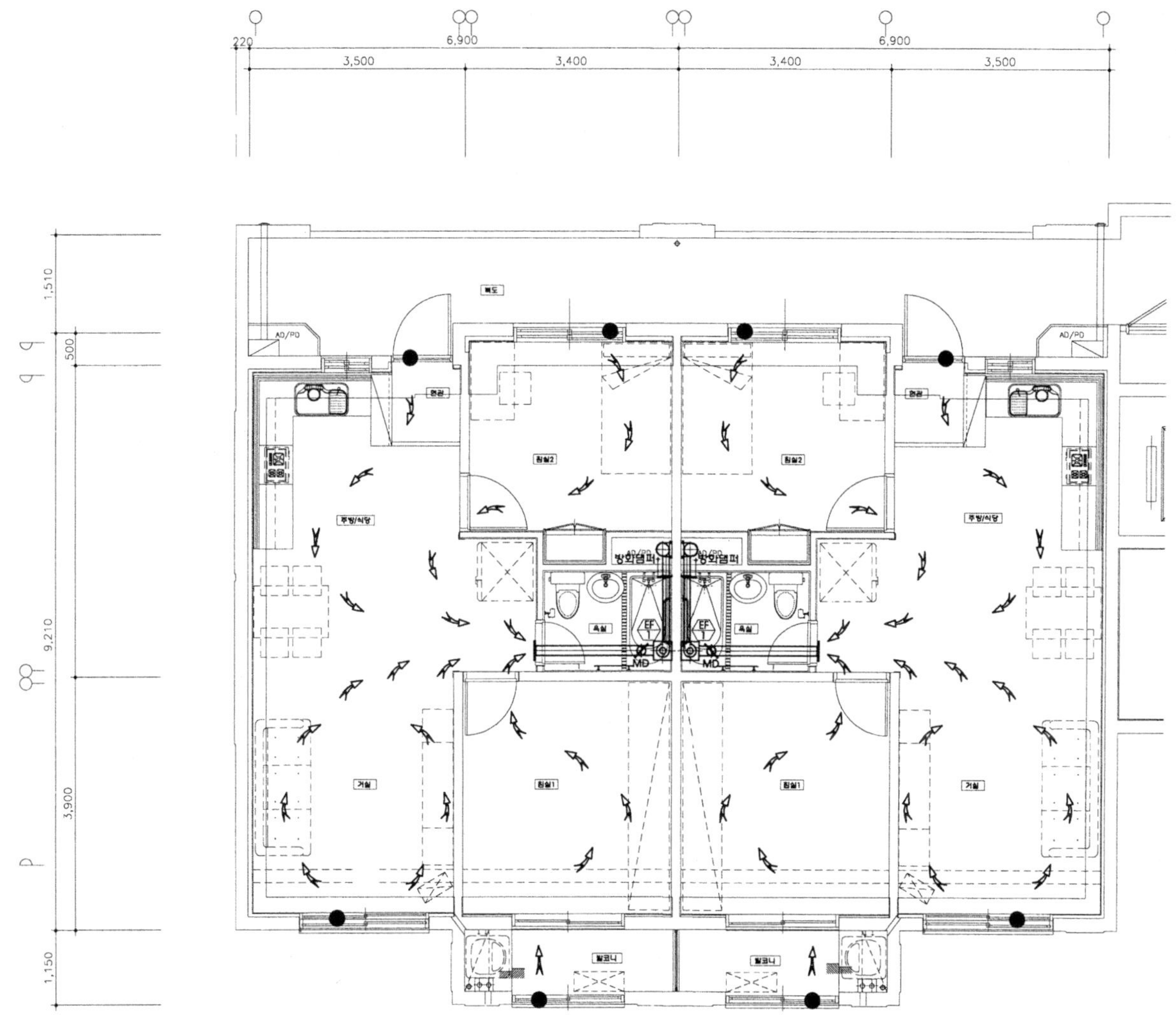

장 비 목 록

범례(기호)	명 칭	규 격	비 고
EF 1	실내 환기팬	84 CMH 이상	욕실배기팬 겸용
●	자연환기구	–	세대형별 "자연환기구상세도" 참조
	배기그릴	벽부형	–
∅MD	전동댐퍼	–	실내환기시 : 개방 욕실배기시 : 폐쇄

1 MI 023 **51m² 단위세대 환기설비 평면도**

SCALE :1/40(A3: 80)

16-7. 급수배관 계통도

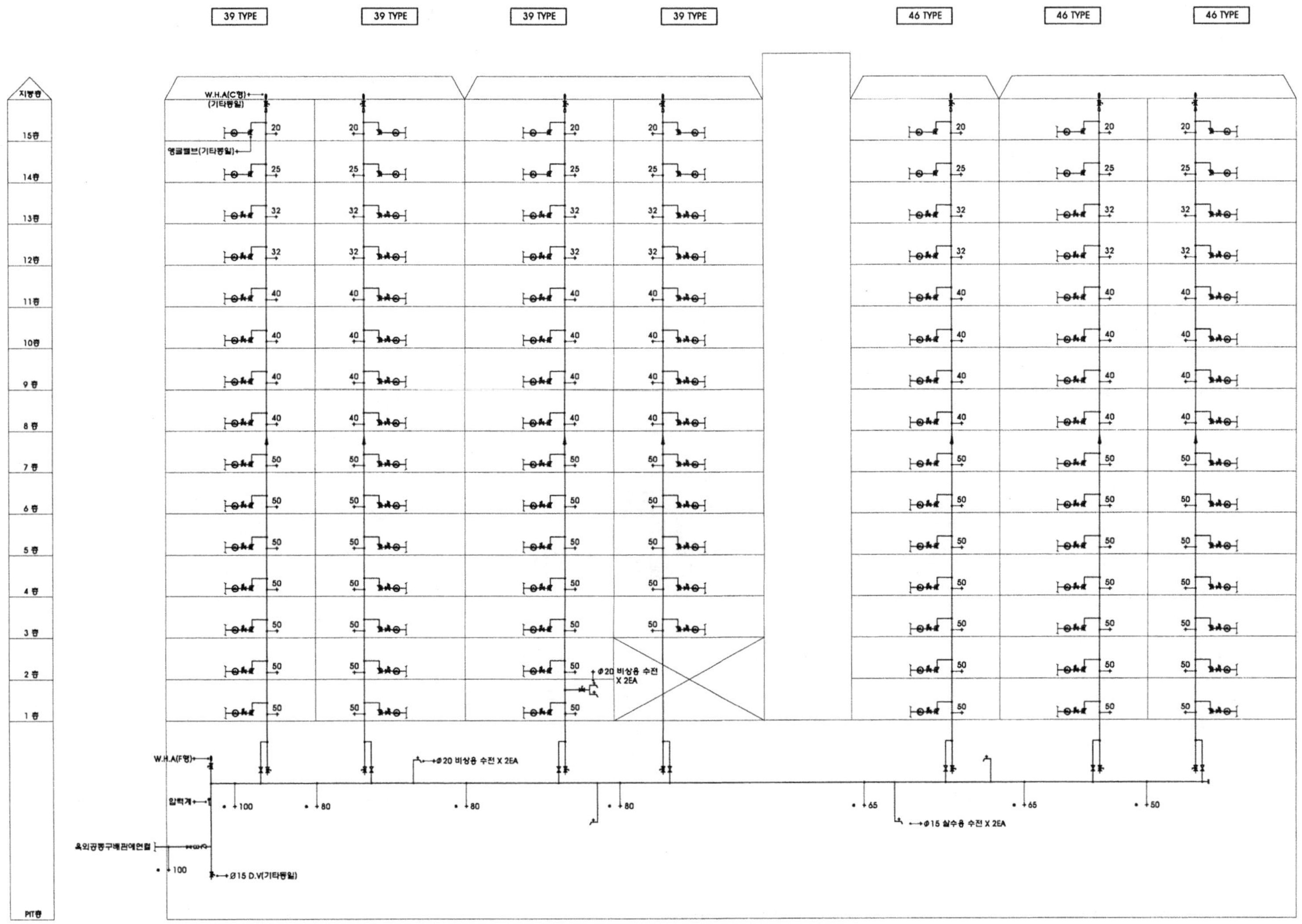

302동 급수배관 계통도

SCALE : NONE

16-8. 환기 및 오, 배수 배관 계통도

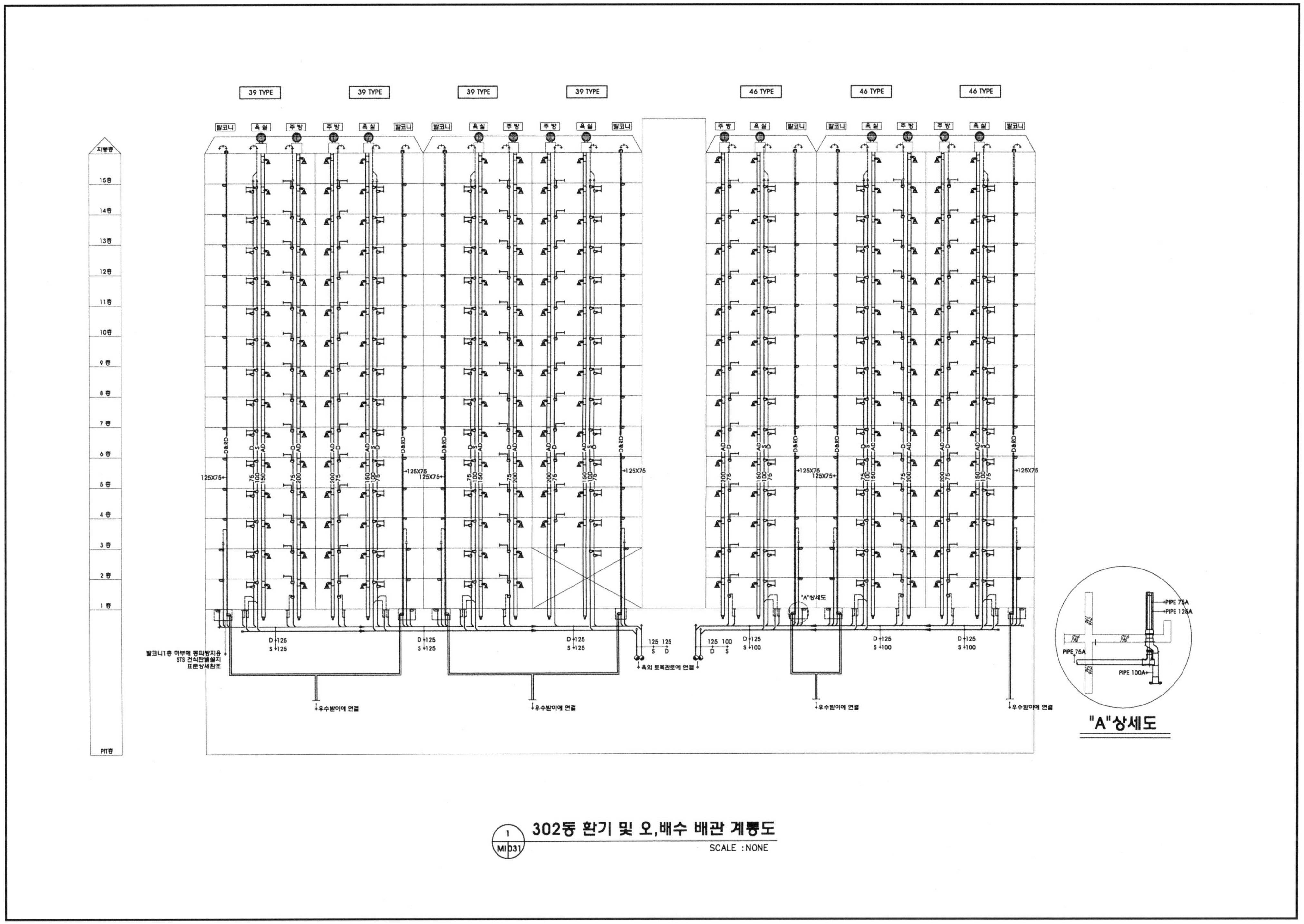

16-9. PIT층 위생, 오배수배관 계통도

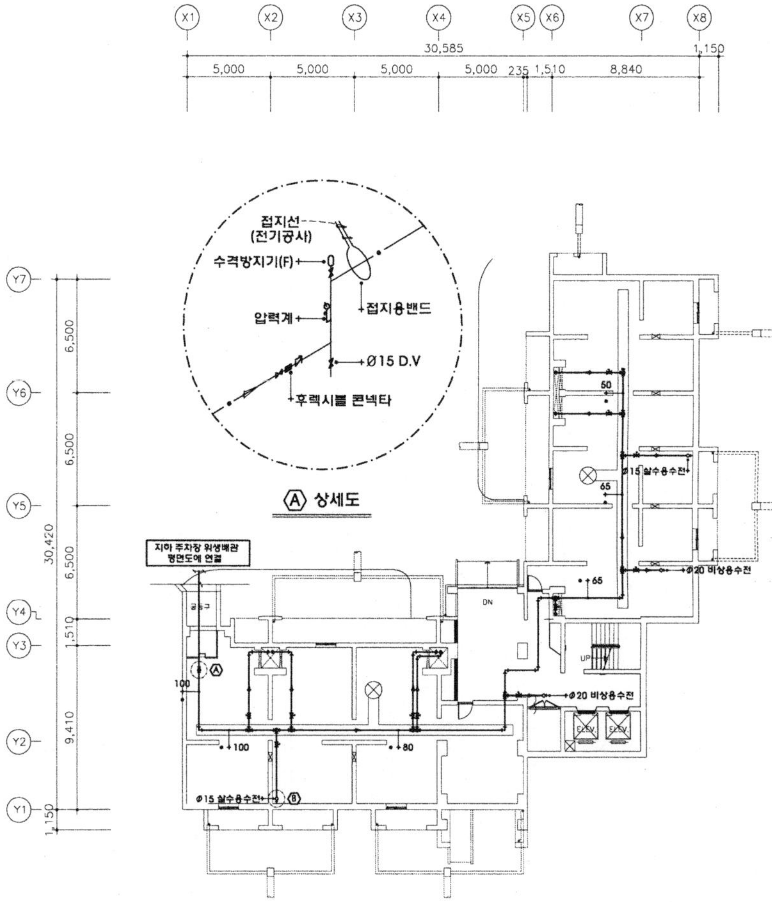

①/MI032 **302동 PIT층 위생배관 평면도**
SCALE :1/150(A3: 300)

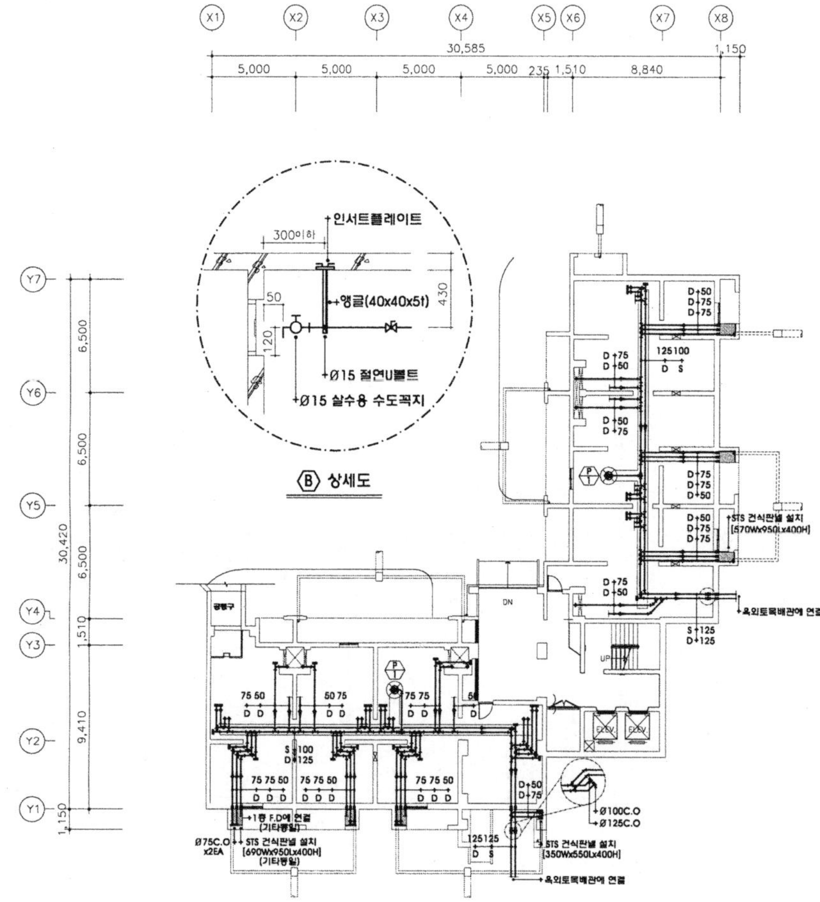

기호	장비명	형식	수량	유량	양정	동력	전원	비고
P/1	배수펌프	수중모터	2	160LPM	10M	1 HP	3/380/60	–

②/MI032 **302동 PIT층 위생배관 평면도**
SCALE :1/150(A3: 300)

16 - 10. 위생배관 계통도

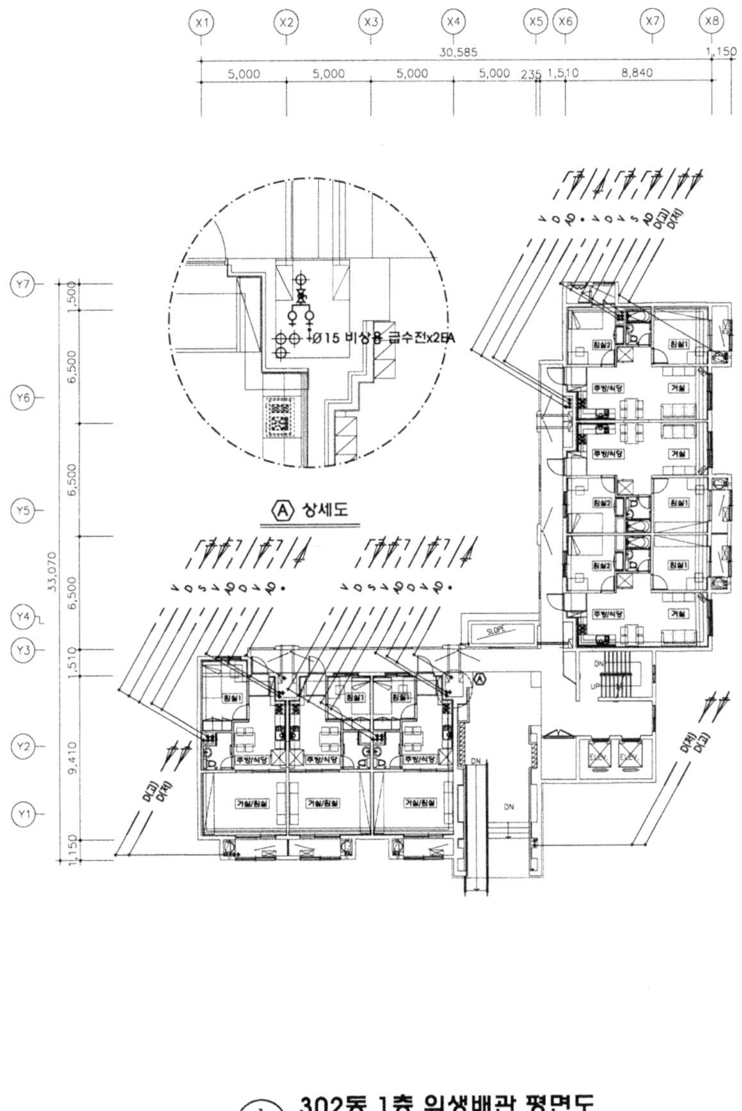

302동 1층 위생배관 평면도
SCALE :1/150(A3: 300)

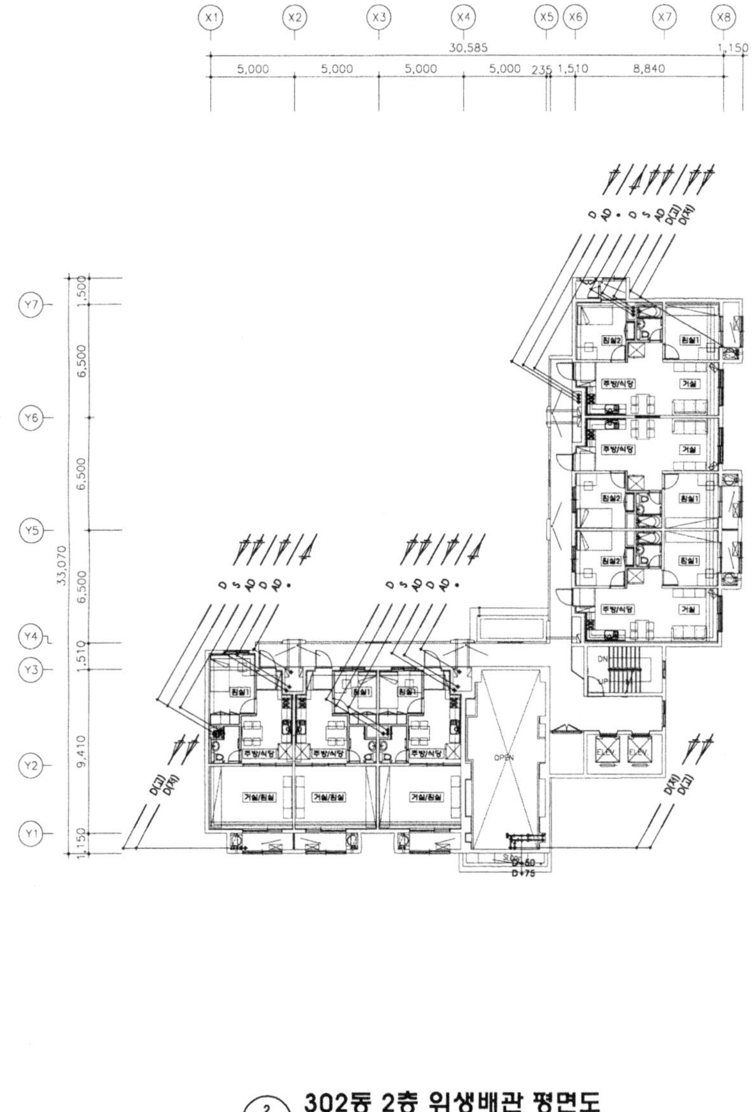

302동 2층 위생배관 평면도
SCALE :1/150(A3: 300)

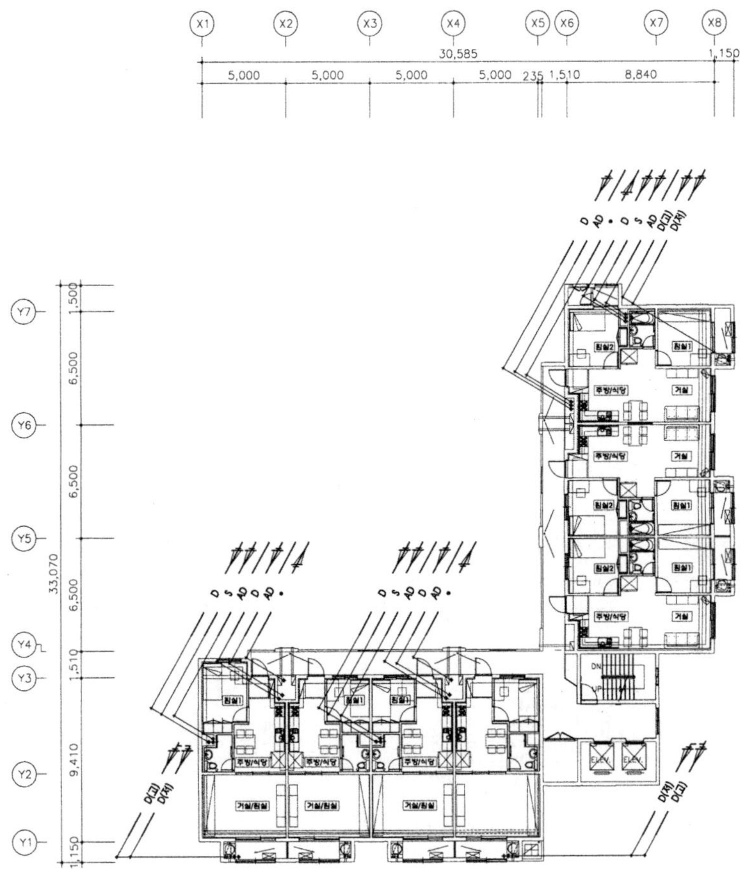

1 MI 034 **302동 3층 위생배관 평면도**
SCALE :1/150(A3: 300)

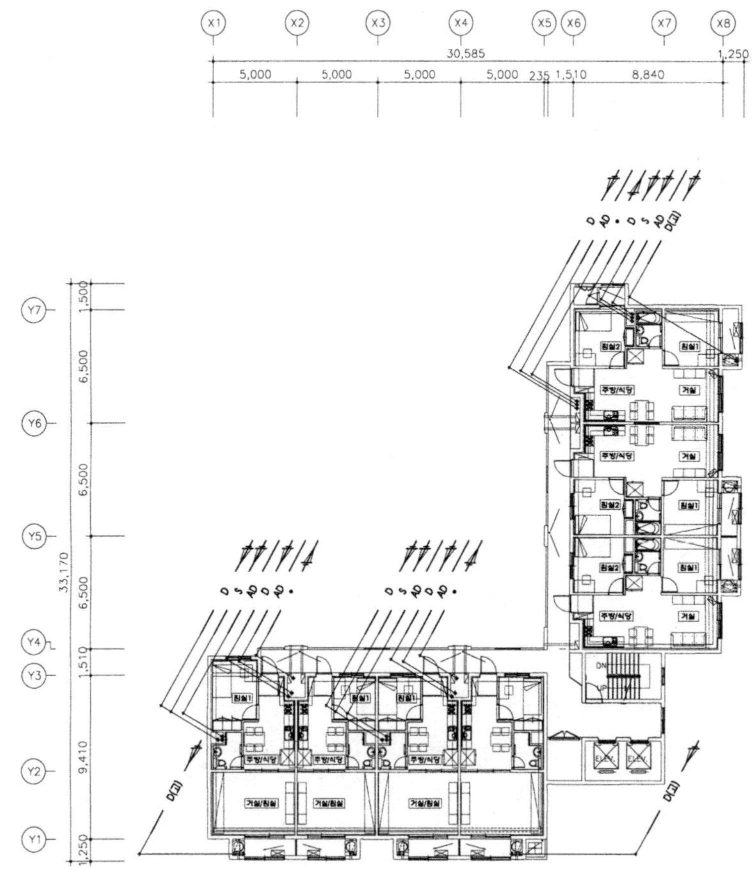

2 MI 034 **302동 4~14층 위생배관 평면도**
SCALE :1/150(A3: 300)

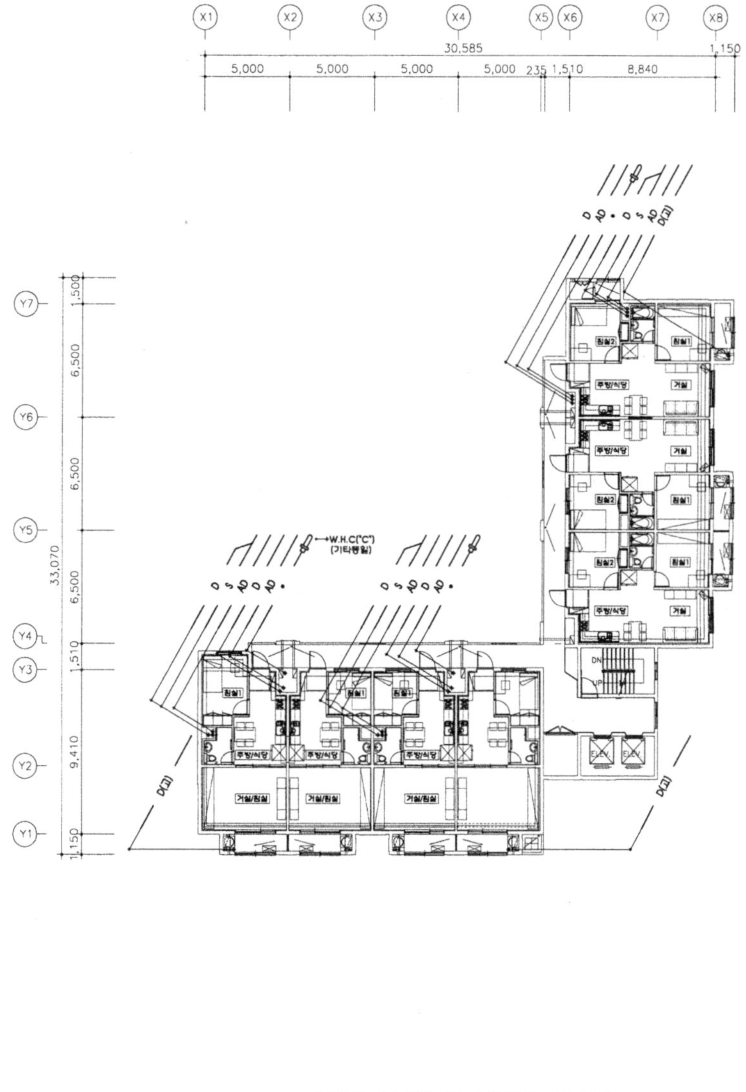

1 MI035 **302동 15층 위생배관 평면도**
SCALE :1/150(A3: 300)

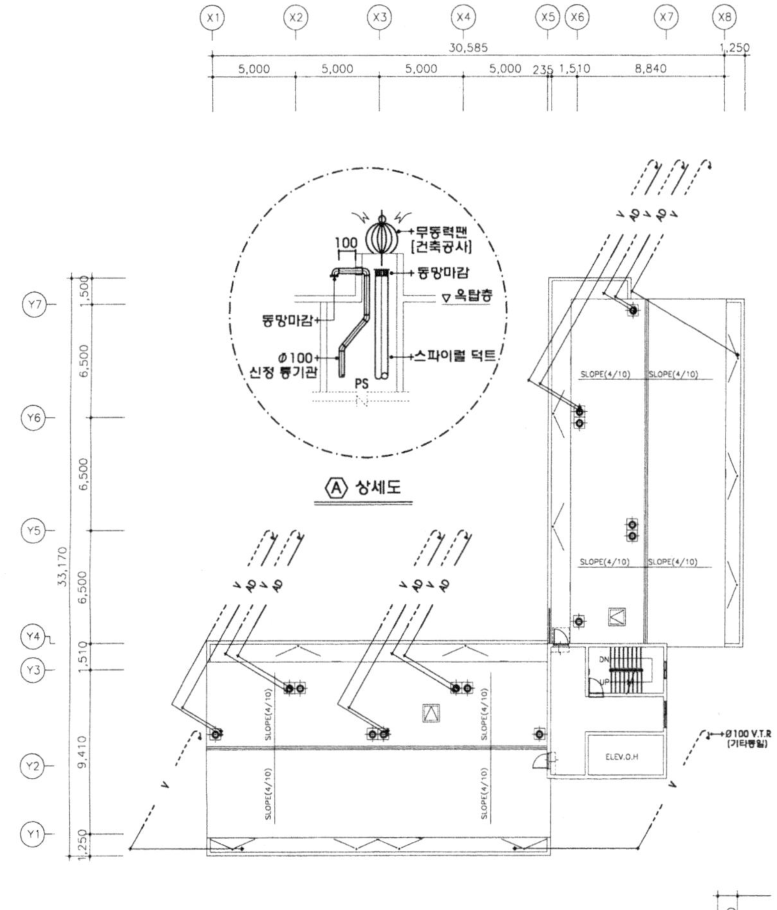

기호	장비명	형식	수량	풍량	정압	동력	전원	비고
EF 2	배기팬	벽부형	1	52CMM 이상	-	93W이내	1/220/60	-

2 MI035 **302동 지붕층 위생배관 평면도**
SCALE :1/150(A3: 300)

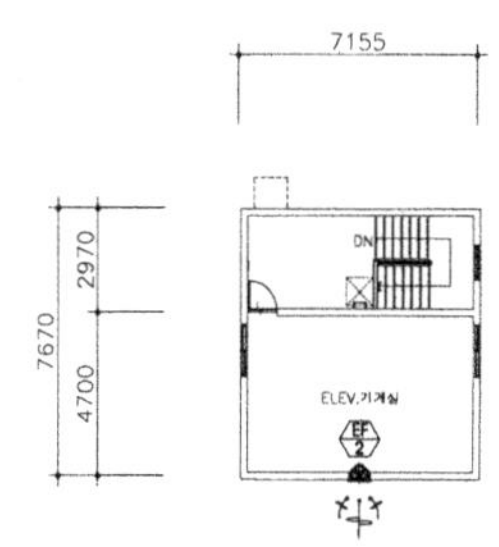

3 MI035 **302동 기계실 환기 평면도**
SCALE :1/150(A3: 300)

6-11. 지붕층 위생배관 평면도

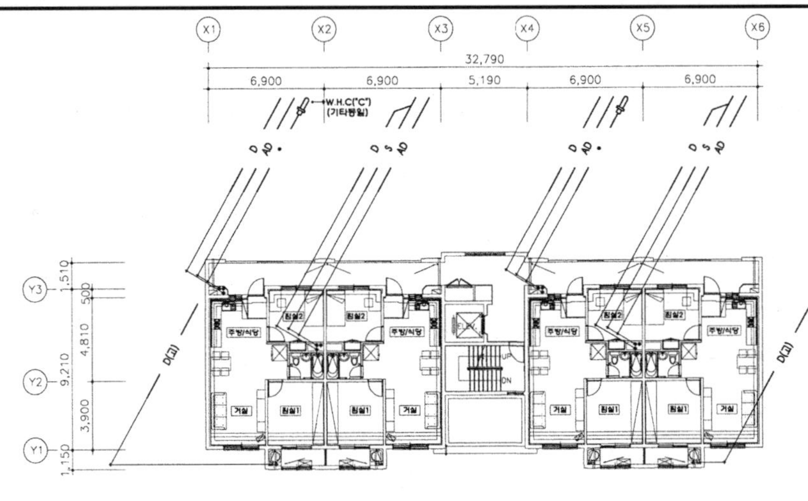

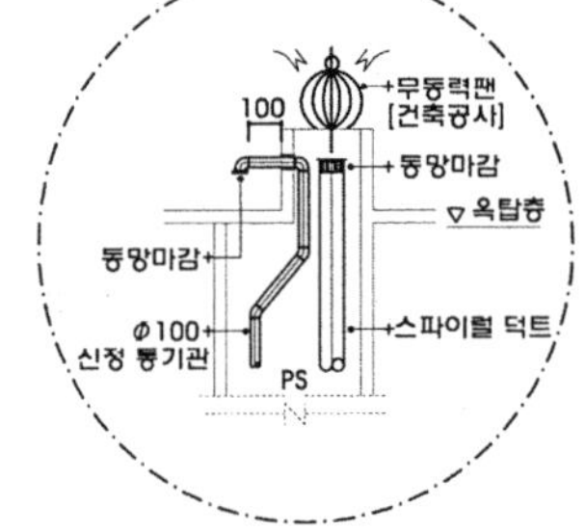

(A) 상세도

1 MI 053 **305동 11층 위생배관 평면도**

SCALE :1/150(A3: 300)

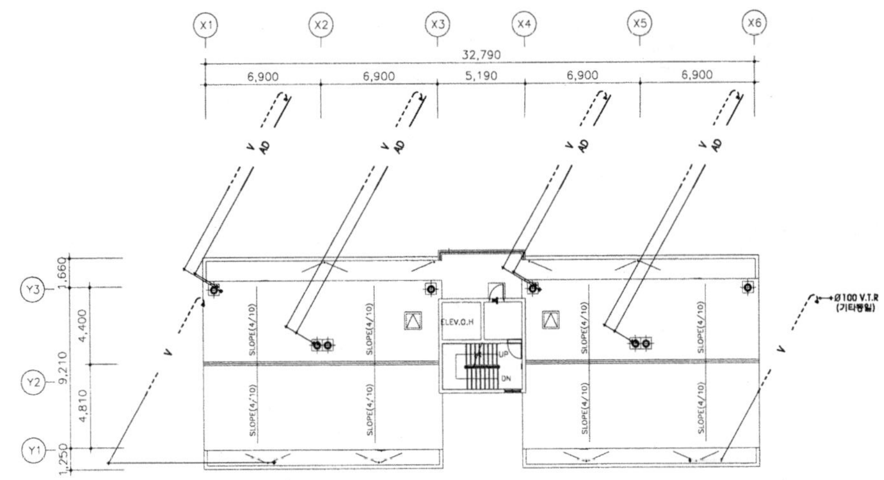

2 MI 053 **305동 지붕층 위생배관 평면도**

SCALE :1/150(A3: 300)

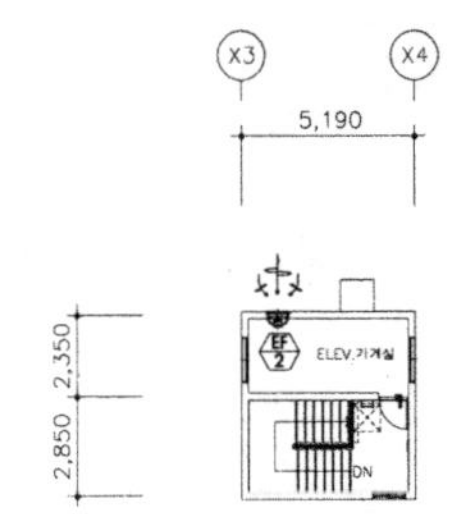

[illegible]	[illegible]	[illegible]	[illegible]	[illegible]	[illegible]	[illegible]	[illegible]	비고
EF 2	배기팬	벽부형	1	52CMM 이상	-	93W이내	1/220/60	-

3 MI 00 **308동 기계실 환기 평면도**

SCALE :1/150(A3: 300)

17-1. PIPE SHAFT 상세도

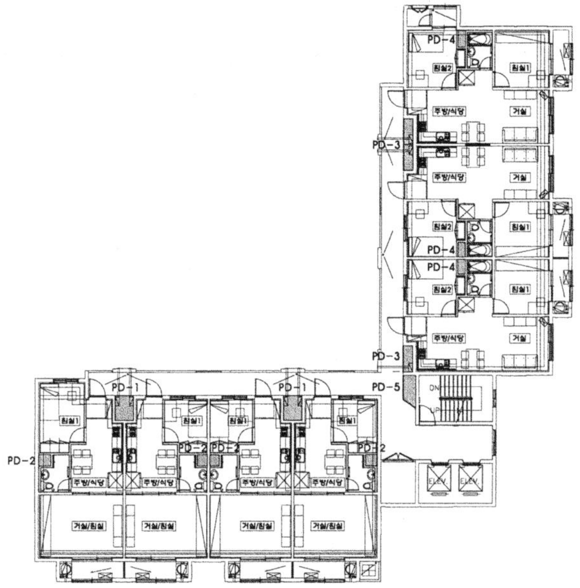

KEY PLAN

기호	종류	명칭	비고
1	•	급수관	-
2	KD	주방 배수관	-
3	V	주방 통기관	1층에만 해당
4	S	화장실 오수관	-
5	D	화장실 배수관	-
6	V	화장실 저층부 오수용 통기관	1층에만 해당
7	V	화장실 저층부 배수용 통기관	1층에만 해당
8	AD	건식 AD	주방용
9	AD	건식 AD	욕실용
10	SP/H	소화수관	-
11	SPD	스프링클러 배수관	-
12		알람밸브	설치층 : 전층
13		옥내소화전 + 방수기구함	옥내소화전 : 전층 방수기구함 : 3,6,9,12,15층

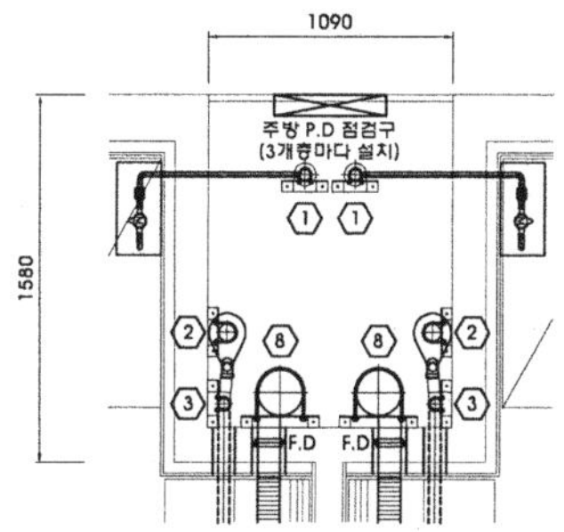

PD - 1

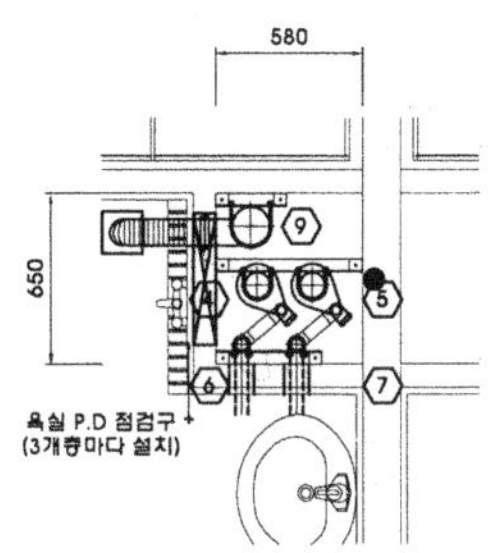

PD - 2

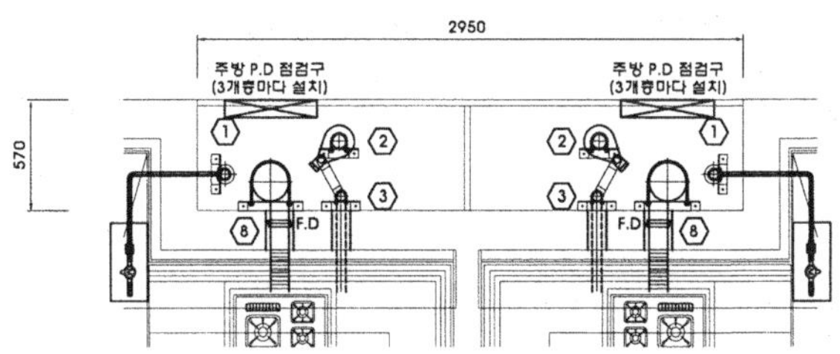

PD - 3

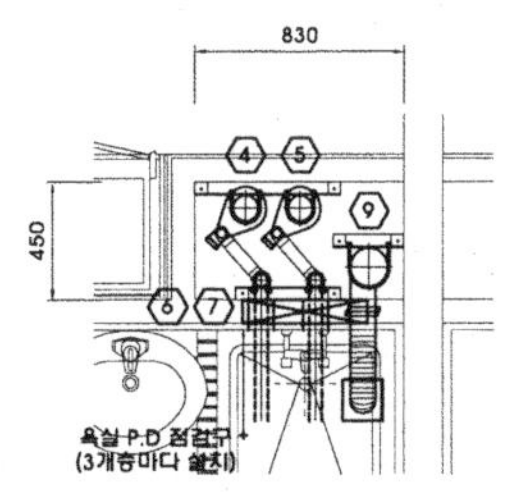

PD - 4

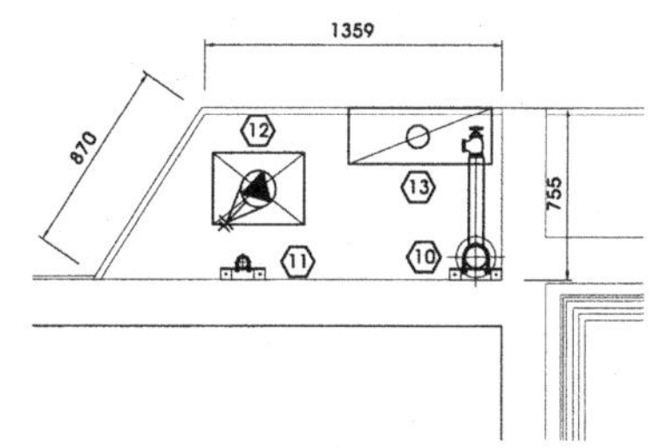

PD - 5

1 MI072 **301~303동 PIPE SHAFT 상세도**

SCALE :1/20(A3: 40)

17-2. 발코니 하부 건식화 PD 상세도

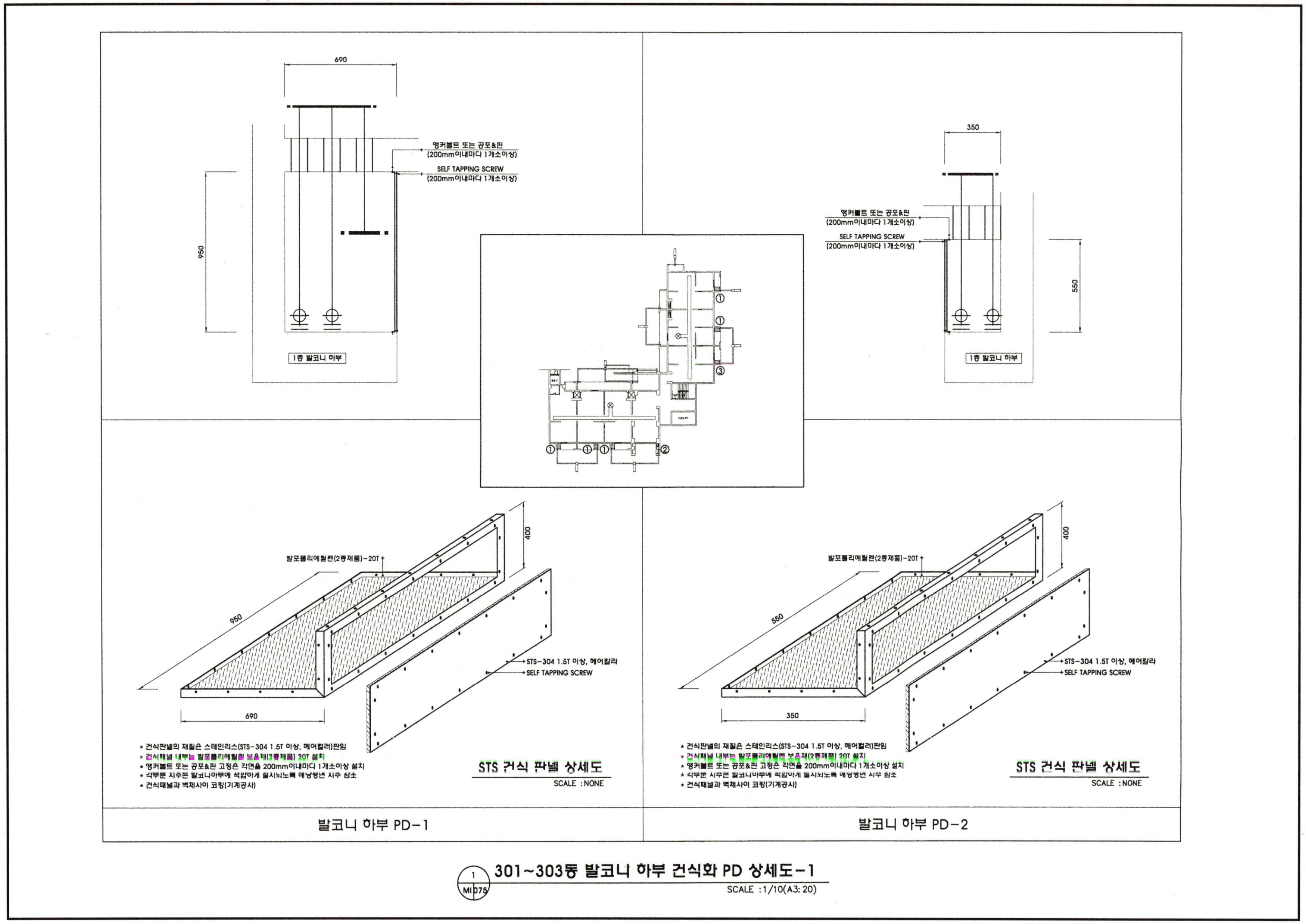

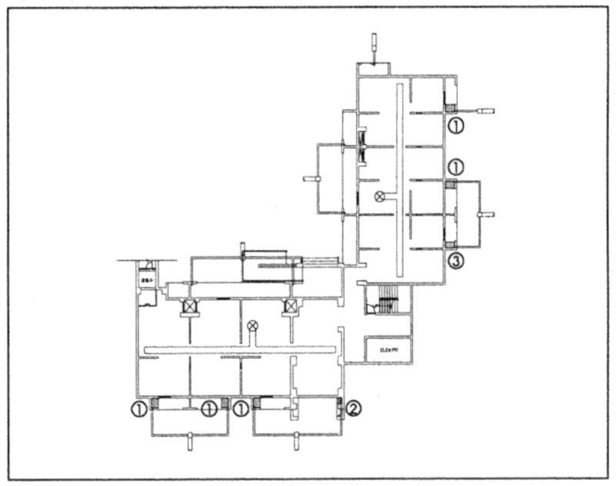

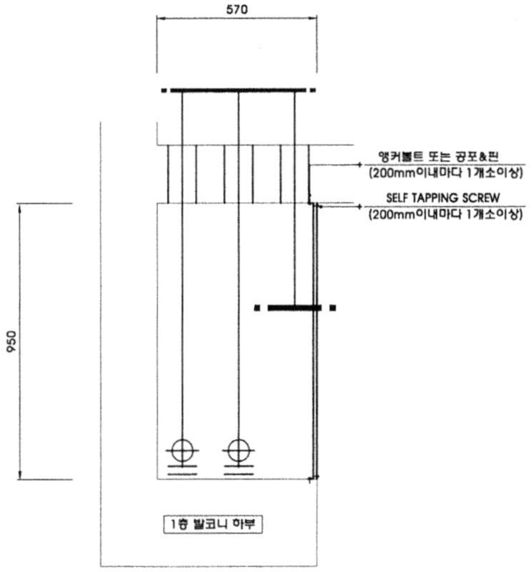

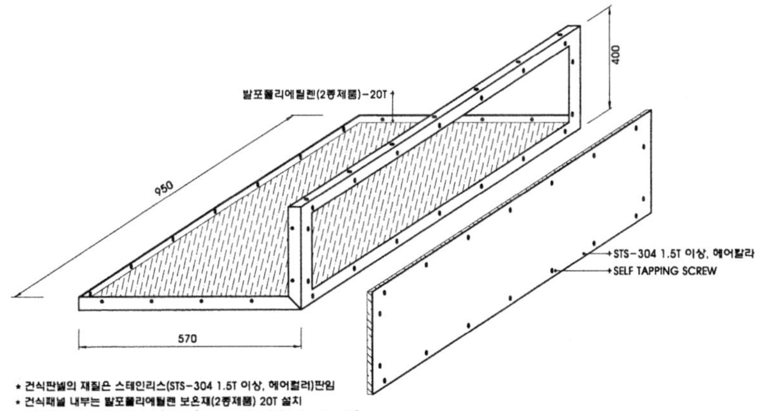

* 건식판넬의 재질은 스테인리스(STS-304 1.5T 이상, 헤어컬러)판임
* 건식패널 내부는 발포폴리에틸렌 보온재(2종제품) 20T 설치
* 앵커볼트 또는 공포&핀 고정은 각면을 200mm이내마다 1개소이상 설치
* 각부분 치수는 발코니하부에 적합하게 설치되도록 해당평면 치수 참조
* 건식패널과 벽체사이 코킹(기계공사)

발코니 하부 PD-3

1 / MI076 301~303동 발코니 하부 건식화 PD 상세도-2

SCALE :1/10(A3:20)

17-3. 건식화 PD 상세도

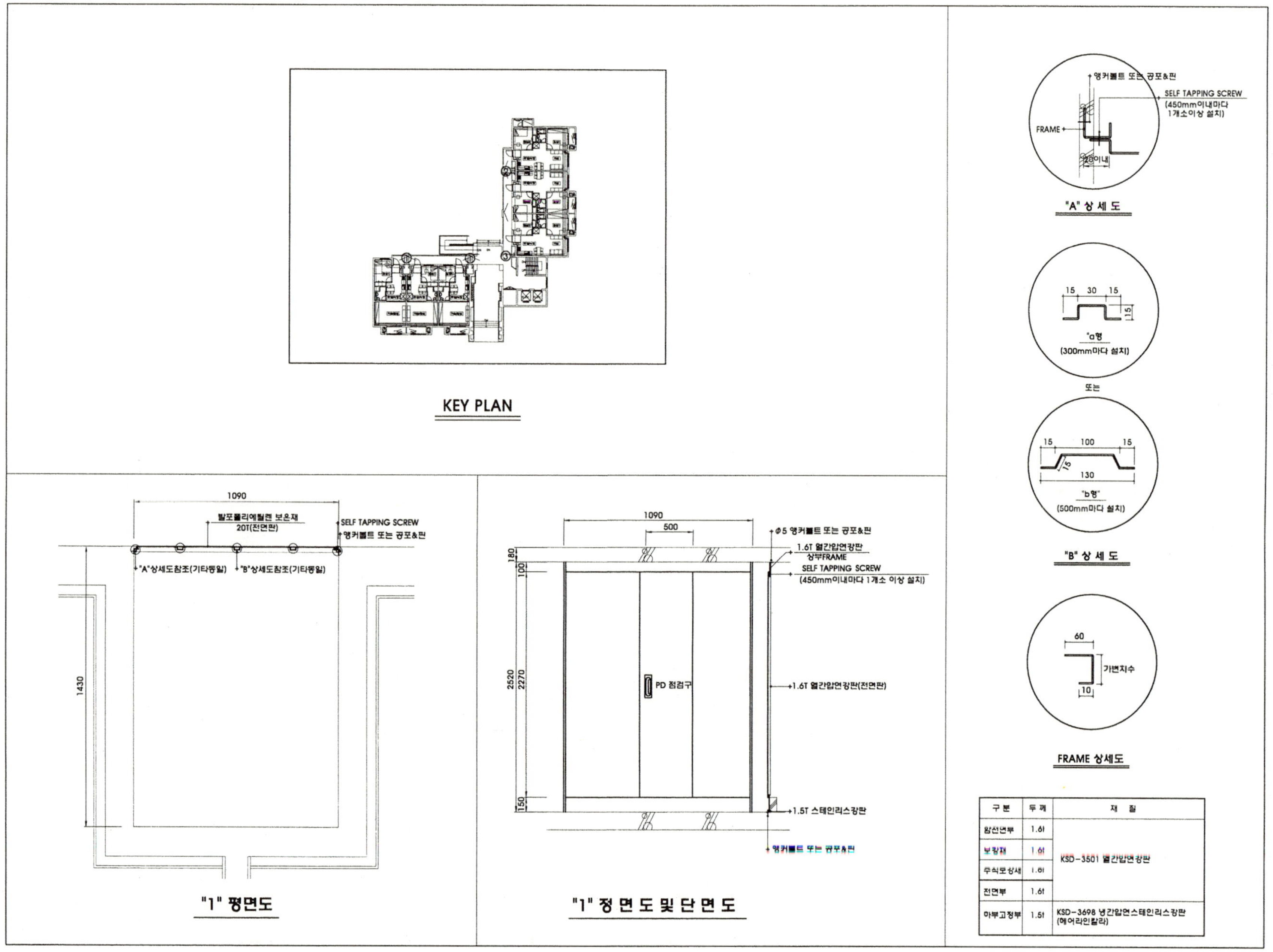

구 분	두 께	재 질
왕선연부	1.6t	KSD-3501 열간압연강판
보강재	1.6t	
주식모상새	1.6t	
전면부	1.6t	
하부고정부	1.5t	KSD-3698 냉간압연스테인리스강판 (헤어라인칼라)

301~303동 건식화 PD 상세도-1

SCALE :1/10(A3: 20)

17-4. PIT층 지지배관 상세도

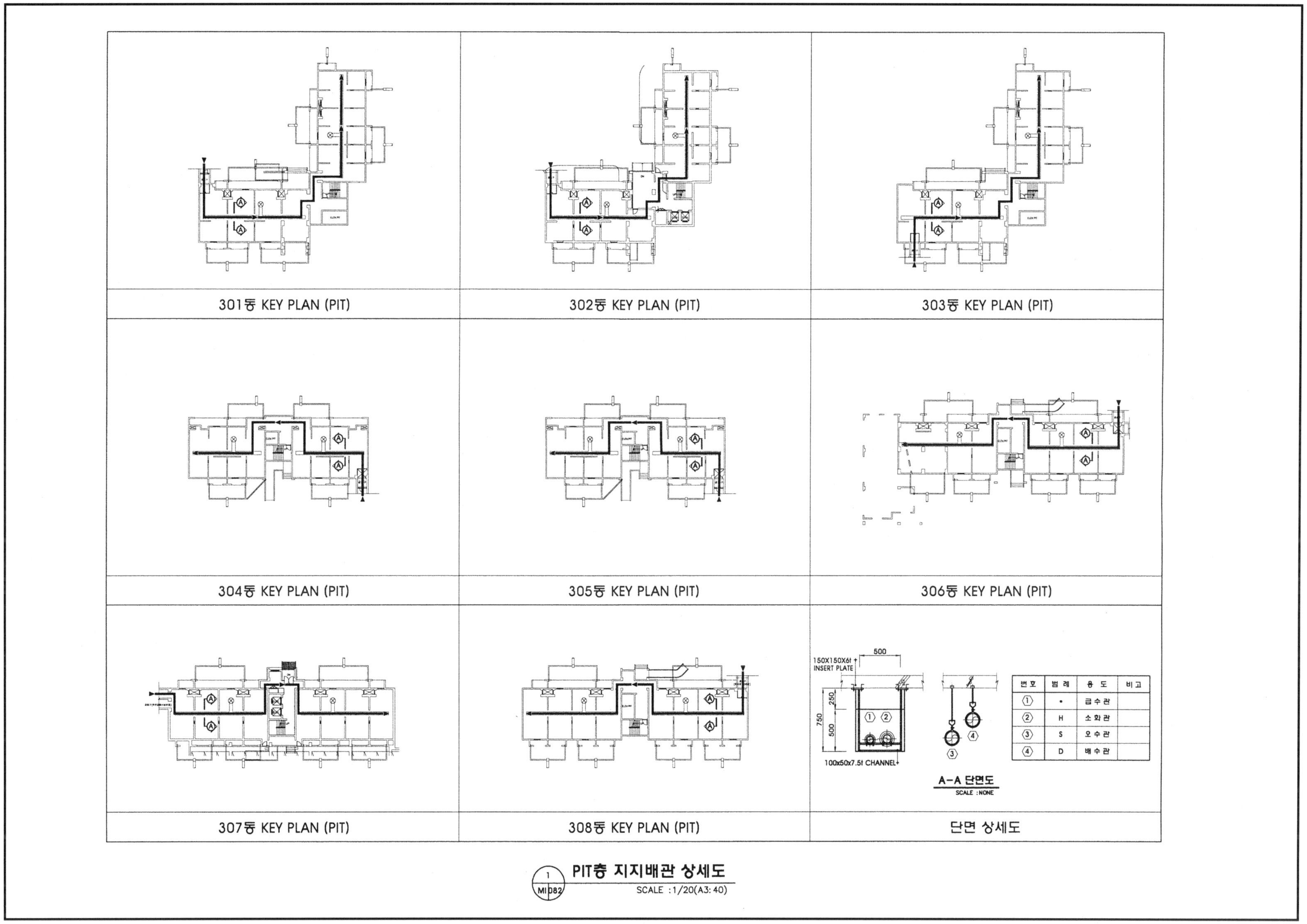

17-5. 급수, 가스배관 원격검침 배선도

급수, 가스배관 원격검침 배선도-1(301~303동)

SCALE :1/100(A3: 200)

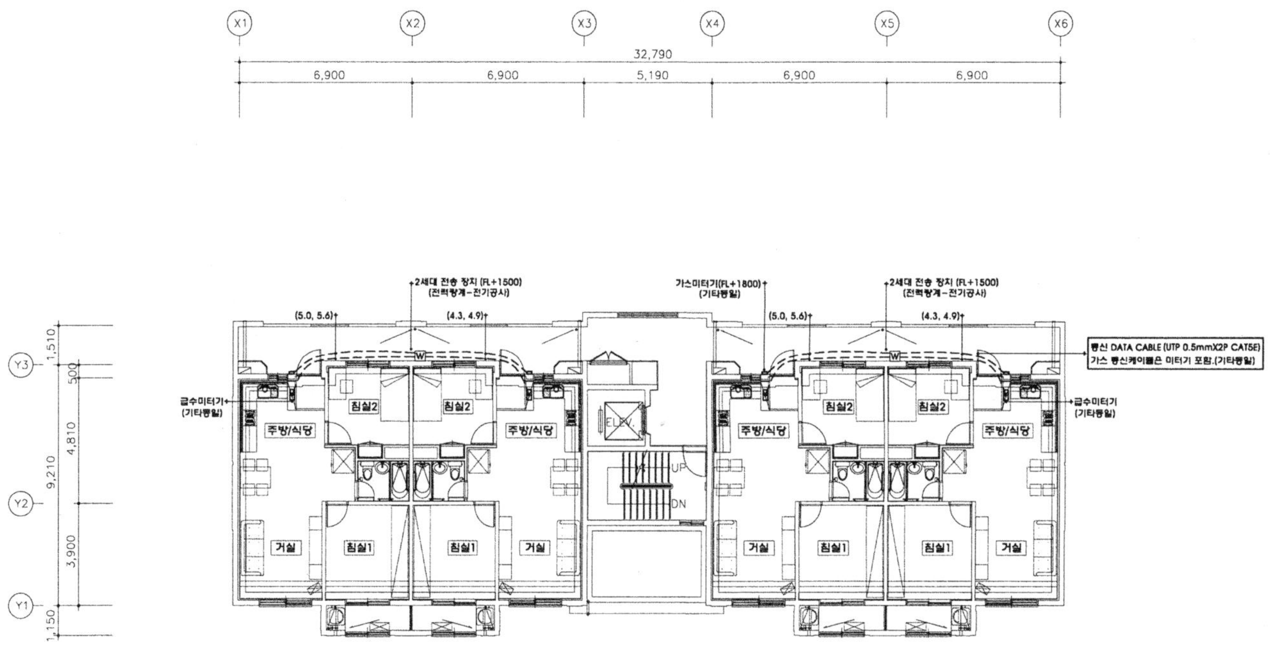

급수, 가스배관 원격검침 배선도-2(304, 305동)

1 MI 084 SCALE :1/100(A3: 200)

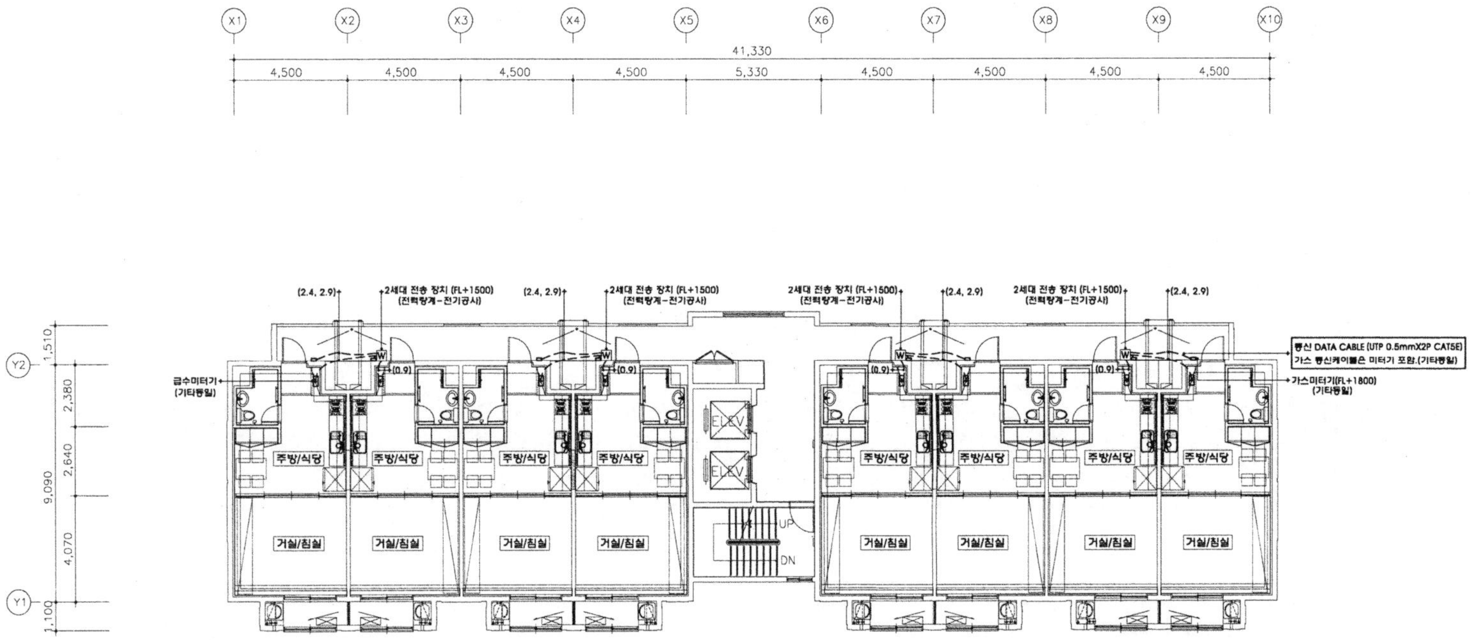

1 MI 085 급수, 가스배관 원격검침 배선도-3(306~308동)

SCALE : 1/100(A3: 200)

17-6. 보일러 설치 상세도

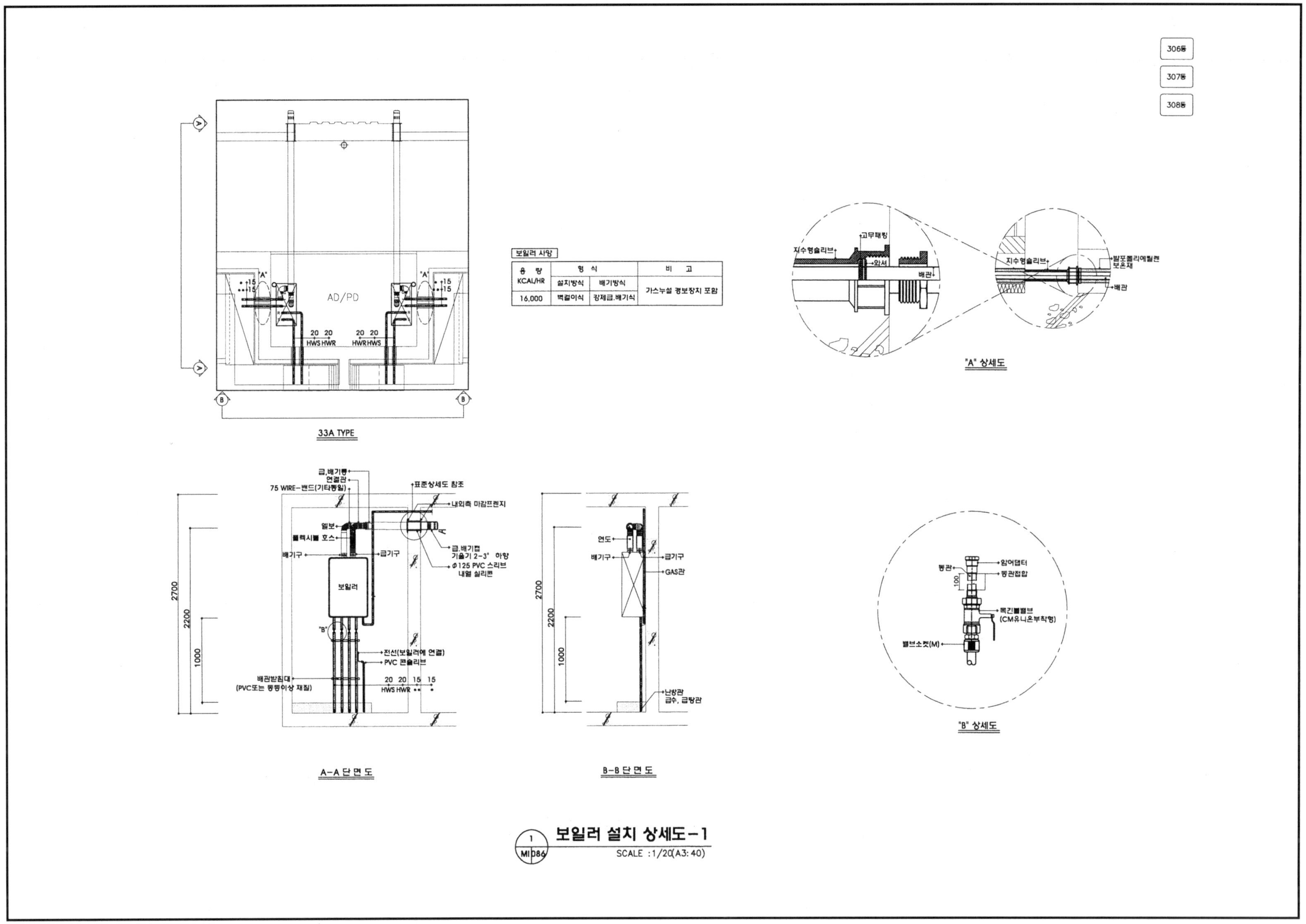

보일러 사양

용 량 KCAL/HR	형 식		비 고
	설치방식	배기방식	
16,000	벽걸이식	강제급.배기식	가스누설 경보장치 포함

301동

302동

303동

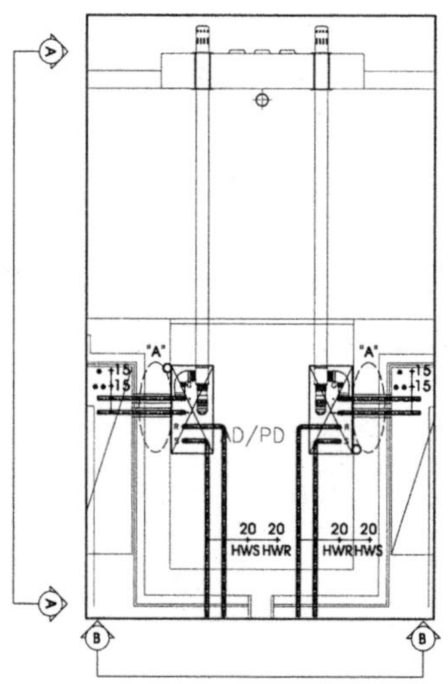

39A TYPE

보일러 사양

용 량 KCAL/HR	형 식		비 고
	설치방식	배기방식	
16,000	벽걸이식	강제급.배기식	가스누설 경보장치 포함

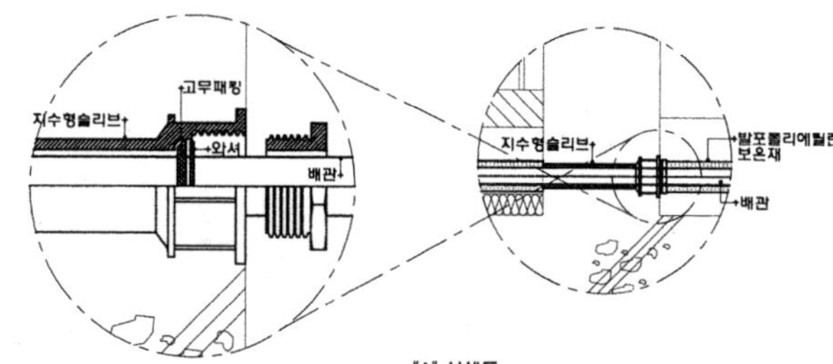

"A" 상세도

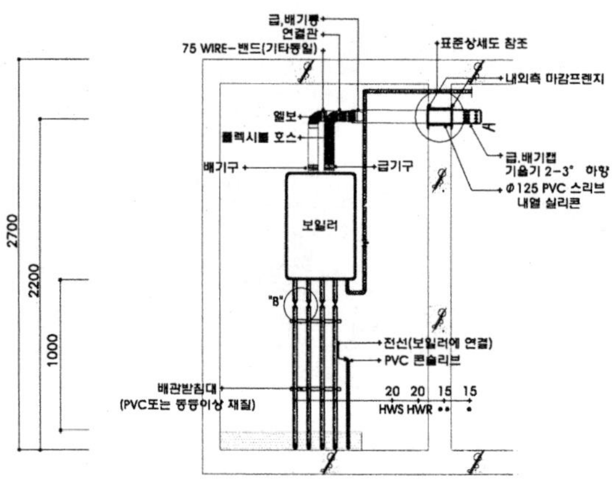

A-A 단면도

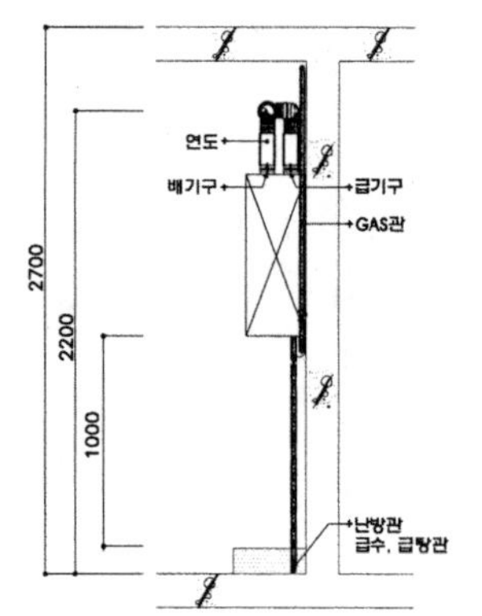

B-B 단면도

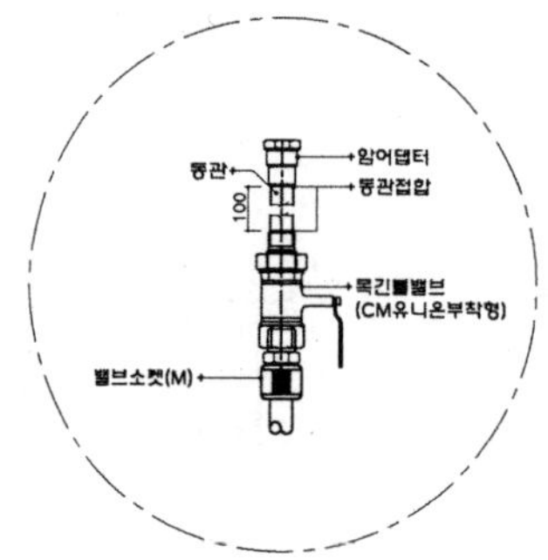

"B" 상세도

1 MI087 보일러 설치 상세도-2

SCALE :1/20(A3: 40)

17-7. PIT층 발열선 평면도

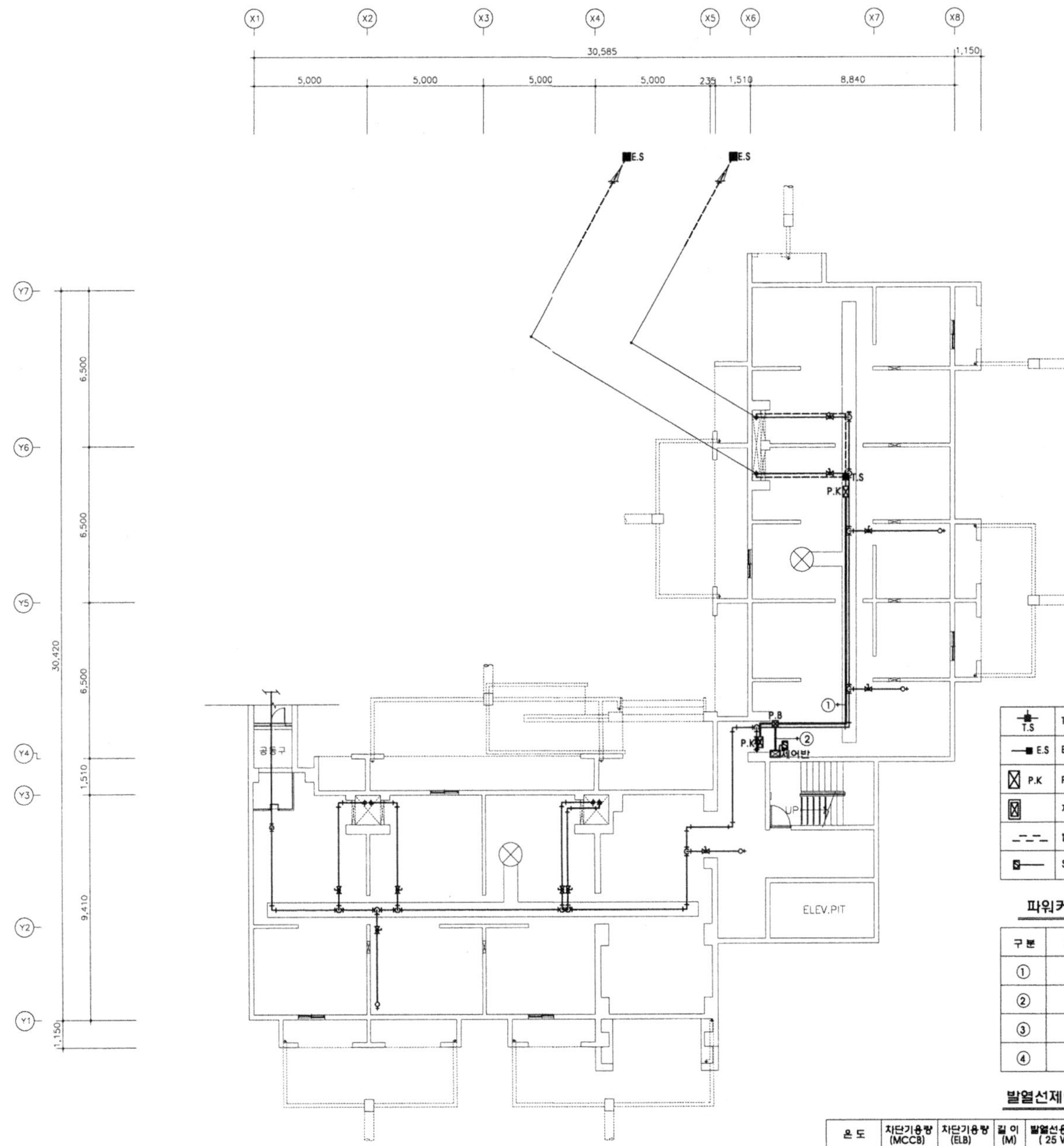

301동 PIT층 발열선 평면도

1 MI090

SCALE :1/150(A3: 300)

발열선 범례

기호	명칭	수량
T.S	TEE SPLICE	1 EA
E.S	END SEAL	2 EA
P.K	POWER CONNECTION KIT	2 EA
	제어반	1 EA
	발열선 설치 배관	
	SENSOR	1 EA

파워커넥션키트까지 후강전선관

구 분	후강전선관	전선수
①	22C	HIV6.0°X2,GV4.0°X1
②	28C	HIV6.0°X4,GV4.0°X2
③	36C	HIV6.0°X6,GV4.0°X3
④	42C	HIV6.0°X8,GV4.0°X4

발열선제어반

온 도	차단기용량 (MCCB)	차단기용량 (ELB)	길 이 (M)	발열선용량산정 (25 W/M)	수 량	크 기
−10°C	30A	30A	82	2,050	1	250W X 350H X 150D

18-1. 단위세대 소화배관 평면도

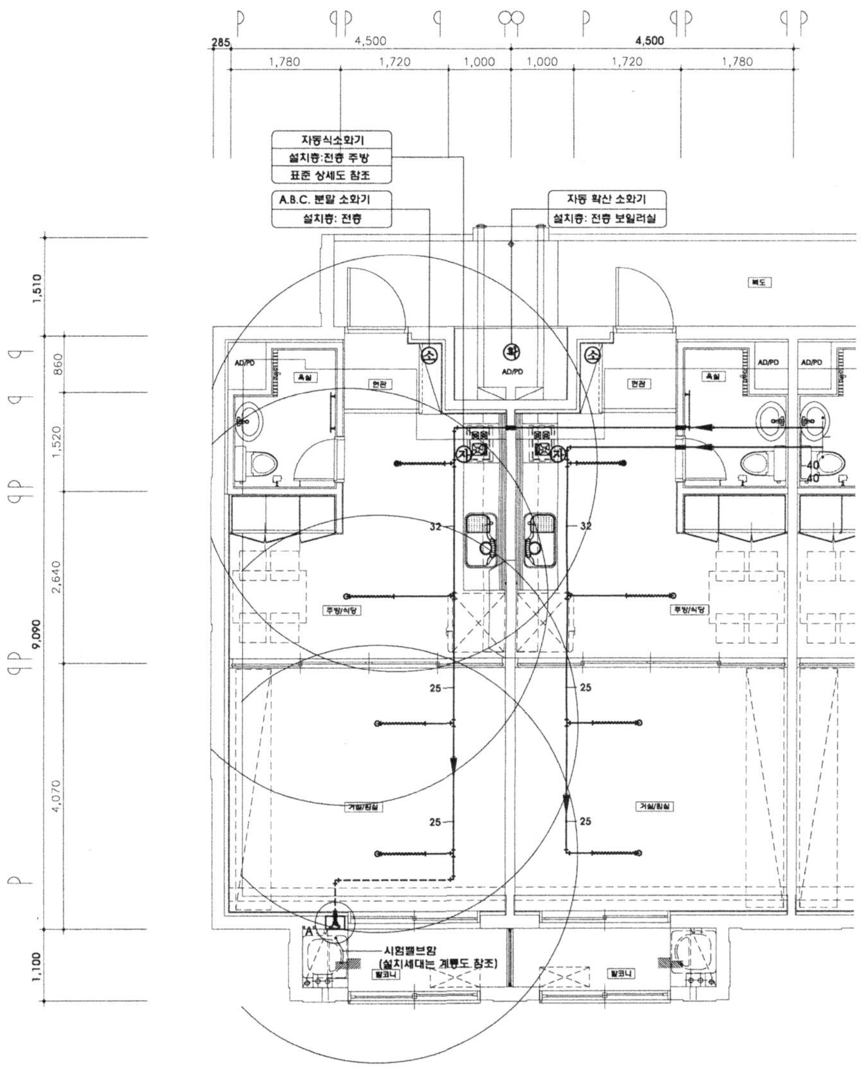

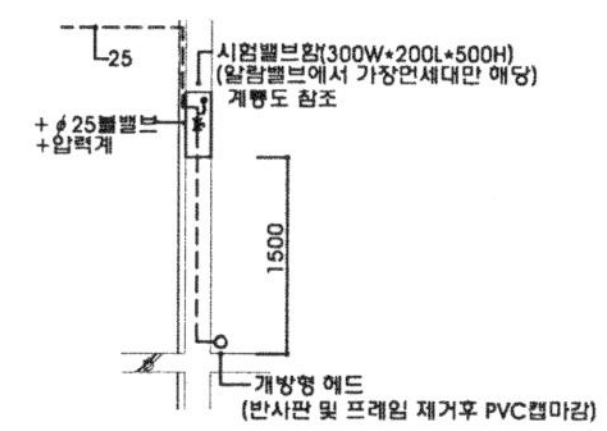

"A"단면도

SP 헤드 설치 수량 46T – (기준세대)

하향형 스프링클러 헤드 (플러쉬타입, 조기반응형)				
표시온도		설치 위치	수량	비고
⊢◎	103°C미만	주방,식당	1	
⊢●	72°C미만	침실,거실	3	

SP 헤드 설치 수량 46T – (측세대)

하향형 스프링클러 헤드 (플러쉬타입, 조기반응형)				
표시온도		설치 위치	수량	비고
⊢◎	103°C미만	주방,식당	1	
⊢●	72°C미만	침실,거실	3	

1 MI095 33m² 단위세대 소화배관 평면도

SCALE :1/40(A3: 80)

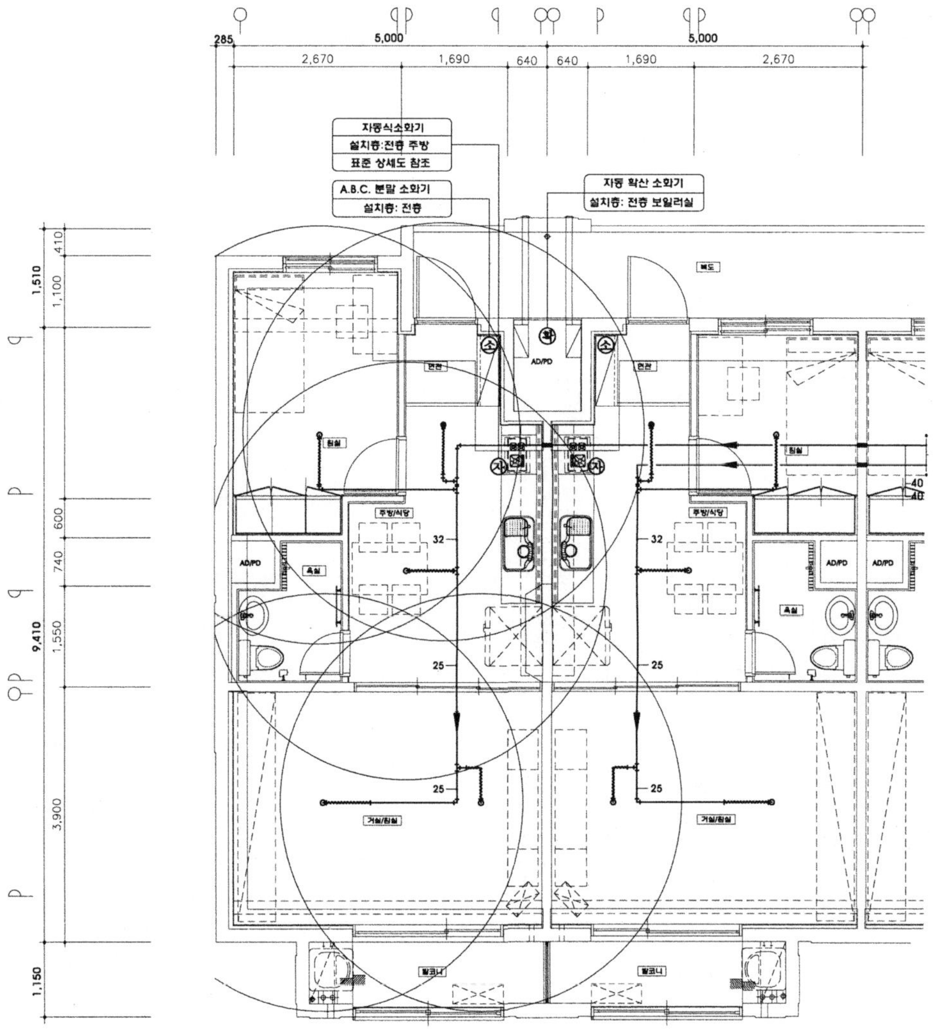

SP 헤드 설치 수량 46T – (기준세대)

하향형 스프링클러 헤드 (플러쉬타입, 조기반응형)				
표시온도		설치 위치	수량	비고
⊢●	103°C 미만	주방,식당	1	
⊢●	72°C 미만	침실,거실	4	

SP 헤드 설치 수량 46T – (측세대)

하향형 스프링클러 헤드 (플러쉬타입, 조기반응형)				
표시온도		설치 위치	수량	비고
⊢●	103°C 미만	주방,식당	1	
⊢●	72°C 미만	침실,거실	4	

1 / MI096 **39m² 단위세대 소화배관 평면도**

SCALE : 1/40(A3: 80)

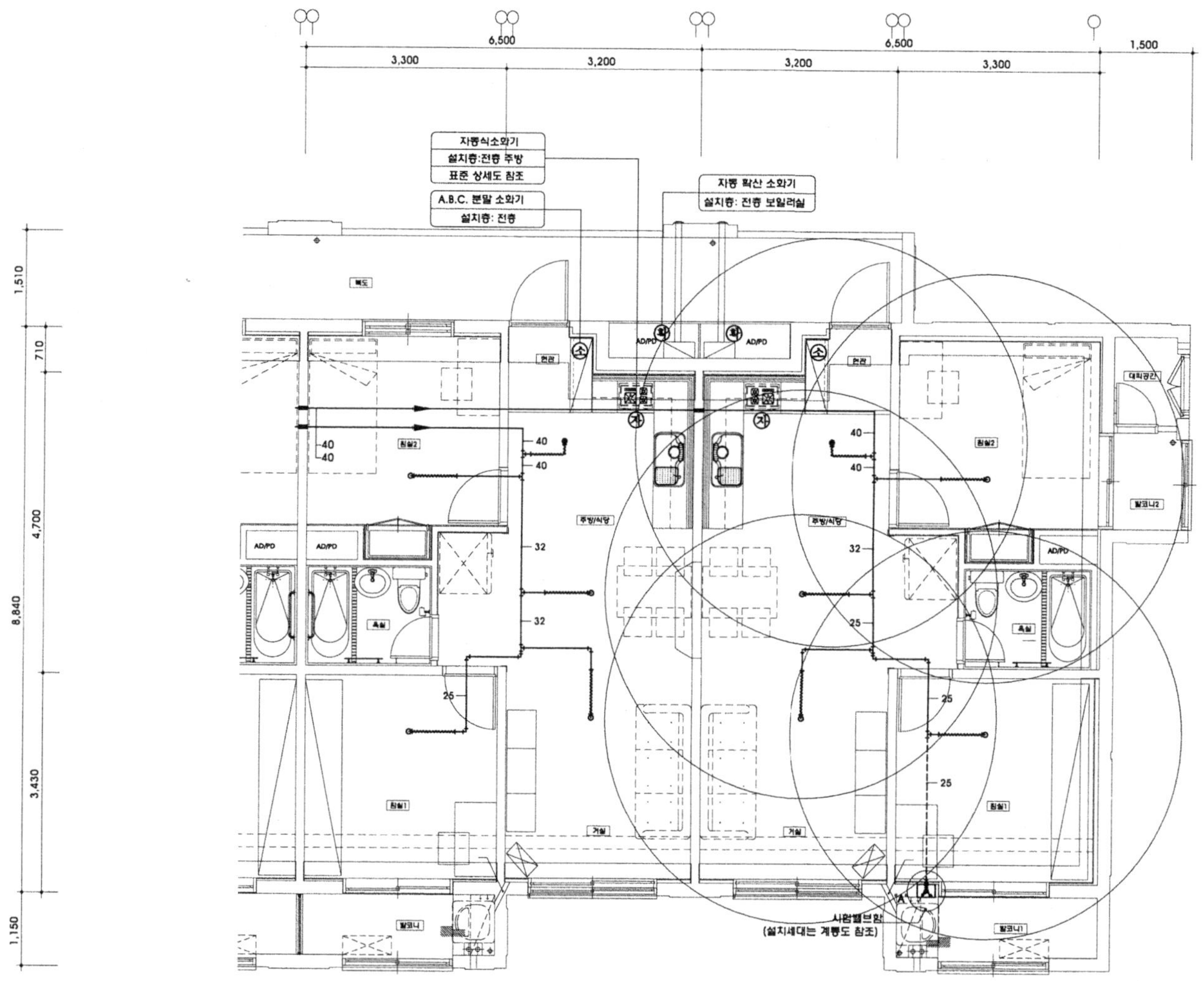

46m² 단위세대 소화배관 평면도

SCALE :1/40(A3:80)

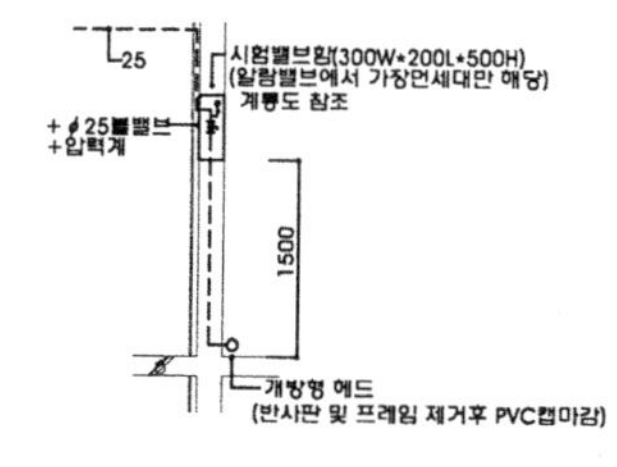

"A"단면도

SP 헤드 설치 수량 46T – (기준세대)

하향형 스프링클러 헤드 (플러쉬타입, 조기반응형)				
표시온도		설치 위치	수량	비고
⊢●	103°C 미만	주방,식당	1	
⊢●	72°C 미만	침실,거실	4	

SP 헤드 설치 수량 46T – (측세대)

하향형 스프링클러 헤드 (플러쉬타입, 조기반응형)				
표시온도		설치 위치	수량	비고
⊢●	103°C 미만	주방,식당	1	
⊢●	72°C 미만	침실,거실	4	

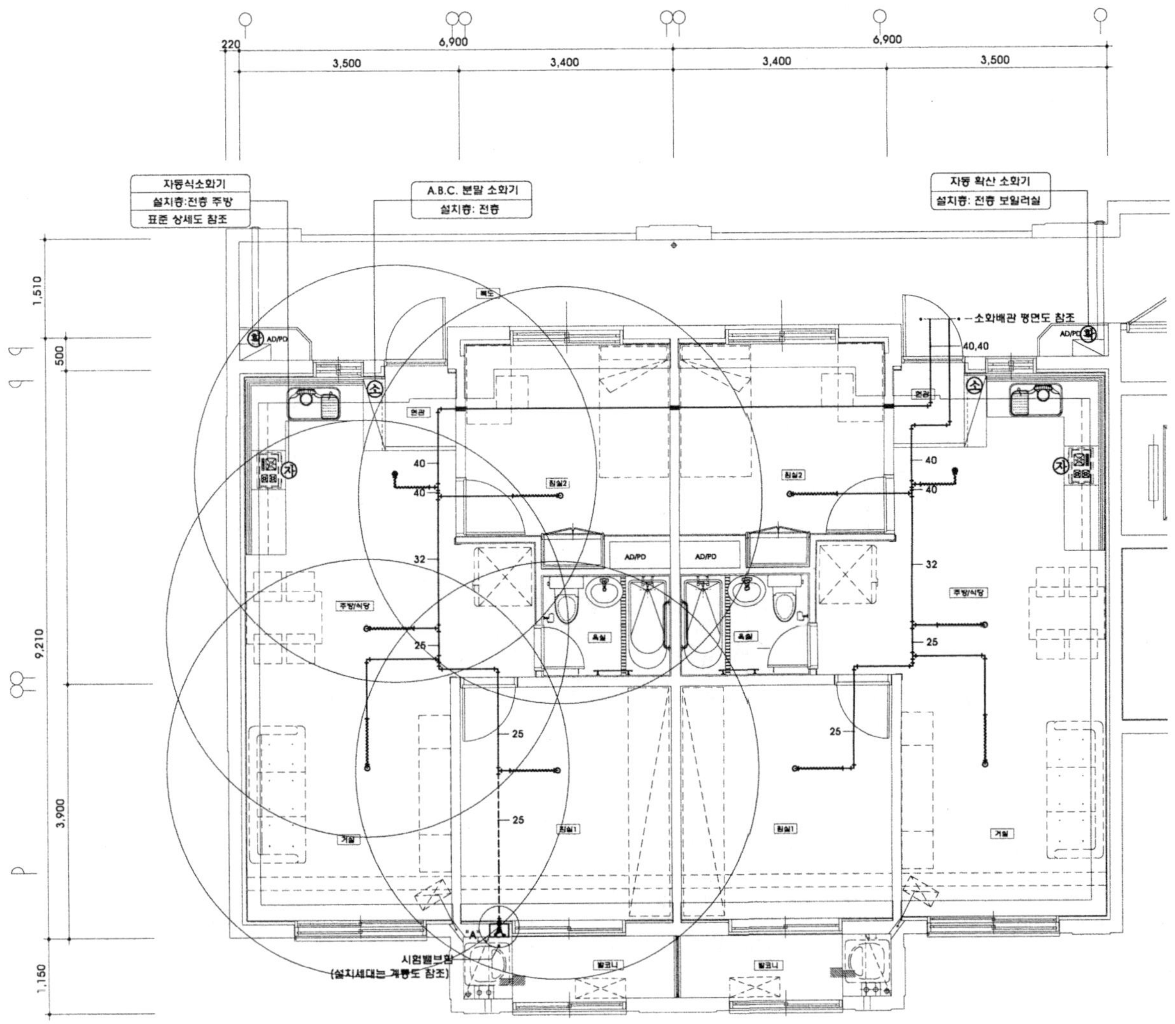

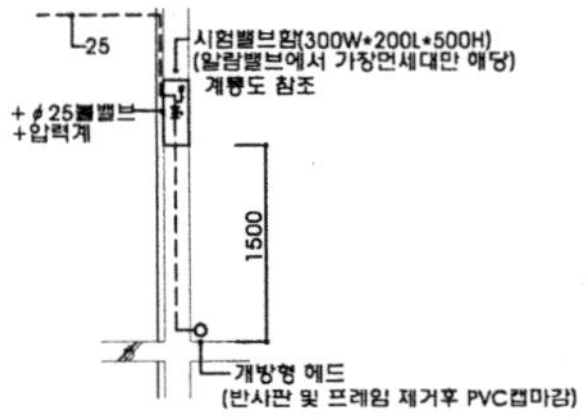

"A"단면도

SP 헤드 설치 수량 46T – (기준세대)

하향형 스프링클러 헤드 (플러쉬타입, 조기반응형)				
표시온도		설치 위치	수량	비고
⊢⊸	103°C 미만	주방,식당	1	
⊢●	72°C 미만	침실,거실	4	

SP 헤드 설치 수량 46T – (측세대)

하향형 스프링클러 헤드 (플러쉬타입, 조기반응형)				
표시온도		설치 위치	수량	비고
⊢⊸	103°C 미만	주방,식당	1	
⊢●	72°C 미만	침실,거실	4	

1 / MI098 — 51m² 단위세대 소화배관 평면도

SCALE : 1/40(A3: 80)

18-2. 소화배관 계통도

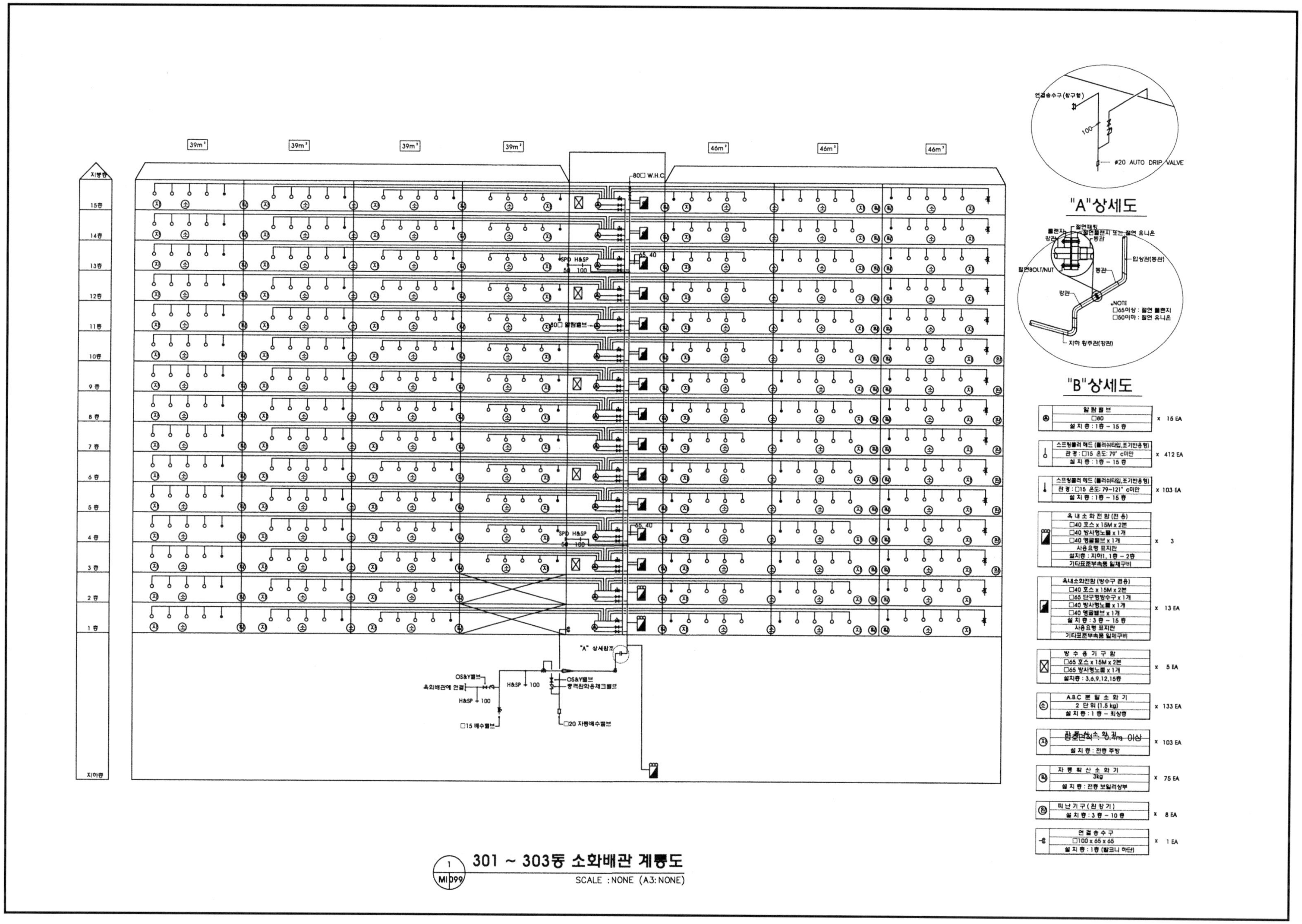
"A"상세도
"B"상세도
#20 AUTO DRIP VALVE
80□ W.H.C
301 ~ 303동 소화배관 계통도
SCALE :NONE (A3:NONE)

18-3. PIT층, 1층 소화배관 평면도

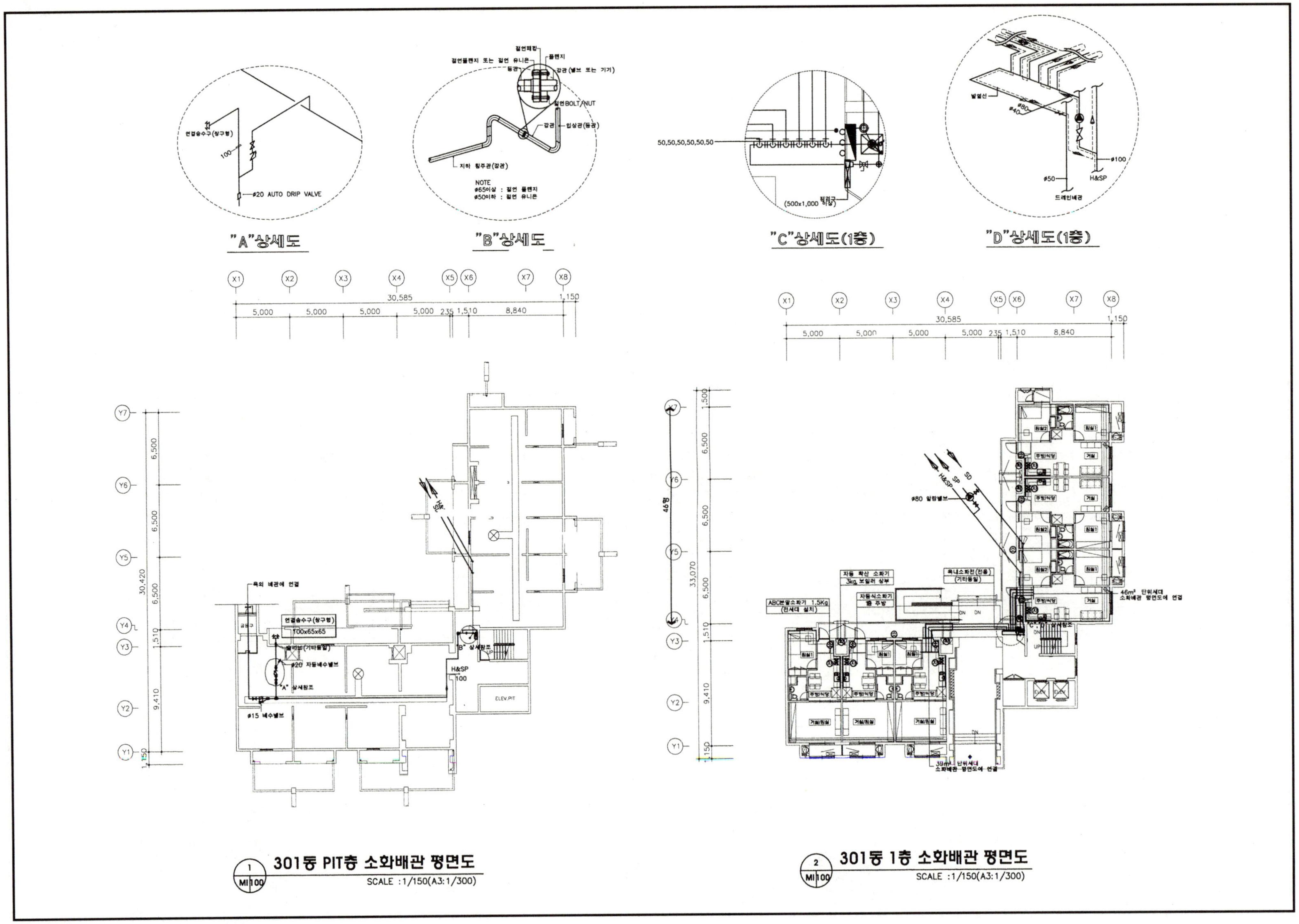

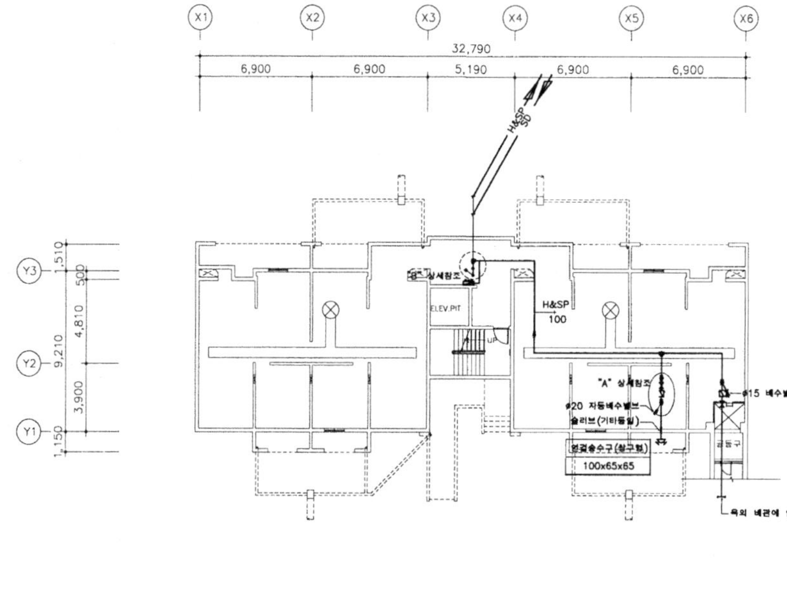

1 MI 106 **304, 305동 PIT층 소화배관 평면도**

SCALE :1/150(A3:1/300)

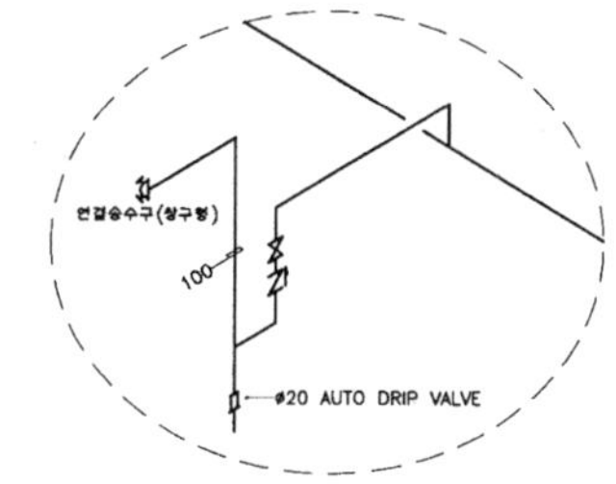

"A"상세도

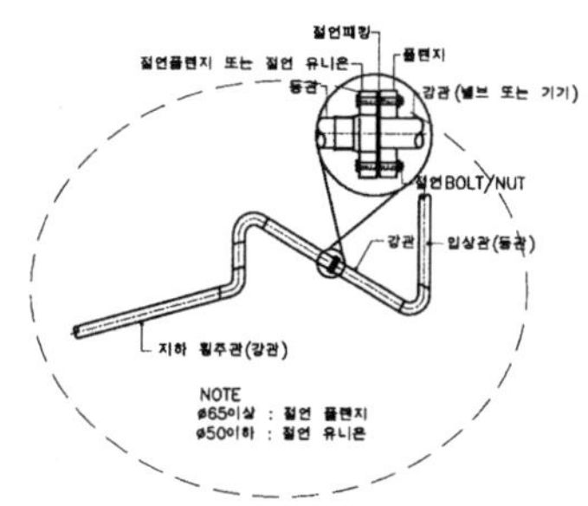

"B"상세도

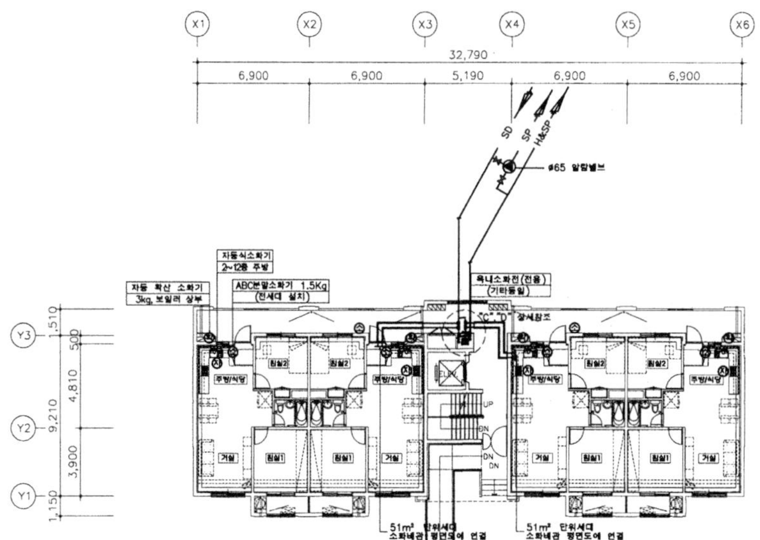

2 MI 106 **304, 305동 1층 소화배관 평면도**

SCALE :1/150(A3:1/300)

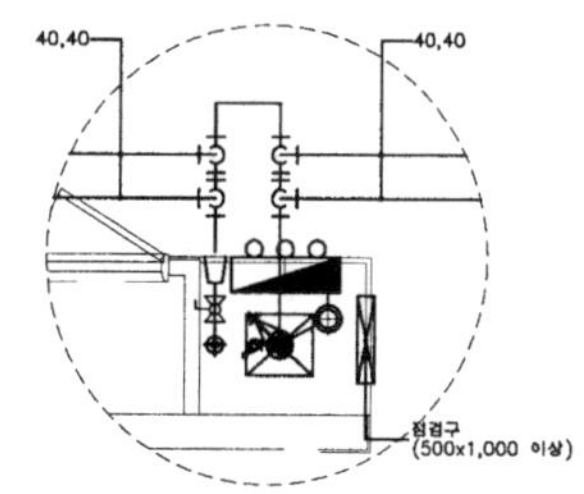

"C"상세도(1층)

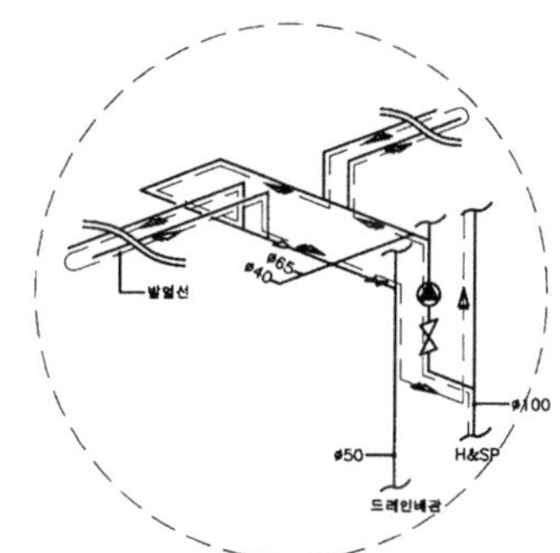

"D"상세도(2~12층)

18-4. 발열선 설치도

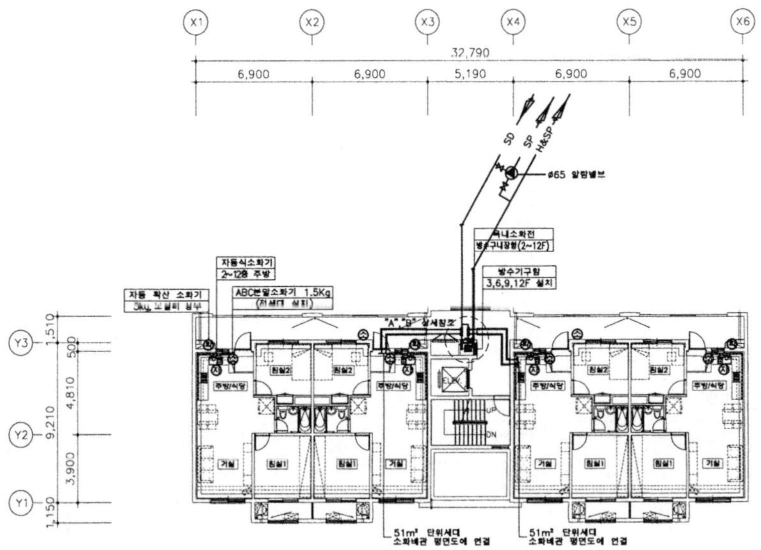

1 MI107 **304, 305동 기준층 소화배관 평면도**
SCALE :1/150(A3:1/300)

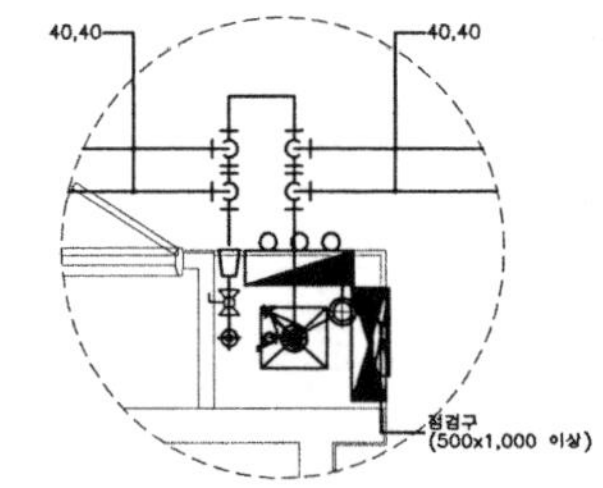

"A"상세도(2~12층)

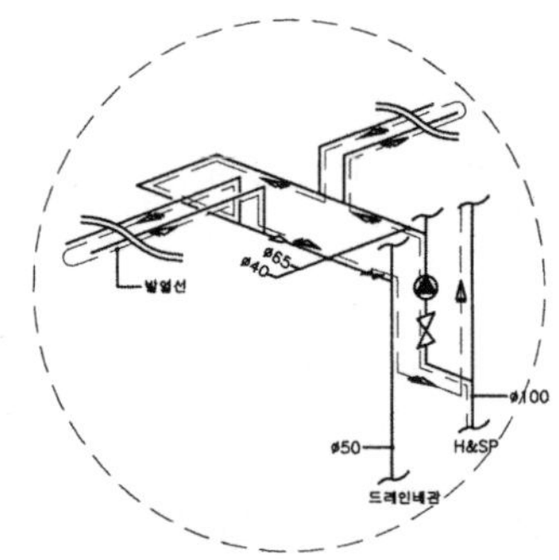

"B"상세도(2~12층)

18-5. 발열선 평면도

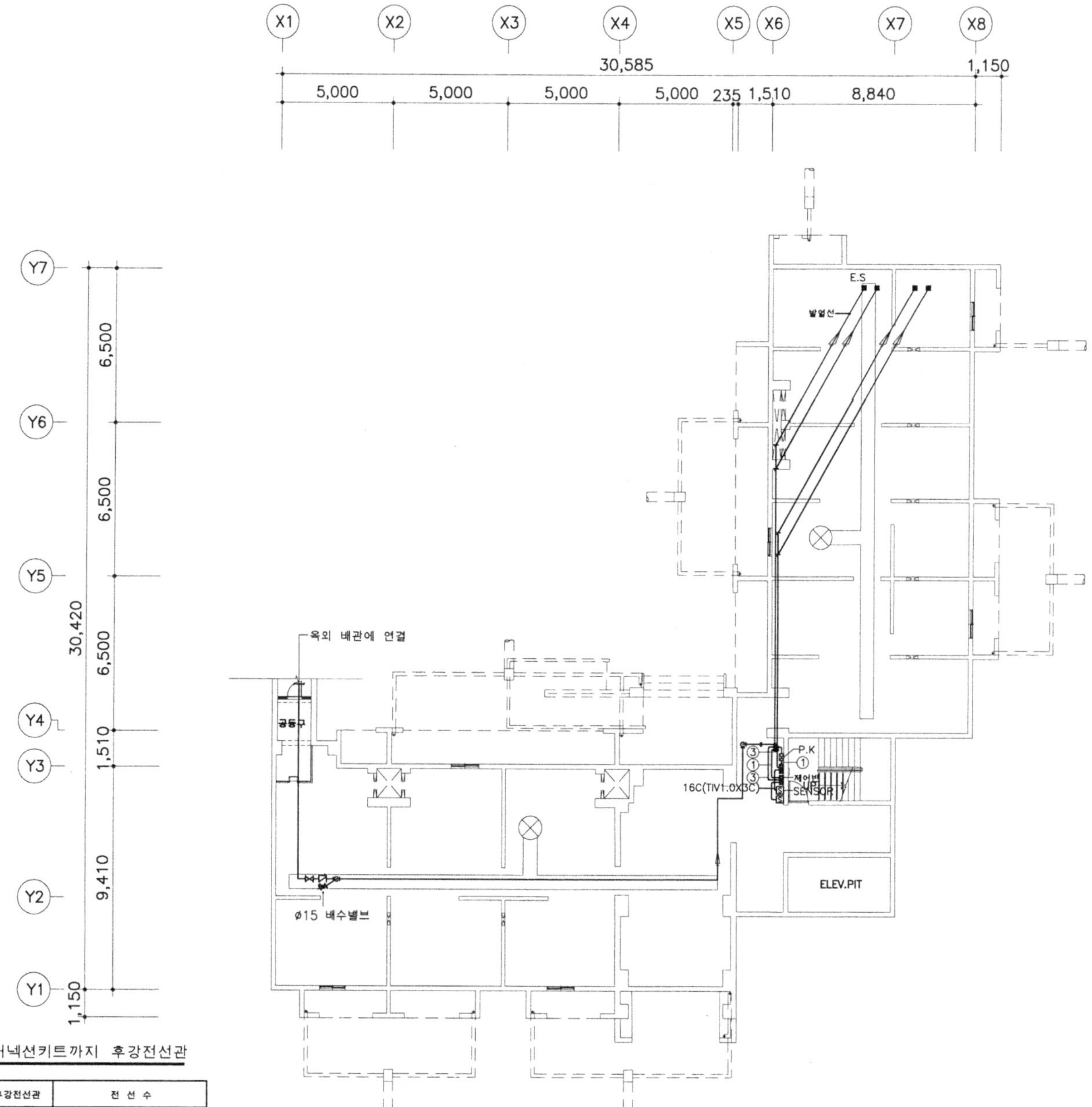

파워커넥션키트까지 후강전선관

구 분	후강전선관	전 선 수
①	22C	HIV6.0□X2,GV4.0□X1
②	28C	HIV6.0□X4,GV4.0□X2
③	36C	HIV6.0□X6,GV4.0□X3

1 MI120 **301동 소화 발열선 평면도**
SCALE :1/100(A3:1/200)

19-1. 도면목록표, 범례표

보육시설

도면목록표

발주번호	도면번호	구 분	도 면 명	축 척	
				A1	A3
	MI001	개별난방	보육시설 도면목록표 및 범례표	NONE	NONE
	MI002	개별난방	보육시설 위생배관 계통도	NONE	NONE
	MI003	개별난방	보육시설 난방배관 평면도	1/50	1/100
	MI004	개별난방	보육시설 PIT층 위생배관 평면도	1/30	1/60
	MI005	개별난방	보육시설 위생배관 평면도	1/50	1/100
	MI006	개별난방	보육시설 화장실, 보일러실 및 경비실 위생배관 평면도	1/30	1/60
	MI007	개별난방	보육시설 1층 소화배관 평면도	1/50	1/100

범례표

기 호	명 칭		비 고
•	급수관	CITY WATER SUPPLY	
••	급탕관	HOT WATER SUPPLY	
S	오수관	SANITARY	
D	배수관	DRAIN	
V	통기관	VENTILATION	
HWS	난방공급관	HOT WATER SUPPLY FOR HEATING	
HWR	난방환수관	HOT WATER RETURN FOR HEATING	
	상향배관	UPWARD	
	하향배관	DOWNWARD	
	엘보	ELBOW	
	티	TEE	
	리듀서	REDUCER	
	플러그	PLUG	
	캡	CAP	
	플랜지	FLANGE	
C.O	소제구	CLEANING OUT	
	바닥소제구	FLOOR CLEANING	
F.D	바닥배수구	FLOOR DRAIN	
WM	급수계량기	WATER METER	
	압력계	PRESSURE GAUGE	
	온도계	TEMPERATURE GAUGE	
V.T.R	지붕통기구	VENT ON THE ROOF	
	방열기	RADITOR	

19-2. 보육시설 위생배관 계통도

보육시설

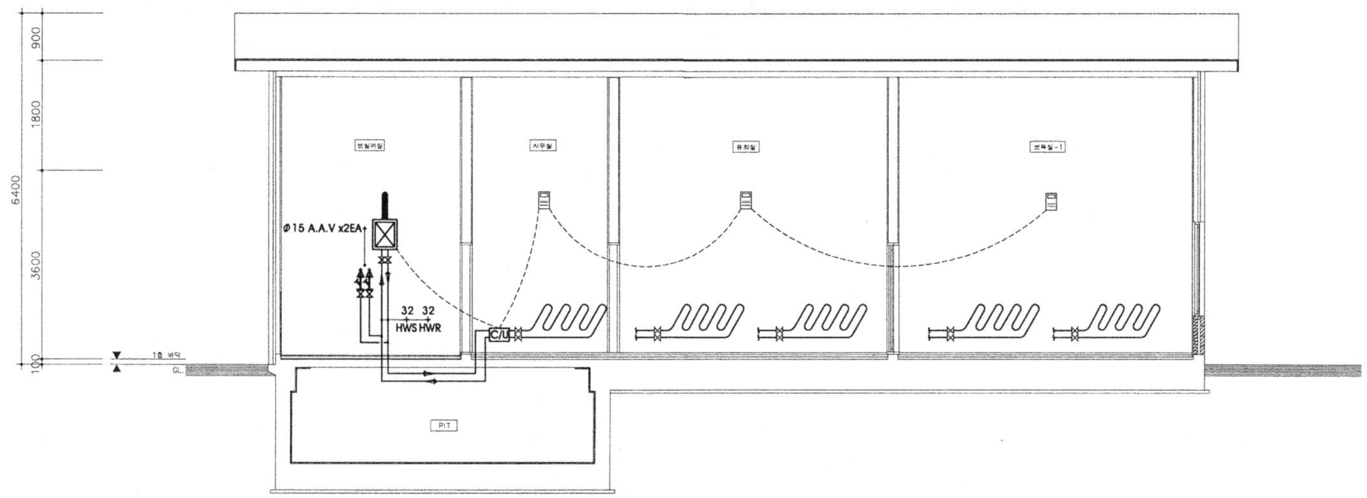

① MI 002 보육시설 난방배관 계통도

SCALE : NONE

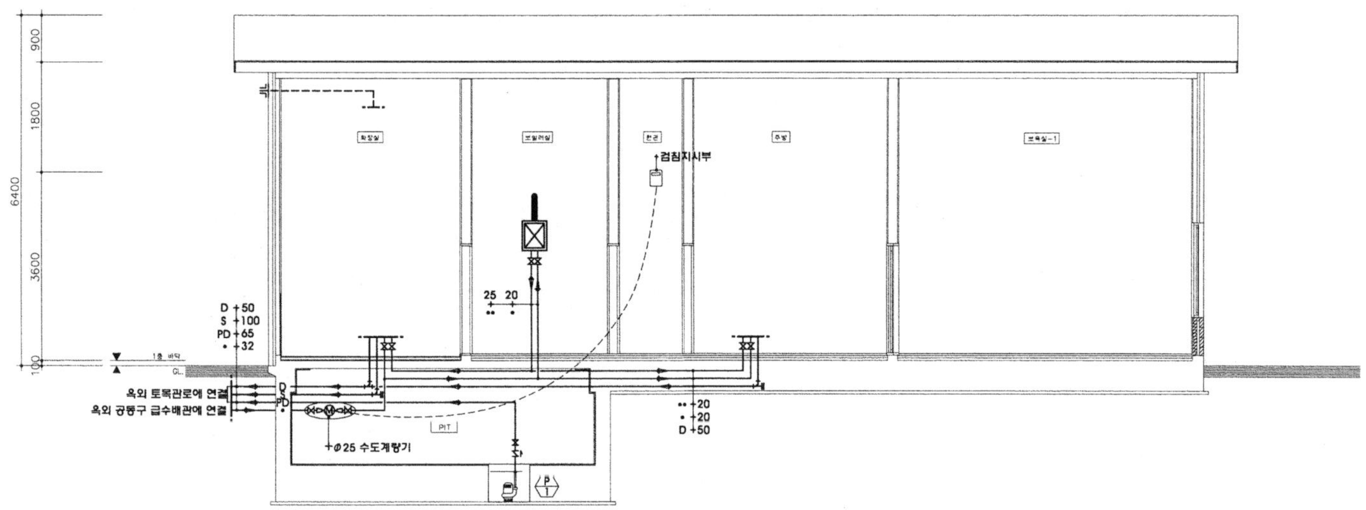

② MI 002 보육시설 위생배관 계통도

SCALE : NONE

19-3. 보육시설 난방배관 평면도

보육시설

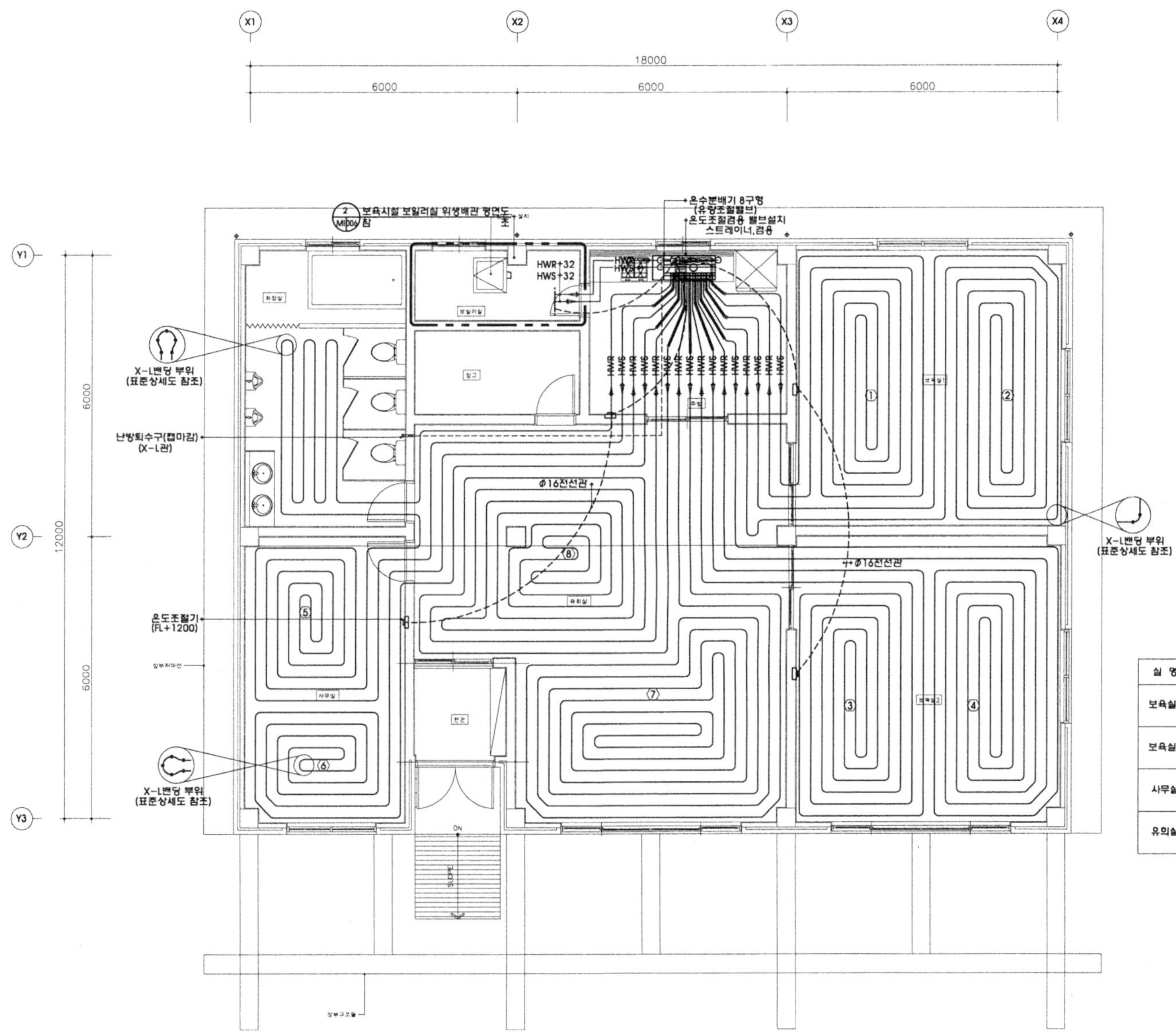

실 명	피 치	관 경	길 이	비 고
보육실1	250	Φ15	75.8	①
	250	Φ15	88.4	②
보육실2	250	Φ15	81.4	③
	250	Φ15	91.3	④
사무실	250	Φ15	91.6	⑤
	250	Φ15	63.8	⑥
유희실	250	Φ15	108.7	⑦
	250	Φ15	88.4	⑧

1 MI003 **보육시설 난방배관 평면도**

SCALE :1/50(A3:100)

19-4. 보육시설 PIT층 위생배관 평면도

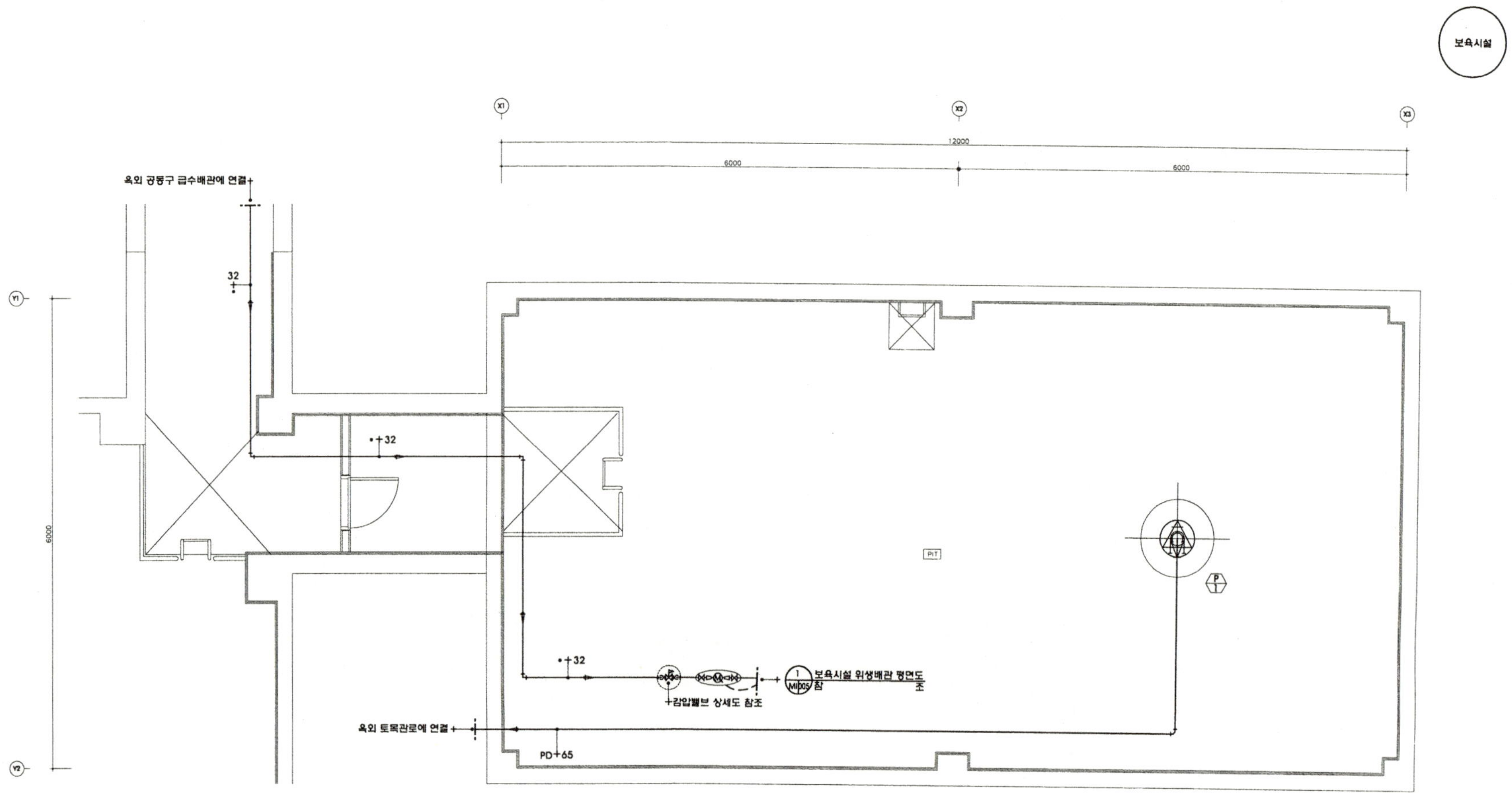

■ 장비일람표

기호	장비명	수량	유량	양정	동력	전원	구경	
							흡입	토출
P	배수펌프	1	160LPM	10M	1HP	1/220/60	65	65

번호	품명		관경
①	게이트밸브		φ40
②	스트레이너	또는 스트레이너 일체형 밸브	φ40
③	글로브밸브		
④	감압밸브(대유량)		φ25
⑤	감압밸브(소유량)		φ20
⑥	압력계		-
⑦	안전밸브 (드레인 배관은 FL+200까지 유도)		φ20

1 MI 004 보육시설 PIT층 위생배관 평면도

SCALE :1/30(A3:60)

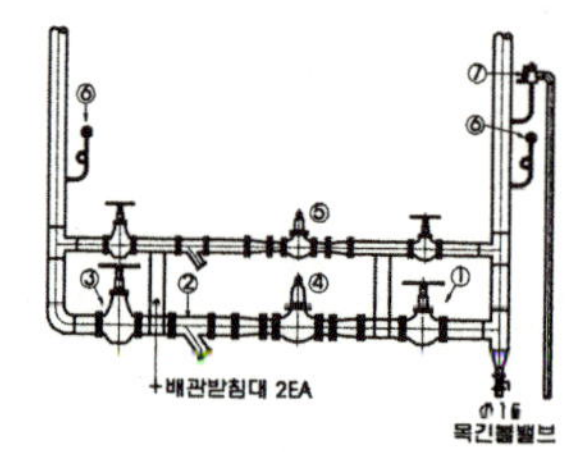

감압밸브 주위배관 상세도

SCALE: NONE

19-5. 보육시설 위생배관 평면도

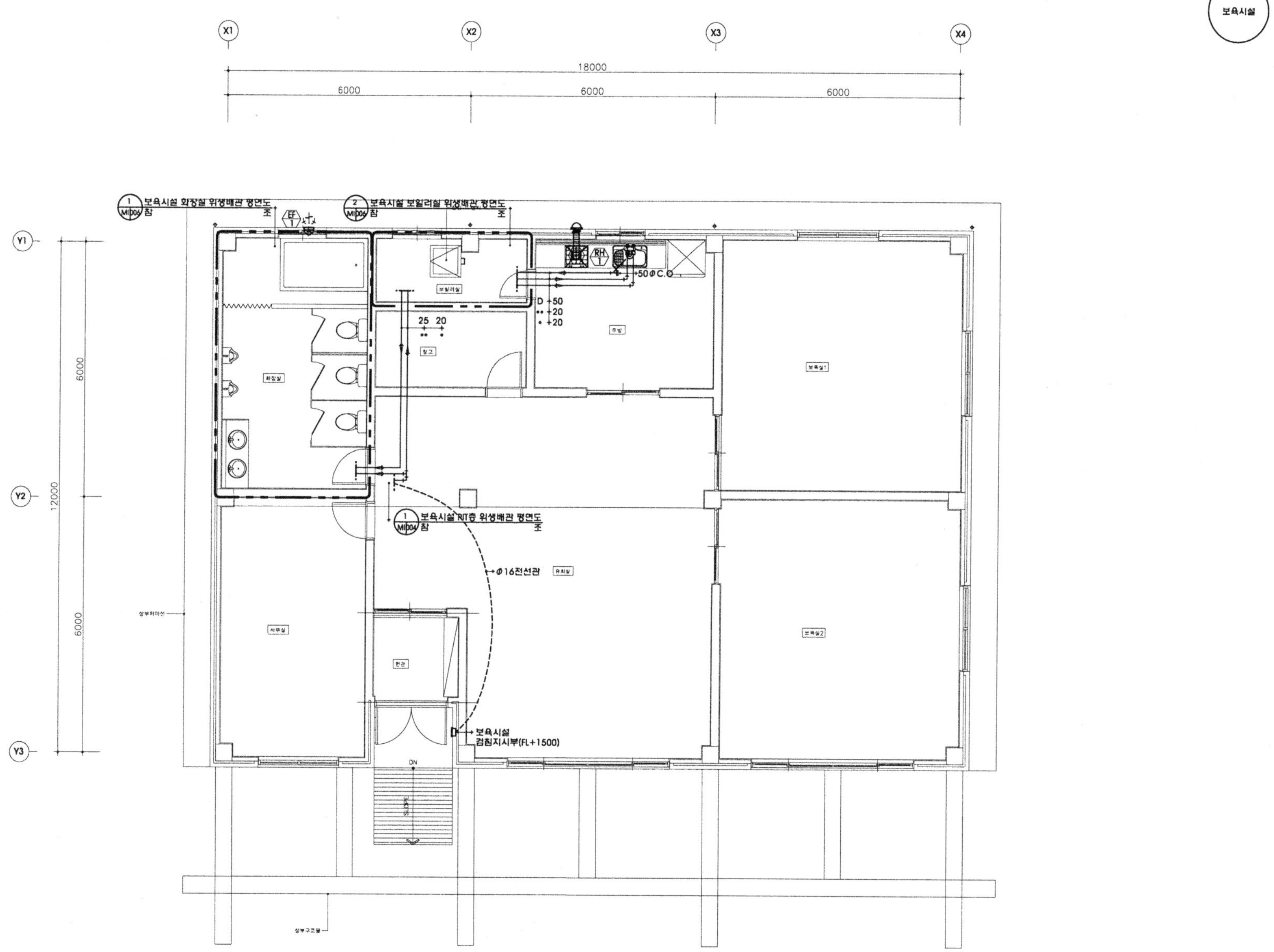

■ 장비일람표

기호	장비명	수량	풍량	동력	전원	형식	비고
EF 1	배기팬	1	17CMM	1/20HP	1/220/60	벽부형	화장실
RH 1	렌지후드	1	–	–	–	–	KSC 9304 (침니형)

1 MI005 **보육시설 위생배관 평면도**

SCALE :1/50(A3:100)

19-6. 경비실 위생배관 평면도

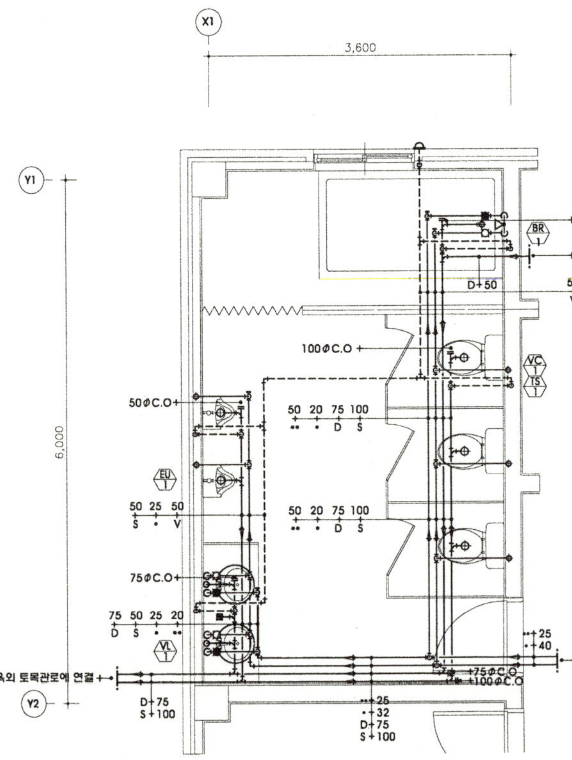

① 보육시설 화장실 위생배관 평면도 (MI006)
SCALE :1/30(A3:60)

■ 위생기구 일람표

기 호	명 칭	형 식	수 량	비 고
VL 1	세면기	KS L-1050 C L108	2	표준부속포함
VC 1	양변기	KS C-1110 C C557	3	–
EU 1	소변기	KS U-330 U50	2	–
BR 1	욕 조	–	1	표준부속포함(아크릴)
TS 1	휴지걸이	–	3	ROLL 박스형

■ 장비일람표

기 호	명 칭	수 량	사 양	비 고
GB 1	가스보일러	1	30,000 kcal/Hr, 벽걸이형,FF배기방식, 개방식 팽창탱크	보육실
ER 1	전기방열기	1 x 2EA	3.0 kW, 1/220/60	경비실

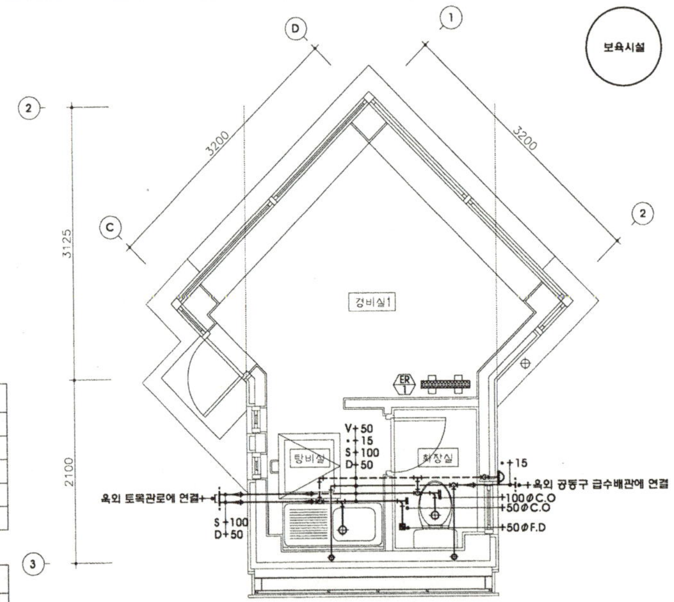

③ 경비실1 위생배관 평면도 (MI006)
SCALE :1/30(A3:60)

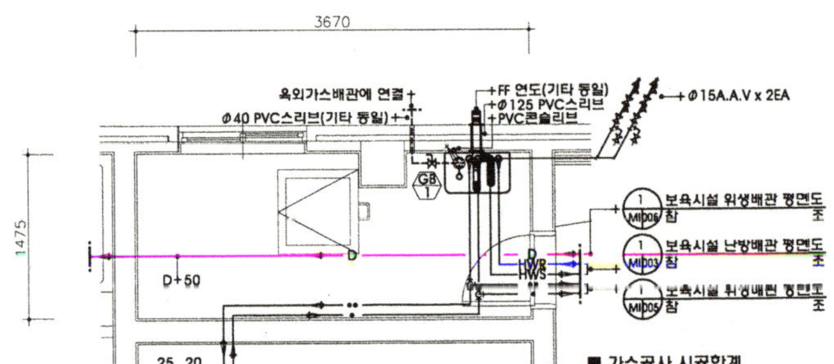

■ 가스공사 시공한계

기계 공사 : 보일러 본체에서 ■밸브(설치 제외)까지 배관
가스 공사 : ■밸브 이후 배관

② 보육시설 보일러실 위생배관 평면도 (MI006)
SCALE :1/30(A3:60)

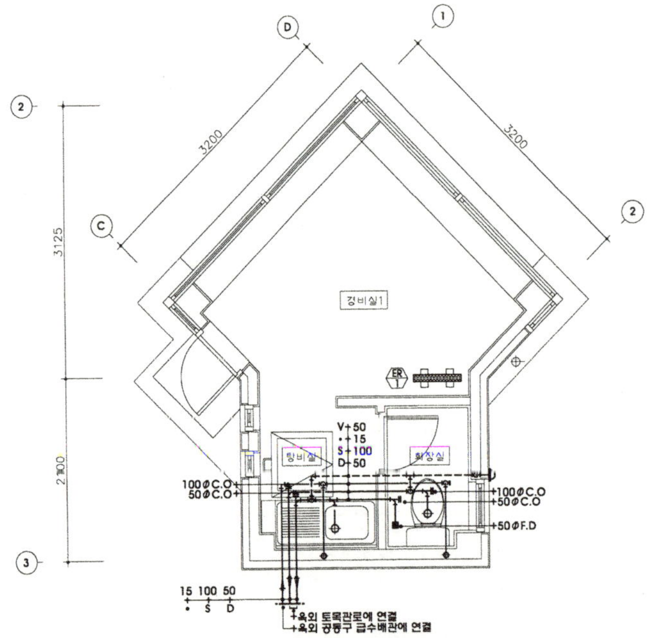

④ 경비실2 위생배관 평면도 (MI006)
SCALE :1/30(A3:60)

19-7. 보육시설 소화배관 평면도

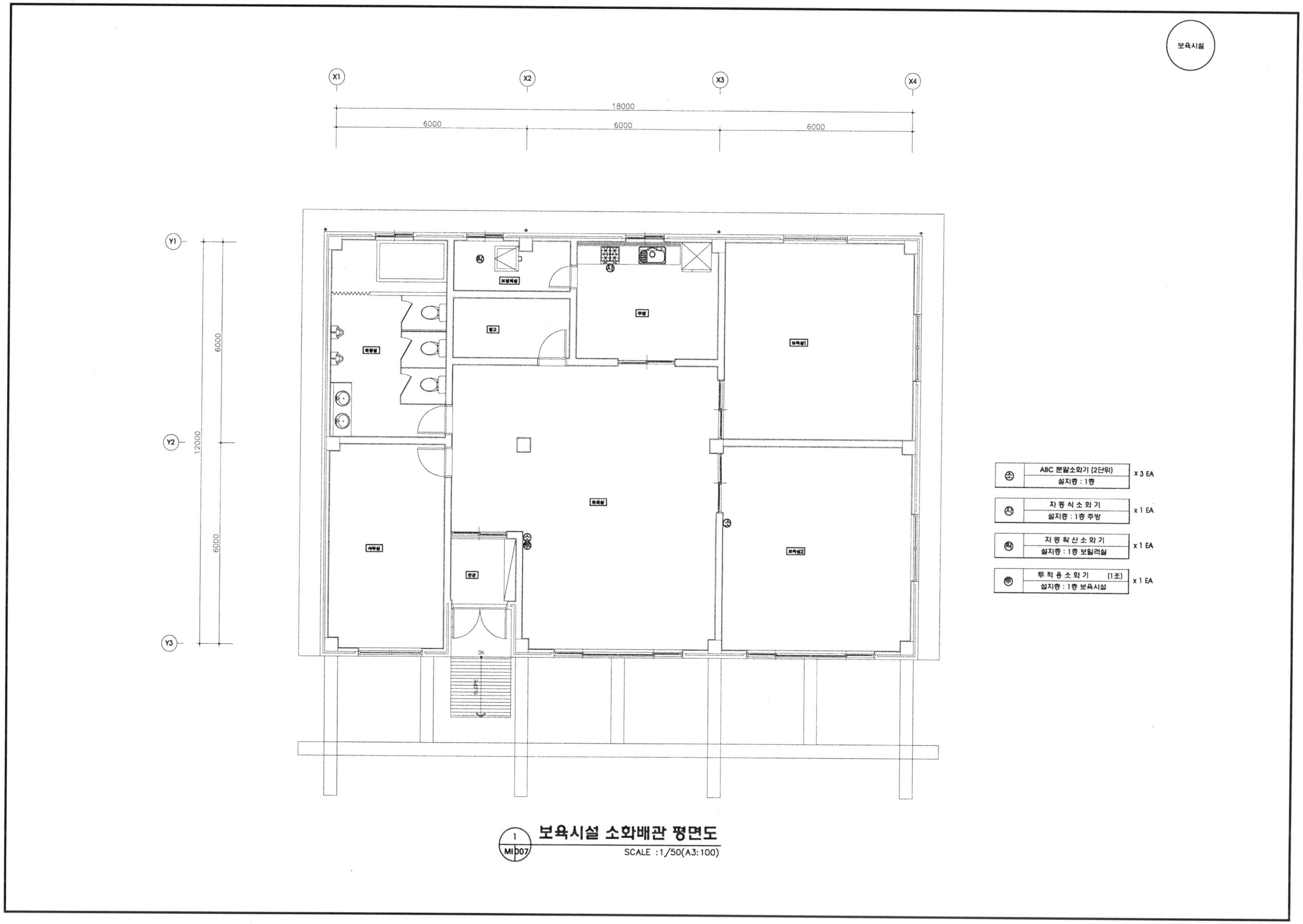

19-8. 주민복지관 위생배관 계통도

주민복지관
주민공동시설
노인정

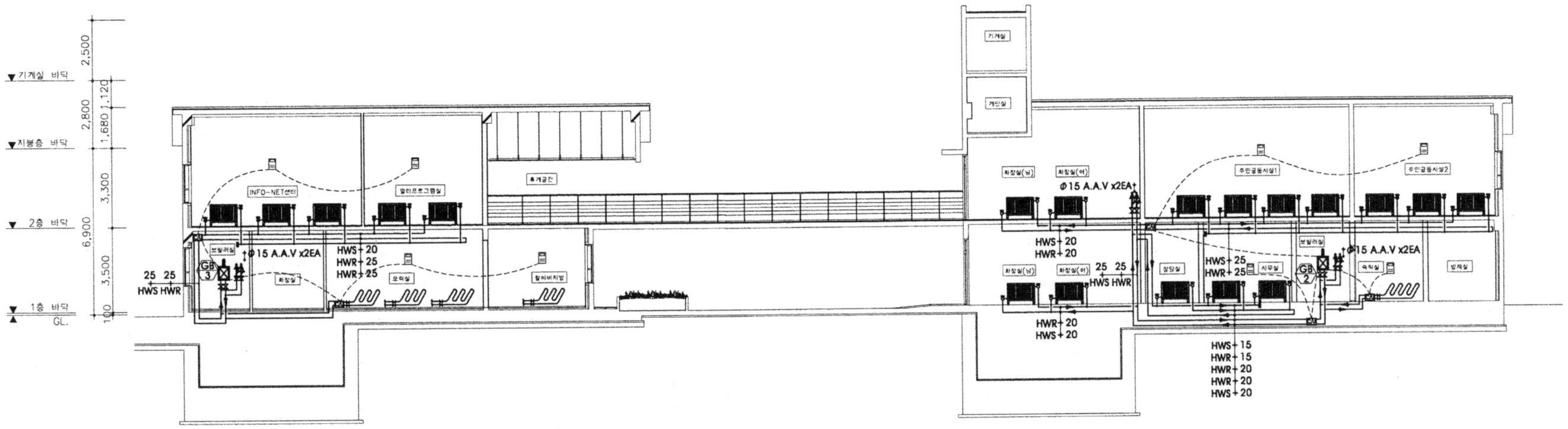

1 MI002 주민복지관 난방배관 계통도
SCALE : NONE

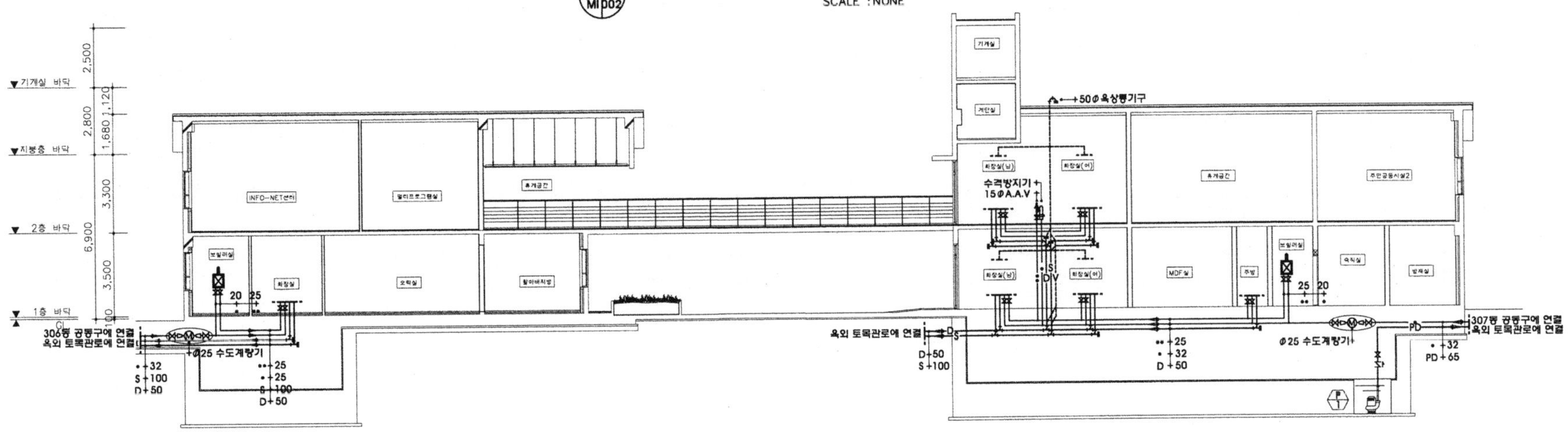

■ 장비일람표

기호	장비명	수량	유량	양정	동력	전원	구경	
							흡입	토출
P 1	배수펌프	1	160LPM	10M	1HP	3/380/60	65	65

2 MI002 주민복지관 위생배관 계통도
SCALE : NONE

19-9. 주민복지관 난방배관 평면도

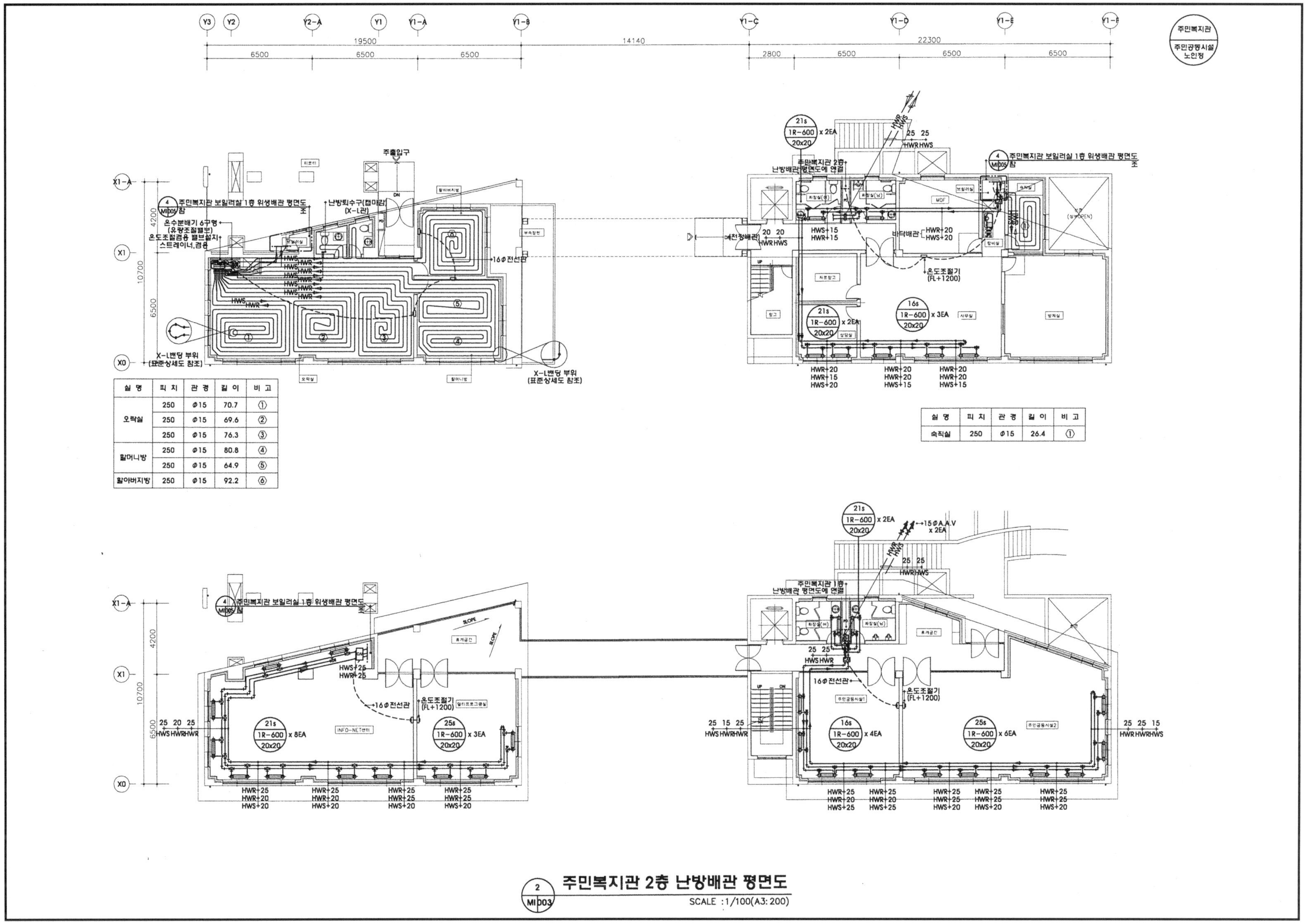

실 명	피 치	관 경	길 이	비 고
오락실	250	φ15	70.7	①
	250	φ15	69.6	②
	250	φ15	76.3	③
할머니방	250	φ15	80.8	④
	250	φ15	64.9	⑤
할아버지방	250	φ15	92.2	⑥

실 명	피 치	관 경	길 이	비 고
숙직실	250	φ15	26.4	①

19-10. 주민복지관 위생배관 평면도

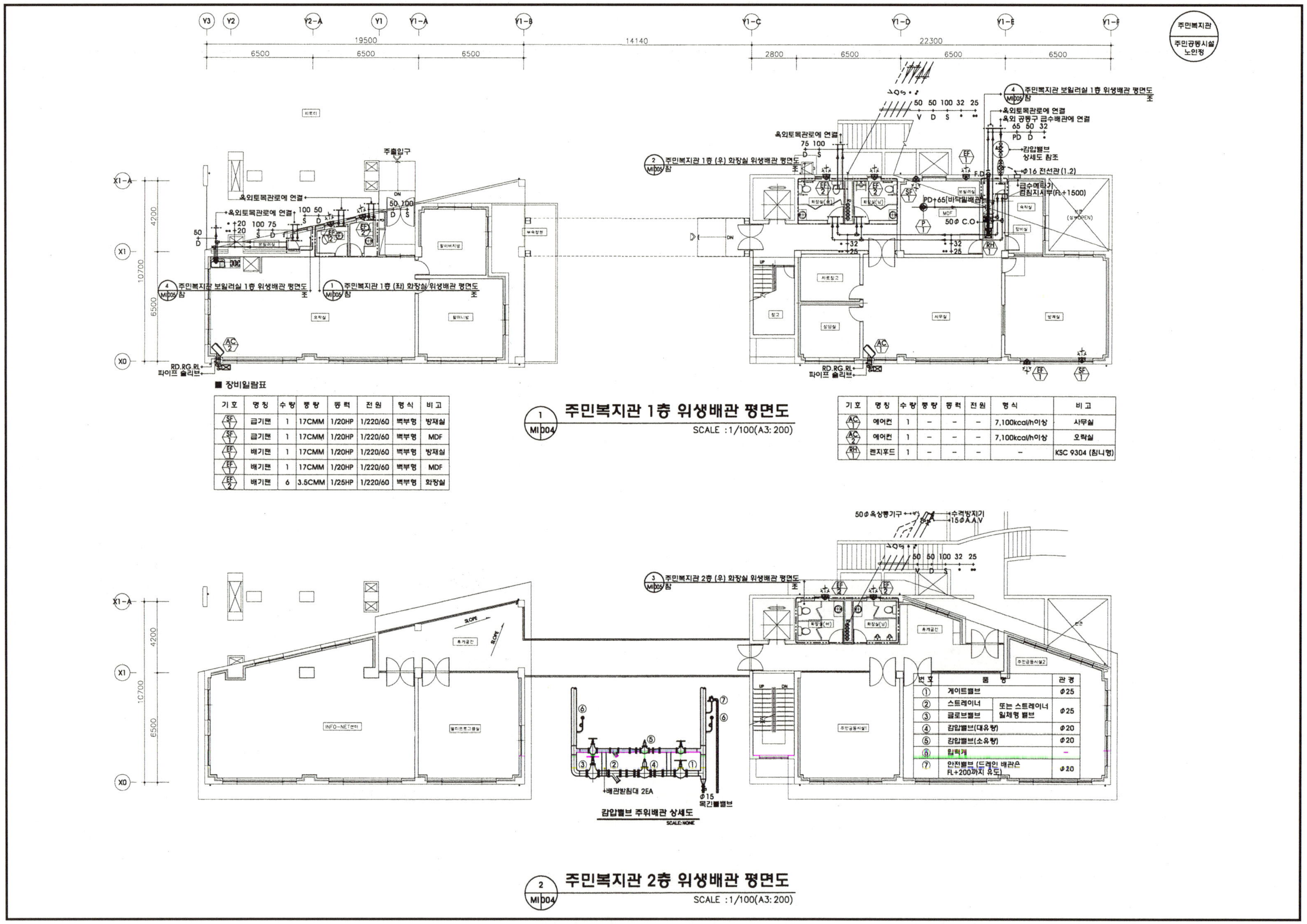

기호	명칭	수량	풍량	동력	전원	형식	비고
SF 1	급기팬	1	17CMM	1/20HP	1/220/60	벽부형	방재실
SF 1	급기팬	1	17CMM	1/20HP	1/220/60	벽부형	MDF
EF 1	배기팬	1	17CMM	1/20HP	1/220/60	벽부형	방재실
EF 1	배기팬	1	17CMM	1/20HP	1/220/60	벽부형	MDF
EF 2	배기팬	6	3.5CMM	1/25HP	1/220/60	벽부형	화장실

기호	명칭	수량	풍량	동력	전원	형식	비고
AC 1	에어컨	1	–	–	–	7,100kcal/h이상	사무실
AC 2	에어컨	1	–	–	–	7,100kcal/h이상	오락실
RH 1	렌지후드	1	–	–	–	–	KSC 9304 (침니형)

번호	품명		관경
①	게이트밸브		φ25
②	스트레이너	또는 스트레이너 일체형 밸브	φ25
③	글로브밸브		
④	감압밸브(대유량)		φ20
⑤	감압밸브(소유량)		φ20
⑥	압력계		–
⑦	안전밸브 (드레인 배관은 FL+200까지 유도)		φ20

19-11. 주민복지관 화장실, 보일러실 위생배관 평면도

주민복지관

주민공동시설 노인정

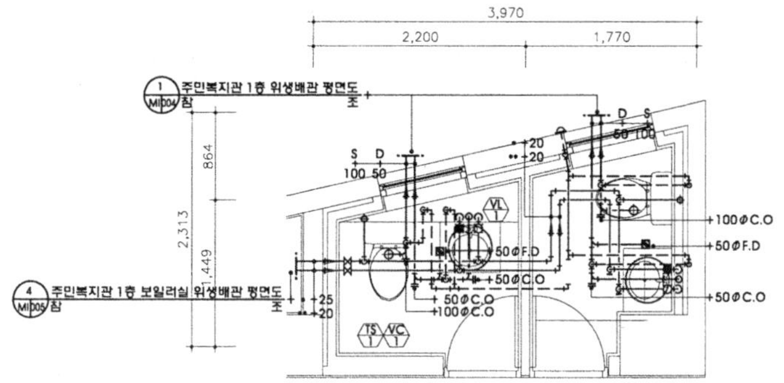

■ 위생기구 일람표

기 호	명 칭	형 식	수 량	비 고
VL 1	세면기	KS L-1050 C L108	2	표준부속포함
VC 1	양변기	KS C-2010 C C806	2	-
TS 1	휴지걸이	-	2	ROLL 박스형

1 MI005 주민복지관 1층 (좌) 화장실 위생배관 평면도

SCALE :1/30(A3:60)

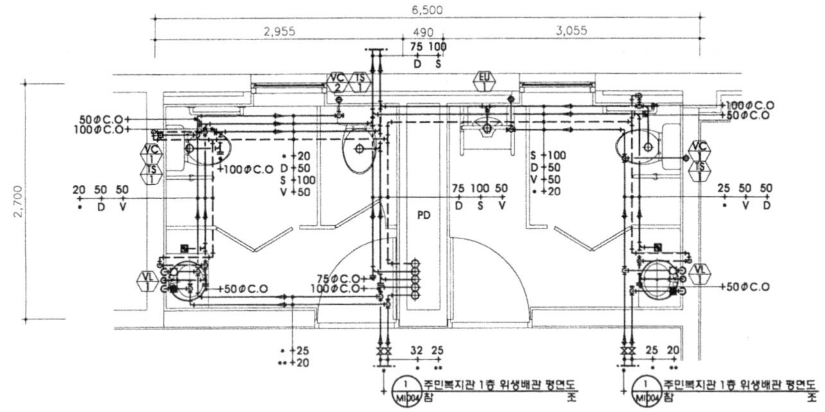

■ 위생기구 일람표

기 호	명 칭	형 식	수 량	비 고
VL 1	세면기	KS L-1050 C L108	2	표준부속포함
VC 1	양변기	KS C-1110 C C557	2	-
VC 2	양변기	KS C-2010 C C806	1	-
EU 1	소변기	KS U-330 U50	2	-
TS 1	휴지걸이	-	3	ROLL 박스형

2 MI005 주민복지관 1층 (우) 화장실 위생배관 평면도

SCALE :1/30(A3:60)

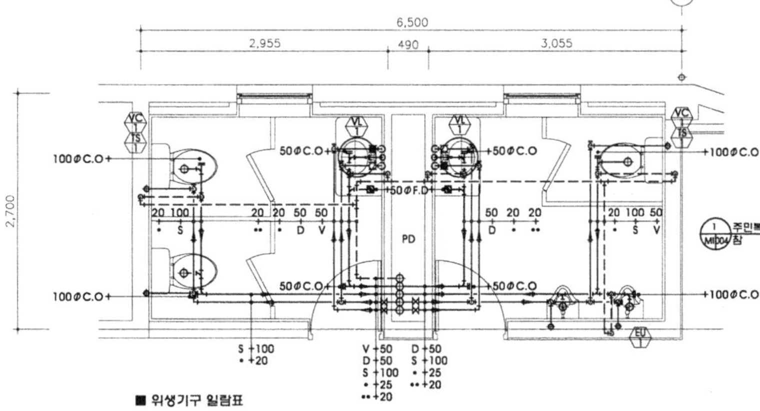

■ 위생기구 일람표

기 호	명 칭	형 식	수 량	비 고
VL 1	세면기	KS L-1050 C L108	2	표준부속포함
VC 1	양변기	KS C-2010 C C806	3	-
EU 1	소변기	KS U-330 U50	2	-
TS 1	휴지걸이	-	3	ROLL 박스형

3 MI005 주민복지관 2층 (우) 화장실 위생배관 평면도

SCALE :1/30(A3:60)

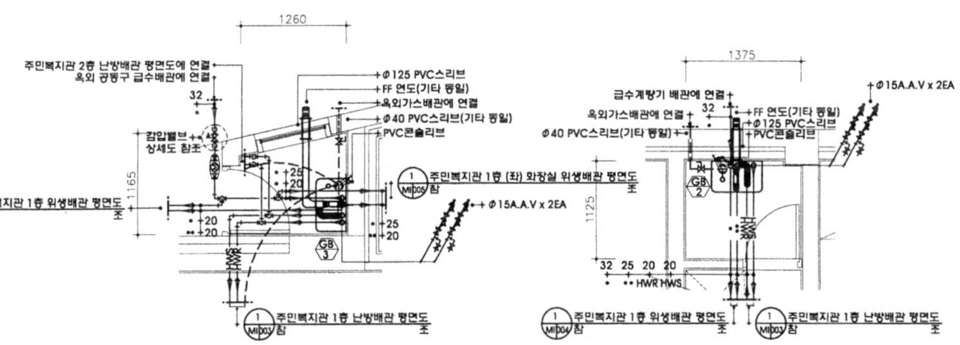

■ 가스공사 시공한계

기계 공사 : 보일러 본체에서 ■밸브(설치 제외)까지 배관
가스 공사 : ■밸브 이후 배관

■ 장비일람표

기 호	명 칭	수 량	사 양	비 고
GB 2	가스보일러	1	35,000 kcal/Hr, 벽걸이형,FF배기방식, 개방식 팽창탱크	주민복지관
GB 3	가스보일러	1	40,000 kcal/Hr, 벽걸이형,FF배기방식, 개방식 팽창탱크	경 로 당

4 MI005 주민복지관 1층 보일러실 위생배관 평면도

SCALE :1/30(A3:60)

19-12. 주민복지관 소화배관 평면도

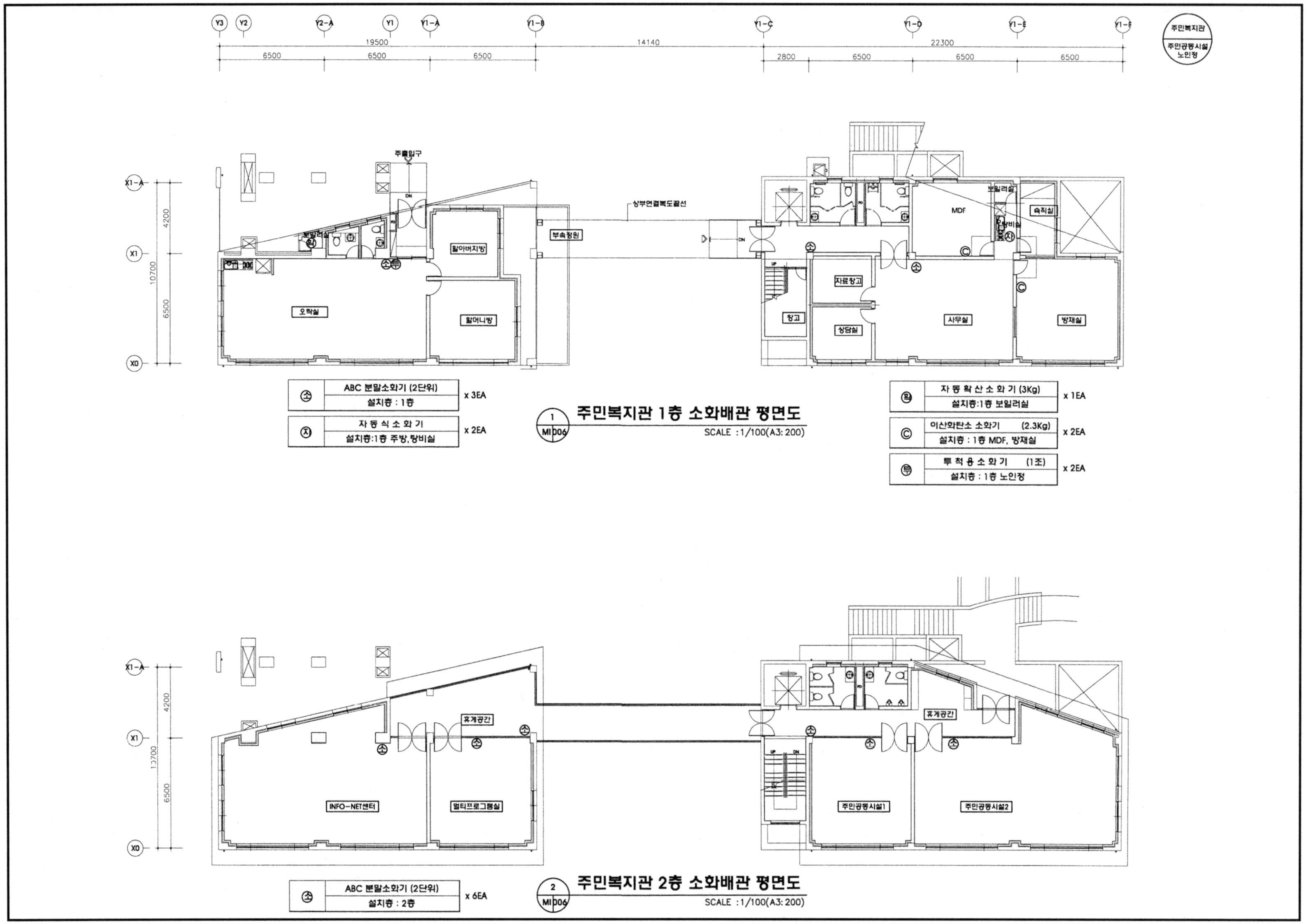

19 - 13. 근린생활시설 위생배관 계통도

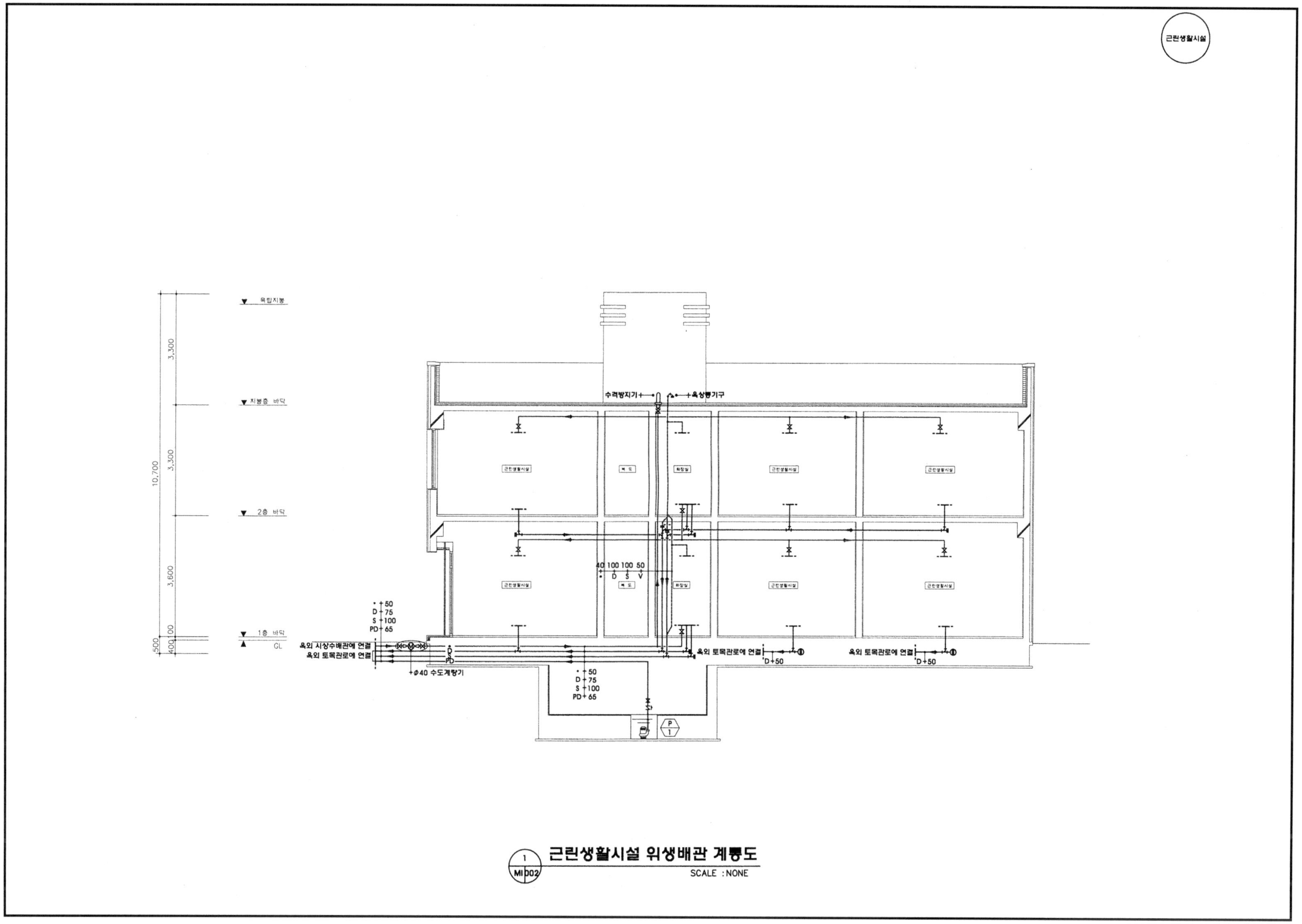

19 - 14. 근린생활시설 위생배관 평면도

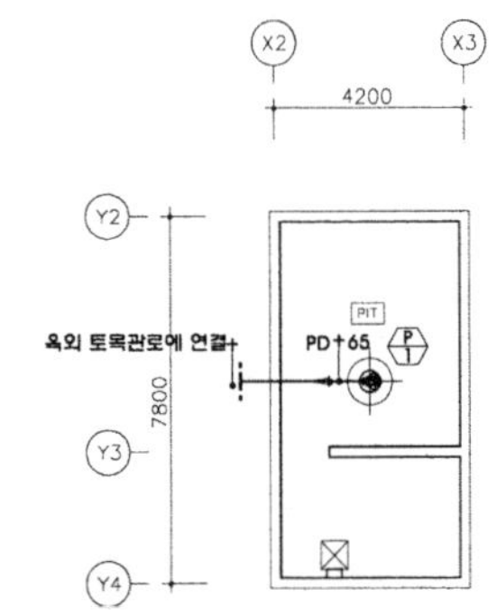

■ 장비일람표

기호	장비명	수량	유량	양정	동력	전원	구경	
							흡입	토출
P	배수펌프	1	160LPM	10M	1HP	1/220/60	65	65

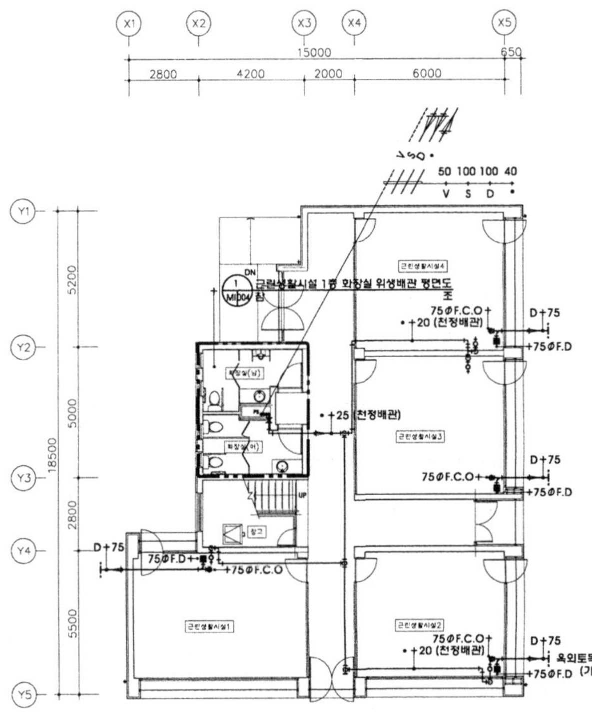

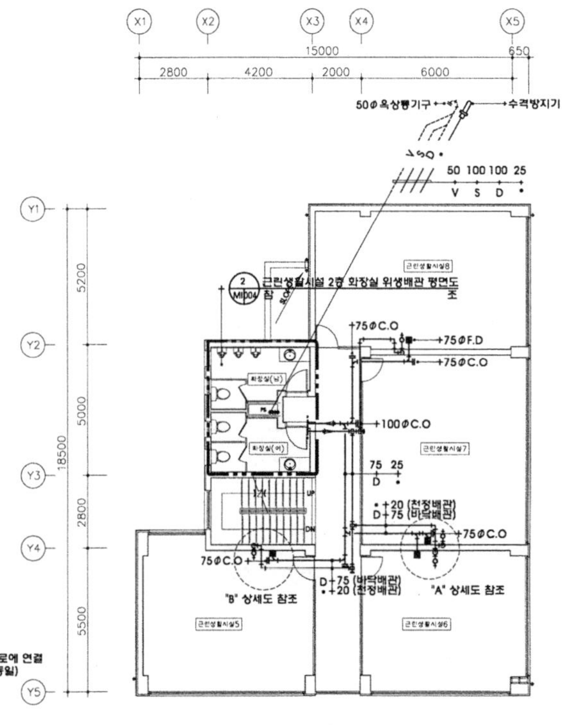

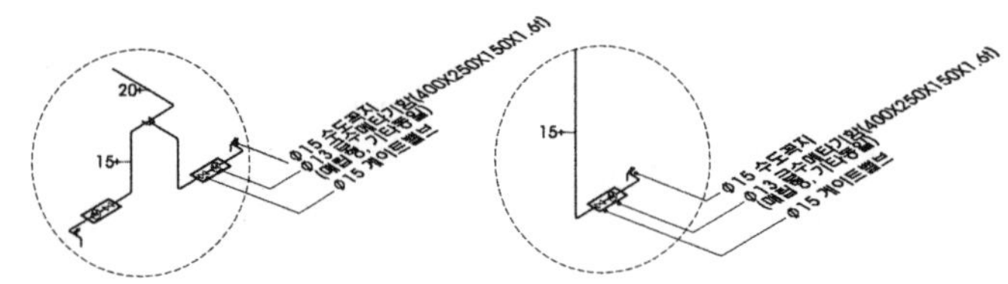

"A" 상세도

"B" 상세도

1 MI 003 근린생활시설 PIT층 위생배관 평면도
SCALE :1/100(A3: 200)

2 MI 003 근린생활시설 1층 위생배관 평면도
SCALE :1/100(A3: 200)

3 MI 003 근린생활시설 2층 위생배관 평면도
SCALE :1/100(A3: 200)

근린생활시설

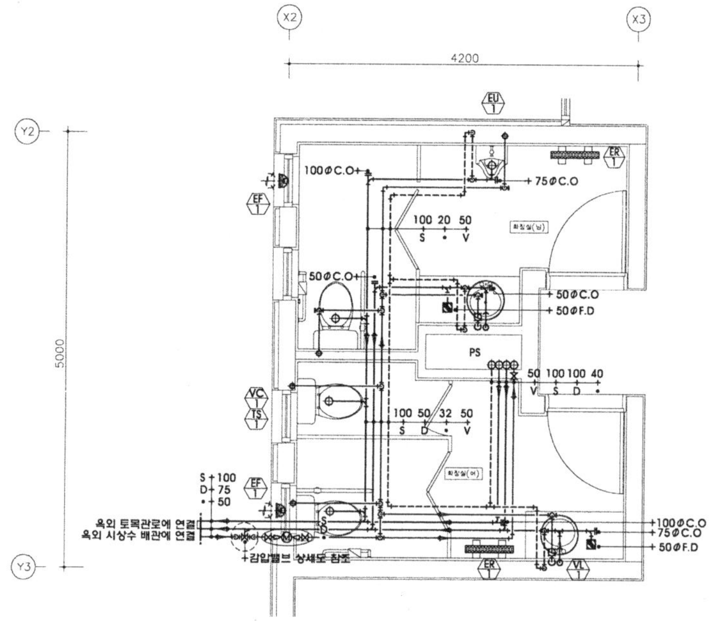

■ 위생기구 일람표

기호	명칭	형식	수량	비고
VL/1	세면기	KS L-1050 C L108	2	표준부속포함
VC/1	양변기	KS C-1110 C C557	3	-
EU/1	소변기	KS U-330 U50	1	-
TS/1	휴지걸이	-	3	ROLL 박스형
ER/1	전기방열기	1.2KW	2	전원 : 1/220/60, 타이머부착형

(1/MI 004) 근린생활시설 1층 화장실 위생배관 평면도

SCALE :1/30(A3: 60)

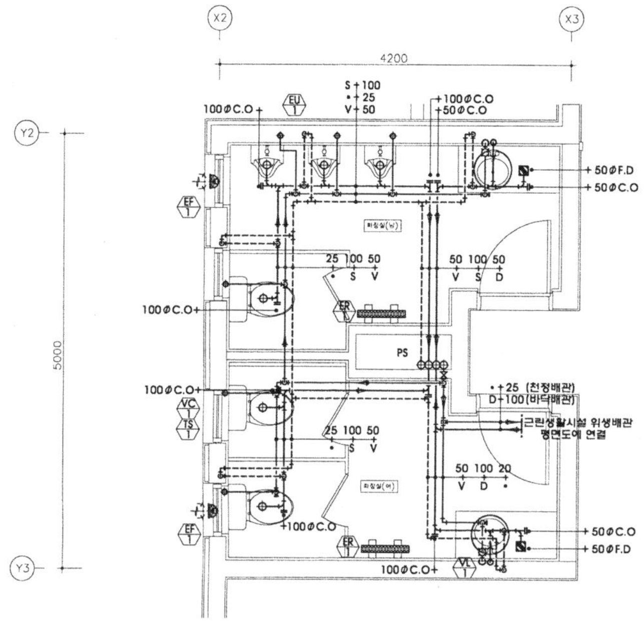

■ 위생기구 일람표

기호	명칭	형식	수량	비고
VL/1	세면기	KS L-1050 C L108	2	표준부속포함
VC/1	양변기	KS C-1110 C C557	3	-
EU/1	소변기	KS U-330 U50	3	-
TS/1	휴지걸이	-	3	ROLL 박스형
ER/1	전기방열기	1.2KW	2	전원 : 1/220/60, 타이머부착형

■ 장비일람표

기호	명칭	수량	풍량	동력	전원	형식	비고
EF/1	배기팬	4	9CMM	1/25HP	1/220/60	벽부형	화장실

(2/MI 004) 근린생활시설 2층 화장실 위생배관 평면도

SCALE :1/30(A3: 60)

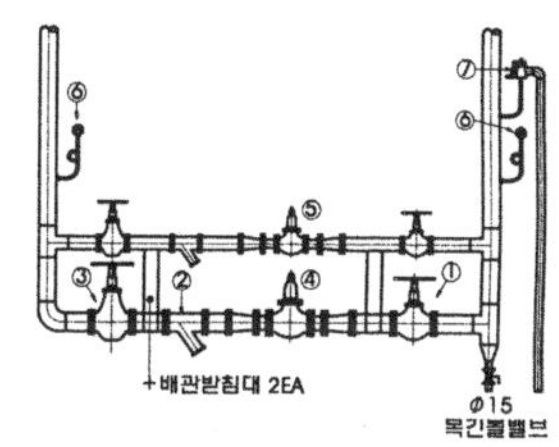

감압밸브 주위배관 상세도

SCALE: NONE

번호	품명		관경
①	게이트밸브		⌀40
②	스트레이너	또는 스트레이너 일체형 밸브	⌀40
③	글로브밸브		
④	감압밸브(대유량)		⌀25
⑤	감압밸브(소유량)		⌀20
⑥	압력계		-
⑦	안전밸브 (드레인 배관은 FL+200까지 유도)		⌀20

19-15. 근린생활시설 발열선 평면도

근린생활시설

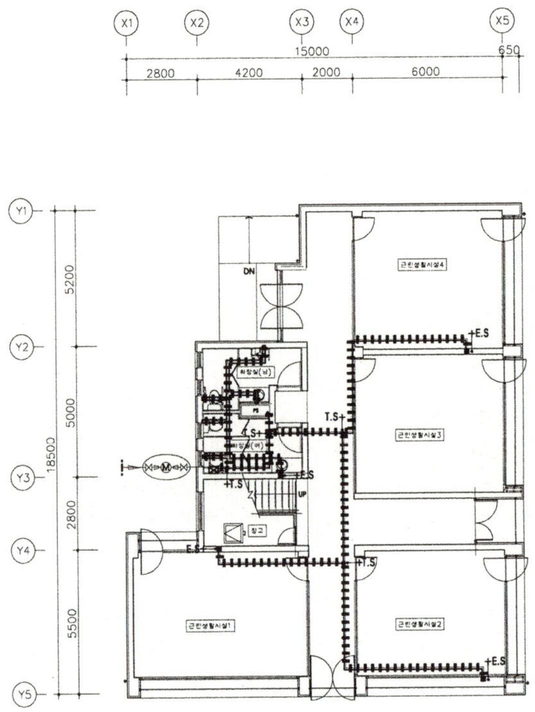

근린생활시설 1층 발열선 평면도
SCALE :1/100(A3: 200)
1 MI005

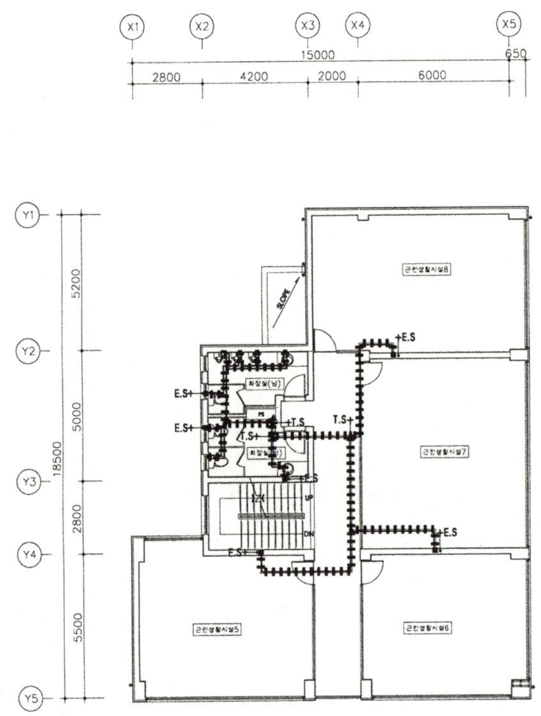

근린생활시설 2층 발열선 평면도
SCALE :1/100(A3: 200)
2 MI005

발열선 범례

기호	명칭	수량
T.S	TEE SPLICE	7 EA
E.S	END SEAL	10 EA
P.K	POWER CONNECTION KIT	1 EA
	제어반	1 EA
	발열선 설치 배관	–
	SENSOR	1 EA

발열선 제어함

온 도	차단기용량	수 량	길 이 (M)	발열선용량산정 (25 W/M)	크 기	설치위치
-10℃	30A	1	104.44	2611	250W x 150D x 350H	PIT층

19-16. 근린생활시설 소화배관 평면도

근린생활시설

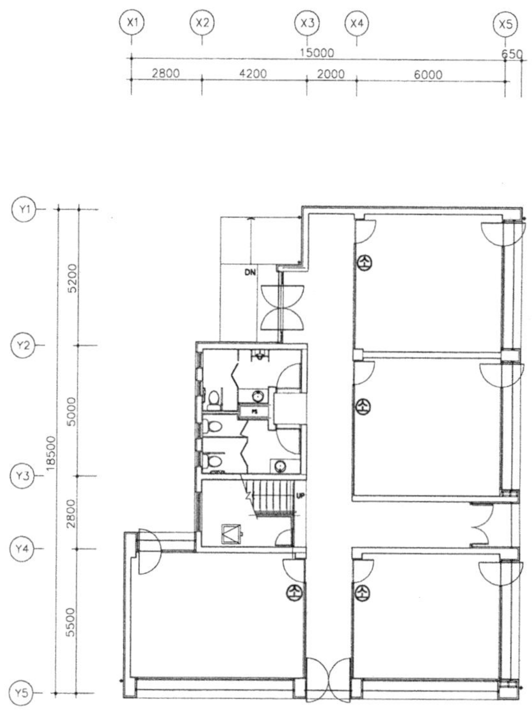

ⓢ	A.B.C 분말소화기	x 4 EA
	2 단위(1.5 kg)	
	설치층 : 1층	

1 MI006 근린생활시설 1층 소화배관 평면도
SCALE :1/100(A3: 200)

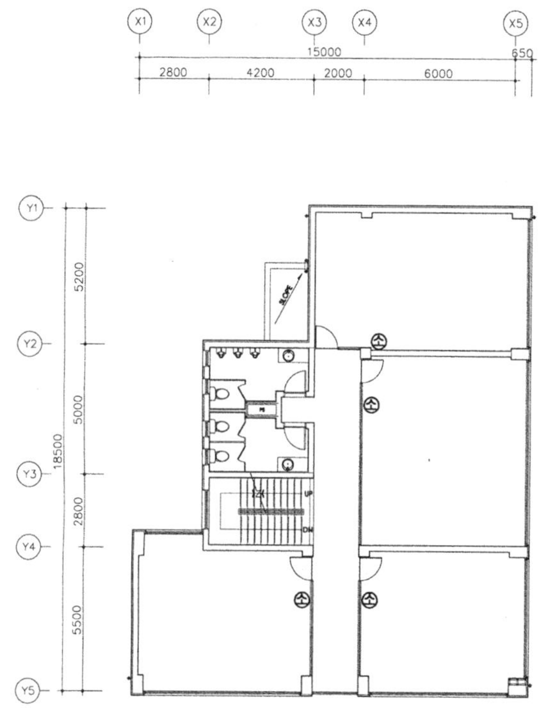

ⓢ	A.B.C 분말소화기	x 4 EA
	2 단위(1.5 kg)	
	설치층 : 2층	

2 MI006 근린생활시설 2층 소화배관 평면도
SCALE :1/100(A3: 200)

20-1. 전기실, 발전기실 환기덕트 평면도

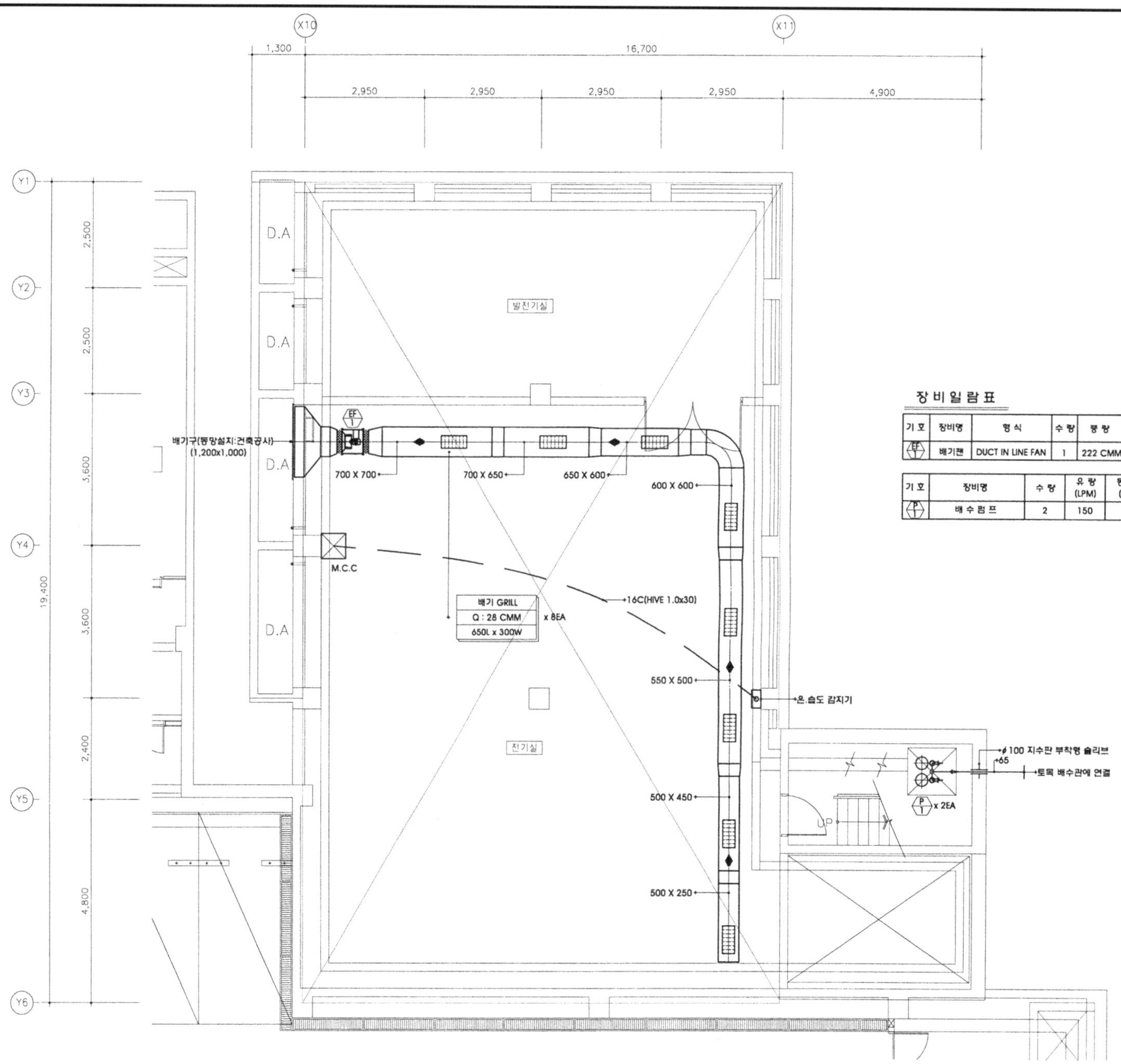

장 비 일 람 표

기 호	장비명	형 식	수 량	풍 량	동 력 (HP)	전 원 ϕ / V / Hz	설치 장소	비 고
EF 1	배기팬	DUCT IN LINE FAN	1	222 CMM	2	3 / 380 / 60	전기실(배기)	표준부속품일체구비

기 호	장비명	수 량	유 량 (LPM)	동 력 (HP)	전 원 ϕ / V / Hz	비 고
P 1	배 수 펌 프	2	150	1	3 / 380 / 60	표준부속품일체구비

1 MI002 전기실, 발전기실 환기덕트 평면도

SCALE :1/50(A3:100)

20-2. 전기실, 발전기실 소화배관 평면도

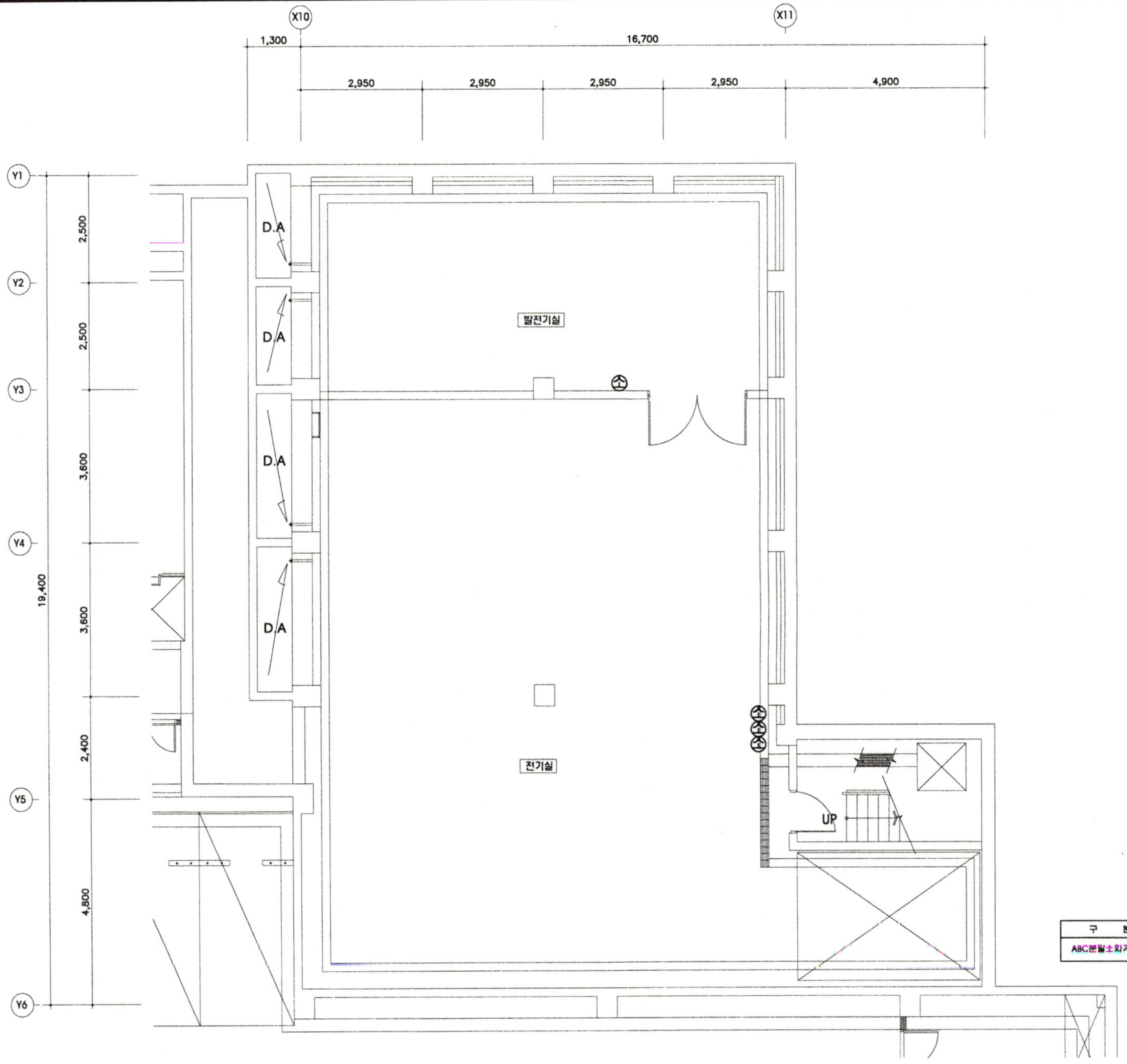

구 분	수 량	비 고
ABC분말소화기2단위(1.5KG)	4	

1 MI003 전기실 및 발전기실 소화배관 평면도
SCALE :1/50(A3:100)

21-1. 자동제어 도면목록표

자동제어 도면목록표

발주번호	도면번호	구 분	도 면 명	축 척	
				A1	A3
	AM-01	개별난방	자동제어 도면목록표	NONE	NONE
	AM-02	개별난방	자동제어 범례표	NONE	NONE
	AM-03	개별난방	중앙감시반 입체도 및 원격제어반 배치도	1/100	1/200
	AM-04	개별난방	자동제어 기기 및 밸브 일람표	1/30	1/60
	AM-05	개별난방	자동제어 판넬 및 관제점 일람표	1/100	1/200
	AM-06	개별난방	자동제어 계통도	NONE	NONE
	AM-07	개별난방	옥외 자동제어 평면도	NONE	NONE
	AM-08	개별난방	펌프실 자동제어 평면도	1/100	1/200
	AM-09	개별난방	주민복지관 자동제어 평면도	1/30	1/60

21-2. 자동제어 범례표

자 동 제 어 범 례 표

개별난방용

기 호	명 칭		비 고
	전 선 2 - 수전 HIV 1.5	ELECTRIC WIRE HIV 1.5 X 2	
	전 선 3 - 수전 HIV 1.5	ELECTRIC WIRE HIV 1.5 X 3	
	전 선 4 - 수전 HIV 1.5	ELECTRIC WIRE HIV 1.5 X 4	
	전 선 5 - 수전 HIV 1.5	ELECTRIC WIRE HIV 1.5 X 5	
	트위스트 케이블	TWISTED CABLE TJV 1.0 X 2C X 1	
	트위스트 케이블	TWISTED CABLE TJV 1.0 X 3C X 1	
	실드부제어케이블	SHIELD CABLE CVVS 2.0 X 2C X 1	
	전원	AC POWER (220V)	
N.F.B	노퓨즈차단기	NO FUSE BREAKER	
BZ	부저	BUZZER	
LT	램프시험용스위치	LAMP TEST SWITCH	
RB	리셋버튼스위치	RESET BUTTON SWITCH	
S/SPB	기동정지 버튼 스위치	START/STOP PUSH BUTTON	
L	파이롯램프	PILOT LAMP	
R	릴레이	RELAY 2a 2b	
TM	타이머	TIMER(24 HOURS)	
S/W	선택스위치	SELECTOR SWITCH	
	레벨표시기	LEVEL GAUGE	
M.C.C	모터제어반	MOTOR CONTROL PANEL	
FP/W1 FP/W2 FP/P FP/G	현장제어용패널	FIELD PANEL	W1 : 선택 스위치 유 W2 : 선택 스위치 무
CCMS	중앙감시시스템	CENTRAL CONTROL & MONITORING SYSTEM	
P.B	풀박스	PULL BOX	
FS	배관용액채유동스위치	FLOW SWITCH	
LC-1	액면 조절계	LEVEL CONTROLLER FLOAT LSx1개 + UNITx1개	
LC-2	액면 조절계	LEVEL CONTROLLER FLOAT L3x2개 + UNITx1개	
LC-3	액면 조절계	LEVEL CONTROLLER FLOATLESS LSx1개 + UNITx1개	

기 호	명 칭		비 고
LC-4	액면 조절계	LEVEL CONTROLLER FLOATLESS LSx2개 + UNITx1개	
LS	액면센서	LEVEL SENSOR	
LIS	액면지시용감지기	LEVEL INDICATING SENSOR	
LIC	액면지시조절계	LEVEL INDICATING CONTROLLER	
LIA	액면지시, 알람	LEVEL INDICATING, ALARM	
HO	외기용습도검출기	HUMIDITY SENSOR FOR OUTDOOR	펌프실 설치
TR	변압기	HUMIDITY SENSOR FOR OUTDOOR	
S/S	기동 / 정지	START / STOP	HIV2.0x2
ST	상태	STATUS	HIV2.0x2
AL	경보	ALARM	HIV2.0x2
H/L	고 / 저수위경보	HIGH / LOW ALARM	HIV2.0x3
H/A	고수위경보	HIGH ALARM	HIV2.0x2
L/A	저수위경보	LOW ALARM	HIV2.0x2
F/A	침수경보	FLOODING ALARM	HIV2.0x2
F/I	흐름상태	FLOW INDICATING	HIV2.0x2
L/I	수위계측	LEVEL INDICATING	CVVSx2Cx1
INT	인터록	INTERLOCK	HIV2.0x2
M-INT	모터인터록	MOTOR INTERLOCK	HIV2.0x2
H.W.T	고가수조	HIGH WATER STORAGE TANK	
L.W.T	지하저수조	LOW WATER STORAGE TANK	
FAN	팬	FAN	
	펌프	PUMP	
S, WV	수위조절밸브	LEVEL CONTROL VALVE	
INT-C	인터컴	INTERCOM	
H/I	습도계측	HUMIDITY INDICATING	

21-3. 중앙감시반 상세도

시스템 기능

상태 감시 기능

- 시스템 포인트 상태,경보 감시
- 동적 그래픽 기능

시스템 관리 기능

- 작동 기록 관리
- 경고 메세지 관리
- 과거 데이타 관리
- 현 시스템 상황 저장

시스템 제어 기능

- 모니터 화면의 터치에의한 제어기능
- 스케쥴 제어 기능(평일,휴일,임시일,특정일)
- 강제 명령 기능
- 경보 메세지 설정 기능
- 이상 발생시 경보음 기능
- 우선순위별 경보관리 기능

보조 기능

- 날짜,시간 변경 기능
- MULTI TASKING 기능
- PASSWORD 기능

화면 구성 체계

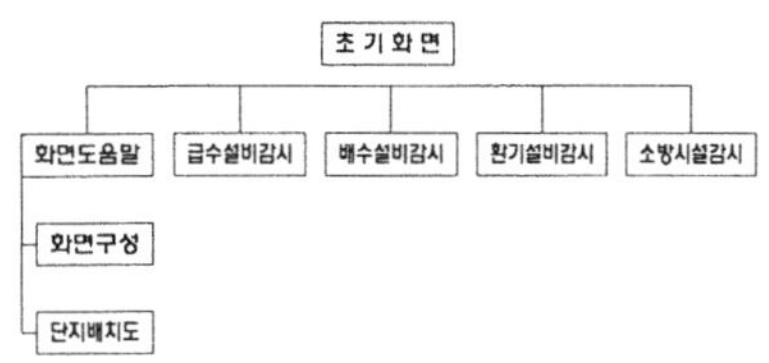

중앙감시반 입체도

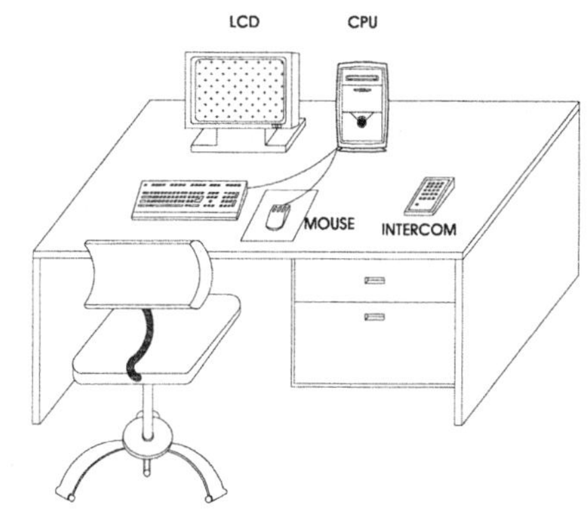

기 호	수 량	특성 및 규격	비 고
C.P.U	1	중앙처리장치 1. 펜티엄4급 이상 2. 주 기억 용량 : 128Mbyte RAM 이상 3. 보조기억용량 : H.D.D 10 Gbyte 이상 F.D.D 3.5" , CD DRIVE 4. 비디오메모리 : 32Mbyte 이상 5. 자료저장 및 데이터 관리 소프트웨어 내장 6. 전 원 : 220V 60Hz	마우스 포함
SOFTWARE	1 식	1. 프로그램설치 및 기능설명서 2부 2. 설치 및 복구용 CD 각 2개(매뉴얼 포함) 3. 자동제어 운용프로그램 원본 디스켓 1부	
L.C.D	1	칼라터미널 1. 17"칼라 터치모니터 2. 전 원 : 220V 60Hz	
INTERCOM	1	중앙 인터컴	모기
D.D.C or P L C	1	직접디지탈제어기 1. 분산처리 기능 및 통신 기능 2. 데이터 처리방식 : 16비트 배터리백업 3년 3. 프로그램 메모리 : 16K STEP/256Kbyte 4. 통신포트 : RS485/422통신포트 5. 처리 속도 : 200ns/step 6. 전 원 : 220V 60Hz 7. 인 터 컴 : 자기	
1 - T.W		1 - PCM 22AWG 1P x 1 (16C)	

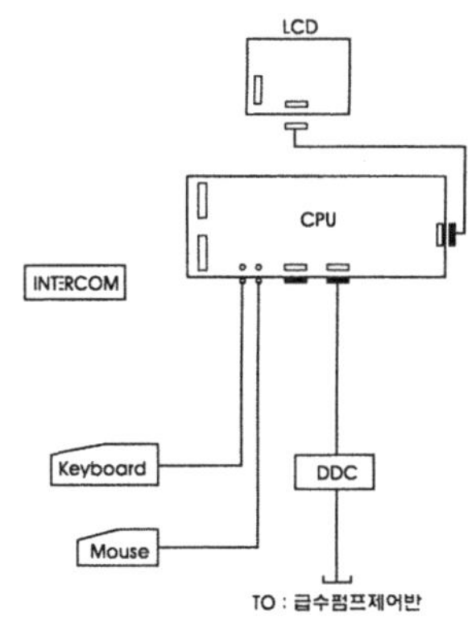

중앙감시반 상세도

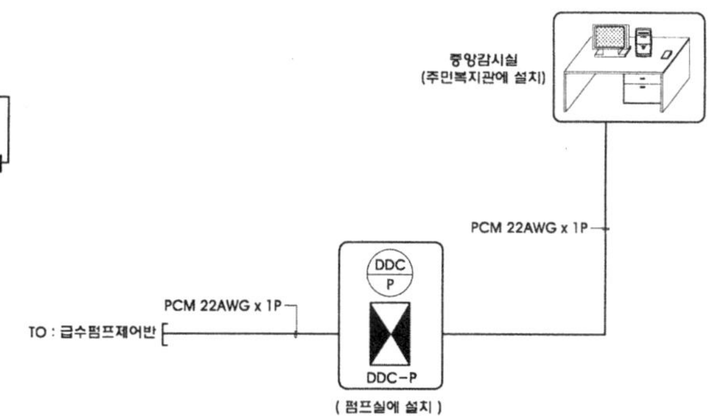

원격제어반 배치도

21-4. 자동제어 기기일람표

자 동 제 어 기 기 일 람 표

번호	기호	수량	명 칭	범 위	비 고
1	LIC	2	액면 지시 조절계 (LEVEL INDICATING CONROLLER)		PANEL-P : UNIT x 2개 ,저수조 : LIS x 2개(별도)
2	LC	1	액면 조절계 (LEVEL CONROLLER)		PANEL-P : UNIT x 1개(월류경보용)
3	R	5	릴레이 (RELAY)		RELAY 2A-2B
4	INTERCOM	2	인터컴 (INTERCOM)		중앙감시반(모기 1개), 펌프실(자기 1개))
5	TM	1	타이머(TIMER)		정수위 밸브용
6	HO	1	습도 검출기	측정범위 : 30-75% RH 출력신호 : 4 ~20mA	지하저수조 펌프실내 설치
7	BZ	1	부 저	출 력 : 60dB 이상 사용전압 : 24V AC OR 24V DC	경비실
9	CO	3	일산화탄소감지기	측정범위 : 0~300PPM 출 력 : 4~20mA 사용전압 : 24V AC OR 24V DC	지하주차장

자 동 제 어 밸 브 일 람 표

번호	기호	명 칭	설치위치	수 량	Cv	규 격	비 고
1	W V	수위조절밸브	지하저수조 펌프실	1		200	

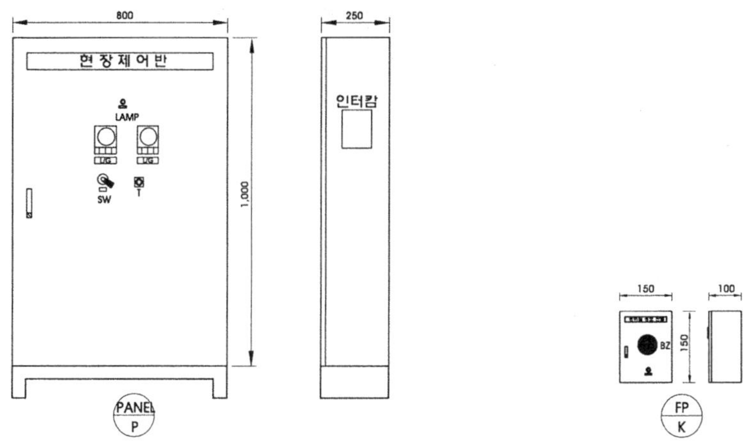

자동제어판넬일람표

TYPE	LOCATION	수량	N.F.B	LC	LIC UNIT	LIC GAGE		M/G	PUSH BUTTON	BZ	R	TR	S/W	TM	HO	LAMP	INTERCOM	SIZE
PANEL – P	펌프실	1	1	1	2	2		–	–	–	4	1	1	1	–	1	1	800 x 1,000 x 250
FP – K	경비실	1	–	–	–	–		–	1	1	1	–	–	–	–	–	–	150 x 150 x 100
TOTAL		2	1	1	2	2		–	1	1	5	1	1	1	–	1	1	

자동제어관제점일람표

판넬 번호	판넬 설치위치	판넬 관제장비	인터컴	디지탈 출력 (DO)				디지탈 입력 (DI)				아나로그 출력 (AO)					아나로그 입력 (AI)					합계					비고
				기동/정지	경비실경보			상태	이상경보	고경보	저경보						습도	수위	압력	유량	CO	디지탈출력	디지탈입력	아나로그출력	아나로그입력	통신	
PANEL – P	펌프실 중층	급수펌프	1																							1	부스타판넬 통신이용
		소화펌프						3															3				
		펌프실 집수정			1					2												1	2				경비실 침수경보 포함
		정수위 밸브						1															1				
		펌프실 급,배기팬		1				1														1	1				
		지하 저수조								2	2							2					4		2		
		케미컬 피더		1				1			1											1	2				
		펌프실 습도															1								1		
		월류 경보								1													1				펌프실 월류감시
		전기실 집수정								1													1				
		지하주차장 환기팬		3				9													3	3	9		3		
		지하주차장 집수정								6													6				
		합계	1	5	1			15		12	3						1	2			3	6	30		6	1	합 계 : 43 점

21-5. 지하저수조 및 급수펌프 감시, 제어설비

지하저수조 및 급수펌프 감시,제어

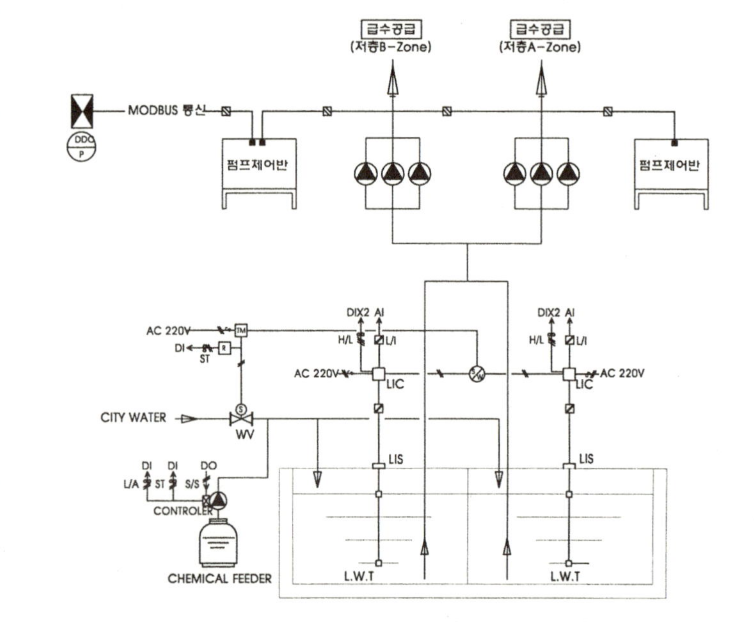

동 작 설 명

가. 지 하 저 수 조

(1) 지하저수조 수위를 일정하게 유지하기 위하여 액면지시조절계(LIC)를 설치하여 수위조절밸브(WV)를 제어하며,
야간에 시수를 공급받기 위하여 24시간 타이머를 설치하여
시수공급시간을 제어한다.
중앙감시반에서 저수조의 수위를 원격 계측하며
고수위/저수위 경보를 감시한다.

(2) 급수펌프 각 각의 기동상태 및 펌프제어반의 이상경보를 중앙감시반에서 원격 감시한다.

(3) 급수용 케미컬피더는 수위조절밸브(WV)의 개,폐동작과 연동시켜 시수유입시 일정량의 방청재가 투입되도록 한다.

나. 중앙감시반 관제점

(1) 지하저수조 수위지시 및 고,저수위 경보
(2) 펌프제어반의 이상 경보
(3) 급수펌프 각각의 기동상태
(4) 수위조절밸브 개폐상태
(5) 급수용 케미컬피더의 기동상태, 저수위경보
(6) 급수배관 압력

월류 경보감시

동 작 설 명

(1) 점검공간에 설치된 월류수 처리용 수위조절기(LC)에 의하여 바닥침수경보를 감시반에서 감시한다.

위 치	수량(조)
펌 프 실	1
합 계	1

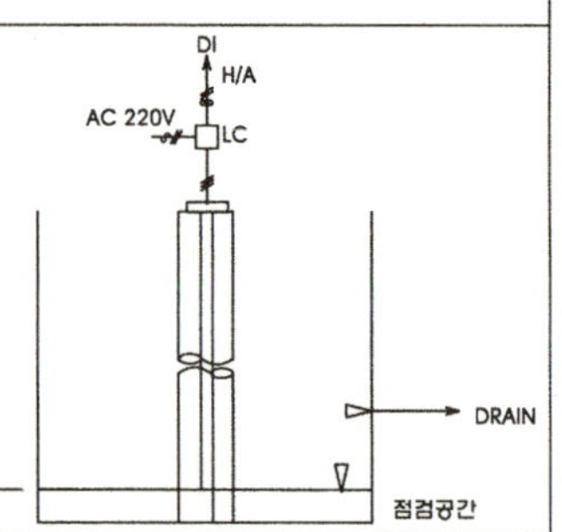

급,배기팬 유인팬 감시,제어

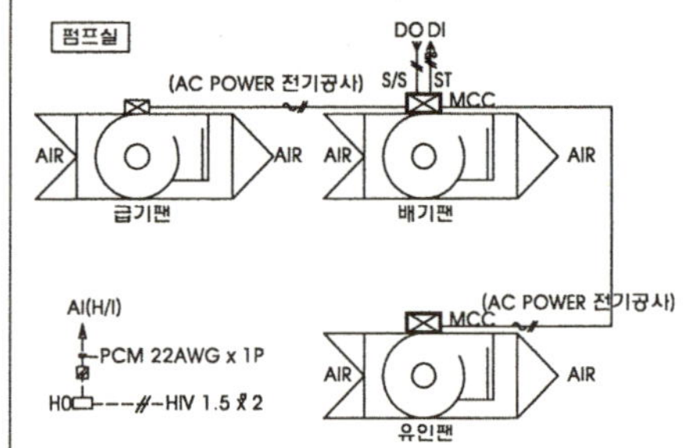

FAN CONTROL DIAGRAM(1)

동 작 설 명

1. 배기팬의 기동/정지와 급기팬의 연동제어,
급,배기팬의 운전상태를 중앙감시반에서 감시한다.
2. 급,배기팬과 유인팬은 배기팬에 연동제어된다.
3. 펌프실내에 습도감지기를 설치하여 습도검출 및 타이머에 의하여 연동되도록 한다.
4. 급기팬과 배기팬의 연동 결선공사는 전기공사 임.

위 치	유형	수 량	비 고
펌 프 실	(1)	1	기동/정지x1, 상태x1
지하주차장	(2)	3	기동/정지x3, 상태x9, COx3

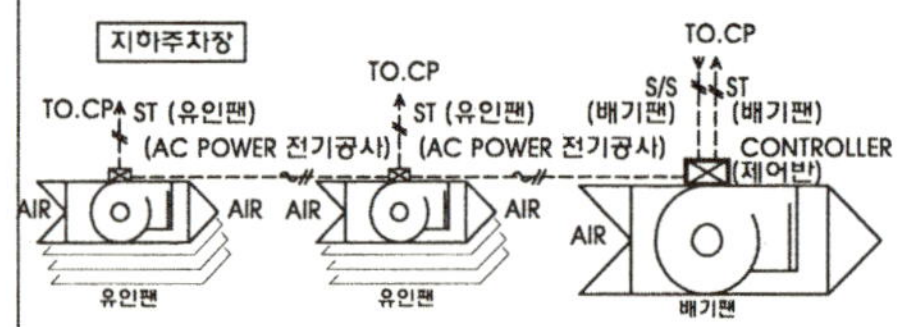

FAN CONTROL DIAGRAM(2)

동 작 설 명

중앙감시반에서 아래 사항을 감시한다.
1. 배기팬의 기동/정지 및 운전상태
2. 유인팬(전력구획별)의 운전상태

* 지하주차장 CO 감지기
지하주차장내에 CO 감지기를
설치하여 일정농도 이상일 때
급.배기팬 가동 및 CO농도 감시

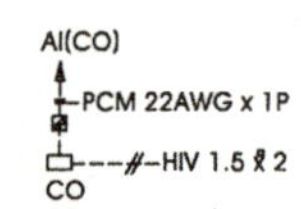

소화펌프 감시

장 비	수량
소화용 주펌프	2
소화용 충압펌프	1
합 계	3

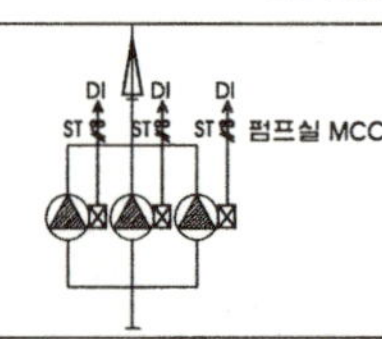

동 작 설 명

1. 펌프실 소화펌프 (주펌프, 충압펌프)의 운전상태 를 감시반 모니터에서 감시한다.

집수정 수위 감시

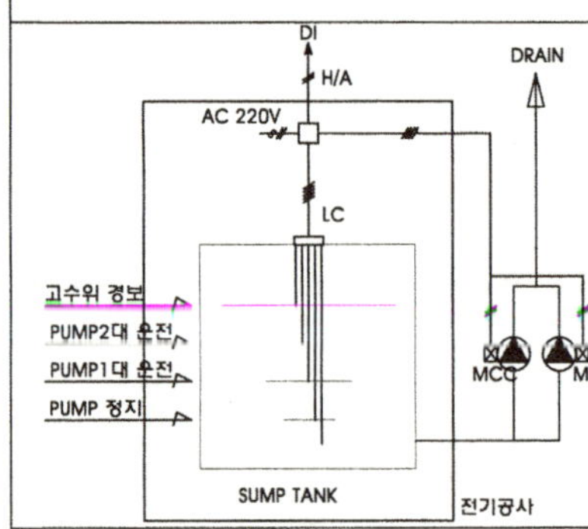

동 작 설 명

(1) 수위조절기(LC)에 의해 고수위경보를 중앙감시반에서 감시한다.
단, 지하저수조내 배수펌프 H/A 신호는 경비실도 감시할수 있도록 한다.

* 쇄선 부분은 전기공사이며
고수위경보는 자동제어 공사.

(2) 수위조절기(LC)는 수위에 따라 펌프를 순차,교번운전토록 한다.

(3) 집수정 Floatless에 따른 배수펌프

2. 60% : 배수펌프 2대 운전
3. 40% : 배수펌프 1대 운전

경비실 침수 경보

경비실 내에 부저를 설치하여
펌프실 침수할 경우 부저 작동

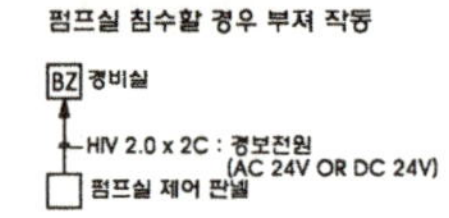

위 치	수량(조)
펌 프 실	2
전 기 실	1
지하주차장	6
합 계	9

21-6. 옥외 자동제어 평면도

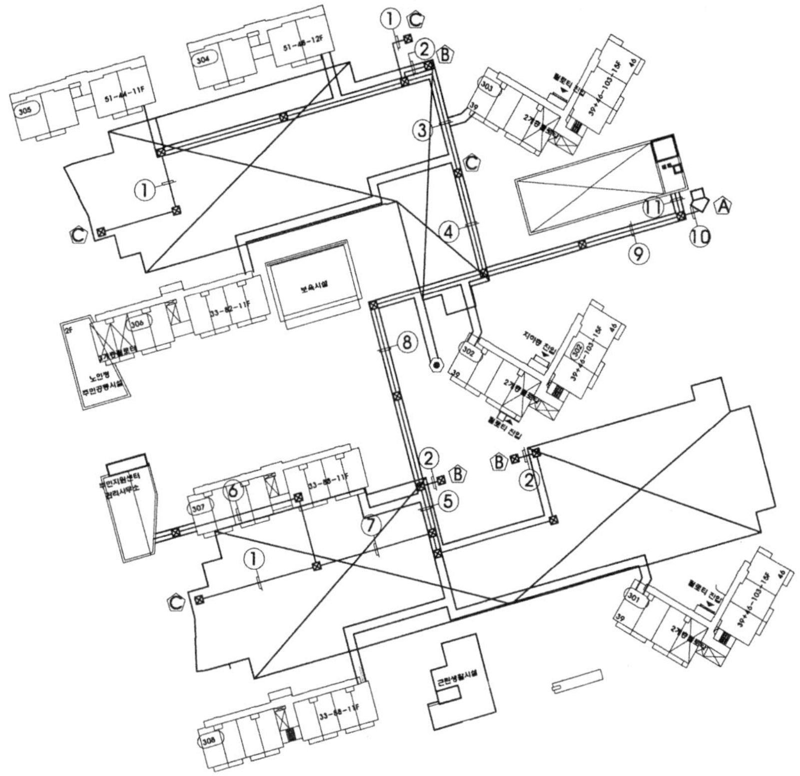

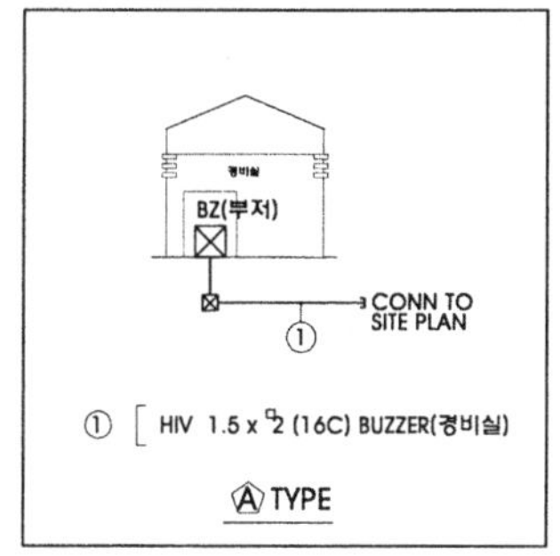

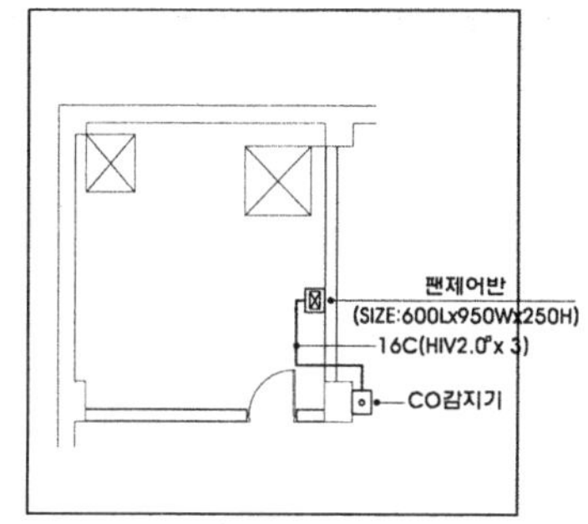

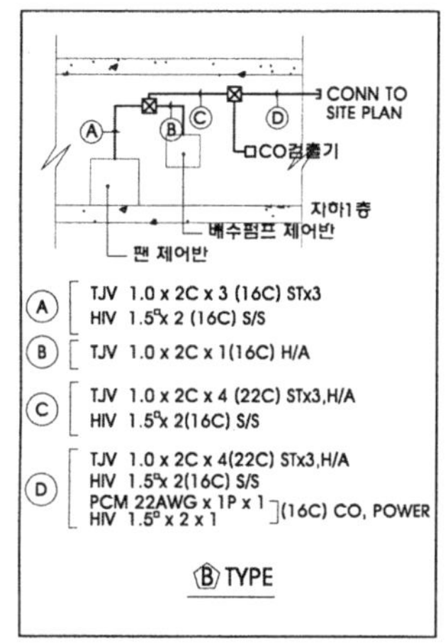

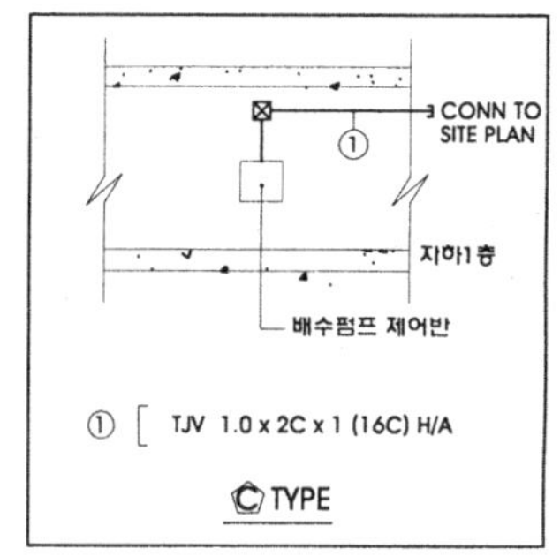

① [TJV 1.0 x 2C x 1 (16C) H/A(지하주차장 배수)

② [TJV 1.0 x 2C x 4 (22C) STx3(지하주차장팬,유인팬x2),H/A(지하주차장배수)
PCM 22AWG x 1P x 1 / HIV 1.5ㅁx 2 x 1](16C) CO, POWER (지하주차장)
HIV 1.5ㅁx 2(16C) S/S(지하주차장팬)

③ [TJV 1.0 x 2C x 1 (16C) H/A(전기실배수)

④ [TJV 1.0 x 2C x 6 (28C) STx3(지하주차장팬,유인팬x2),H/Ax3(지하주차장배수x2,전기실배수)
PCM 22AWG x 1P x 1 / HIV 1.5ㅁx 2 x 1](16C) CO, POWER (지하주차장)
HIV 1.5ㅁx 2(16C) S/S(지하주차장팬)

⑤ [PCM 22AWG x 1P x 1 (16C)
TJV 1.0 x 2C x 5 (22C) STx3(지하주차장팬,유인팬x2),H/Ax2(지하주차장배수x2)
PCM 22AWG x 1P x 1 / HIV 1.5ㅁx 2 x 1](16C) CO, POWER (지하주차장)
HIV 1.5ㅁx 2(16C) S/S(지하주차장팬)

⑥ [PCM 22AWG x 1P x 1 (16C)

⑦ [PCM 22AWG x 1P x 1 (16C)
TJV 1.0 x 2C x 1 (16C) H/A(지하주차장 배수)

⑧ [PCM 22AWG x 1P x 1 (16C)
TJV 1.0 x 2C x 9 (28C) STx6(지하주차장팬x2,유인팬x4),H/Ax3(지하주차장배수x3)
PCM 22AWG x 1P x 2 / HIV 1.5ㅁx 2 x 1](16C) COx2, POWER (지하주차장)
HIV 1.5ㅁx 4(16C) S/Sx2(지하주차장팬*2)

⑨ [PCM 22AWG x 1P x 1 (16C)
TJV 1.0 x 2C x 16 (36C) STx9(지하주차장팬x3,유인팬x6),H/Ax7(지하주차장배수x6,전기실배수)
PCM 22AWG x 1P x 3 / HIV 1.5ㅁx 2 x 1](22C) COx3, POWER (지하주차장)
HIV 1.5ㅁx 6(28C) S/Sx3(지하주차장팬*3)

⑩ [HIV 1.5ㅁx 2 (16C) BUZZER(경비실)

⑪ [PCM 22AWG x 1P x 1 (16C)
TJV 1.0 x 2C x 16 (36C) STx9(지하주차장팬x3,유인팬x6),H/Ax7(지하주차장배수x6,전기실배수)
PCM 22AWG x 1P x 3 / HIV 1.5ㅁx 2 x 1](22C) COx3, POWER (지하주차장)
HIV 1.5ㅁx 8(28C) S/Sx3(지하주차장팬*3),BUZZER(경비실)

1 / AM07 **옥외 자동제어 평면도**
SCALE :1/600(A3:1200)

21-7. 펌프실 자동제어 평면도

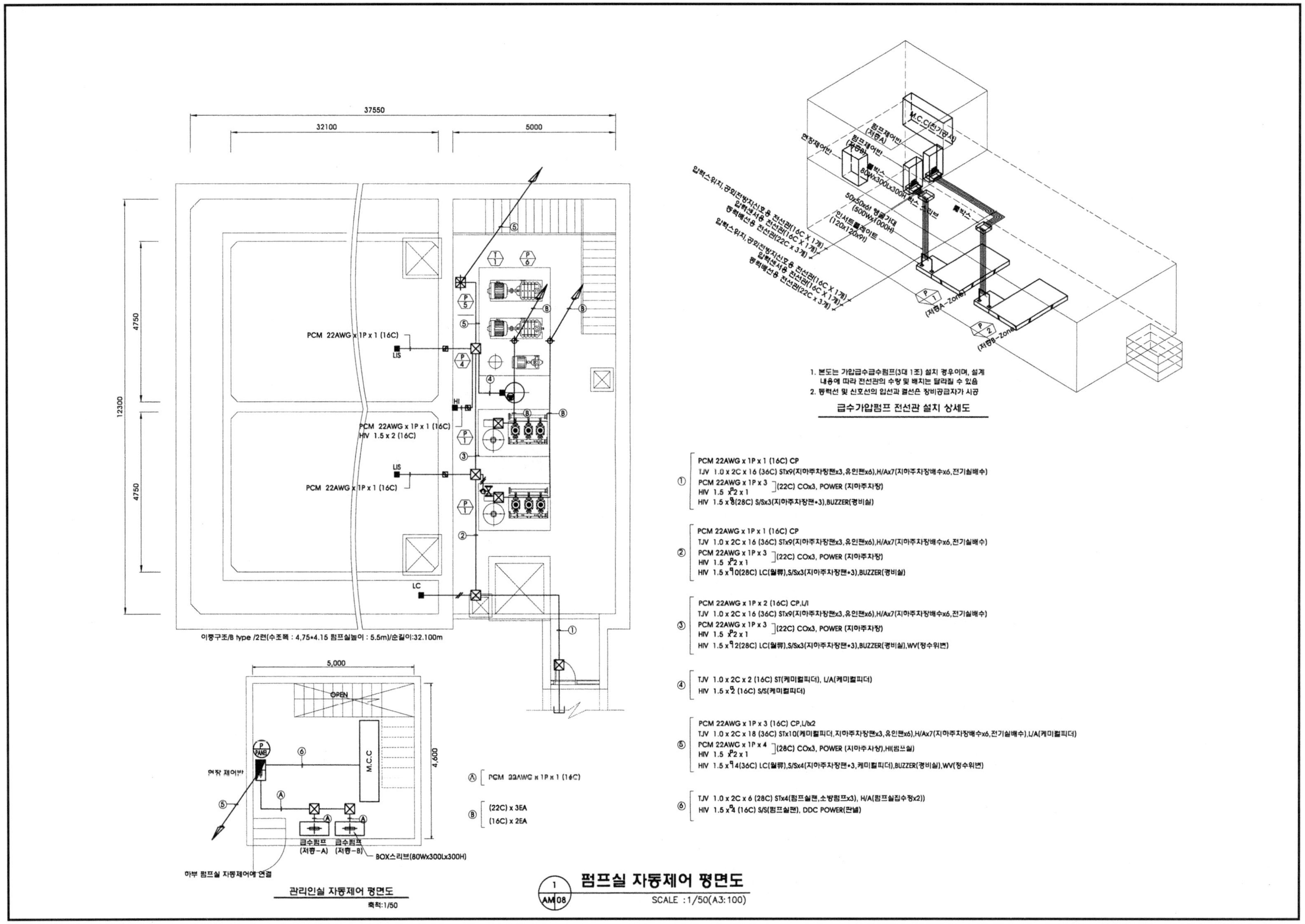

21-8. 주민복지관 자동제어 평면도

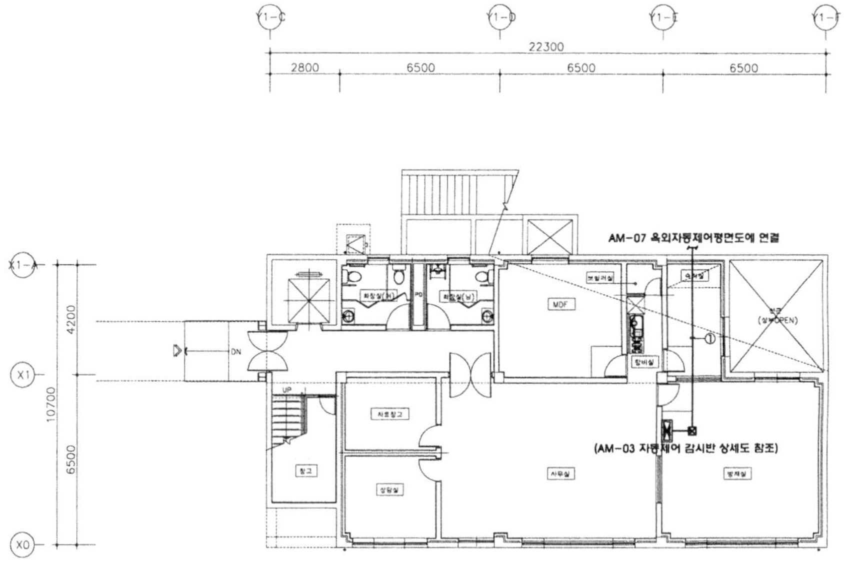

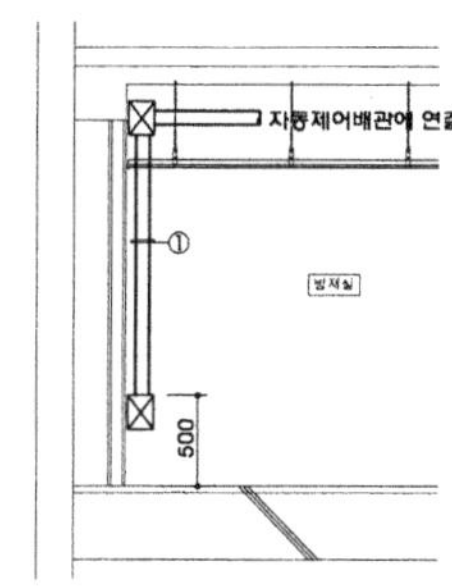

입상 단면도

① [PCM 22AWG x 1P x 1 (16C)

1 AM09 주민복지관 자동제어 평면도
SCALE :1/100(A3:200)

제22장 부록

부록 1 재료기호

KS D	명 칭	종 별	기 호	인장강도 kg/mm² (N/mm²)	용 도
3503	일반구조용 압연강재 (Rolled Steels for General Structure)	1종	SS 330	34~44 (330~43)	강판, 평강, 봉강, 및 강대
		2종	SS 400	41~52 (400~510)	강판, 평강, 봉강 및 형강, 강대
		3종	SS490	50~62 (490~610)	강판, 평강, 봉강 및 형강, 강대
		4종	SS540	55 이상 (540 이상)	두께 40mm 이하의 강판, 강대 평강 및 지름, 변 또는 맞변거리 40mm 이하의 봉강
3507	배관용 탄소 강관 (Carbon Steel Pipe for Ordinary Piping)		SPP 흑관	30 이상 (294 이상)	아연도금을 하지 않은 관
			SPP 백관		흑관에 아연도금을 한 관
3509	피아노 선재 (Piano Wire rods)		SWRS 62 A	–	
			SWRS 62 B	–	
			SWRS 67 A	–	
			SWRS 67 B	–	
			SWRS 72 A	–	
			SWRS 72 B	–	
			SWRS 75 A	–	
			SWRS 75 B	–	
			SWRS 77 A	–	
			SWRS 77 B	–	
			SWRS 80 A	–	
			SWRS 80 B	–	
			SWRS 82 A	–	
			SWRS 82 B	–	
3509	피아노 선재 (Piano Wire rods)		SWRS 87 A	–	
			SWRS 87 B	–	
			SWRS 92 A	–	
			SWRS 92 B	–	
3512	냉열압연강판 및 강대 (Cold Reduced Carbon Steel Sheet and Strip)		SPCC	28 이상(270)	일 반 용
			SPCD	28 이상(270)	드로잉용
			SPCE	28 이상(270)	딥드로잉용
3515	용접 구조용 압연 강제 (ROLLED Steels for Welded Structure)		SM 400 A	(400~510)	강판, 강대, 형강 및 평강 적용두께 200mm 이하
			SM 400 B		
			SM 400 C		강판, 강대 및 평강
			SM 490 A	(490~610)	강판, 강대, 형강 및 평강 200mm 이하
			SM 490 B		
			SM 490 C		강판, 강대 및 형강 100mm 이하
			SM 490 YA	(490~610)	강판, 강대, 형강 및 평강 200mm 이하
			SM 490 YB		강판, 강대 및 형강
			SM 520 B	(520~640)	강판, 강대 형강 및 평강 100mm 이하
			SM 520 C		강판, 강대 및 형각 100mm 이하
			SM 570	(570~720)	강판, 강대 및 형가 100mm 이하

KS D	명 칭	종 별		기 호	인장강도 kg/mm² (N/mm²)	용 도
3517	기계구조용 탄소 강관 (Carbon Steel Tubes for Machine Structural Purposes)	11종	A	STKM 11 A	30(290) 이상	인쇄용 롤러, 배기 파이프, 스티어링, 모니터커버, 자전거 후레임, 가구
		12종	A	STKM 12 A	35(340) 이상	크로스 멤버, 직기용 롤러 베어링 백메탈, 스티어링 시스템, 프로펠러 샤프트, 중공축, 앞 포오크
			B	STKM 12 B	40(390) 이상	
			C	STKM 12 C	48(470) 이상	
		13종	A	STKM 13 A	38(370) 이상	프로펠러 샤프트, 스티어링 시스템, 크로스 멤버, 유압 실린더, 베어링 백메탈, 직기용 로울러, 액셀튜브
			B	STKM 13 B	45(440) 이상	
			C	STKM 13 C	52(510) 이상	
		14종	A	STKM 14 A	42(410) 이상	스티어링 시스템, 크로스 멤버, 액셀튜브, 유압 실린더
			B	STKM 14 B	51(500) 이상	
			C	STKM 14 C	56(550) 이상	
		15종	A	STKM 15 A	48(470) 이상	스티어링 시스템, 크로스 멤버, 엑시텐숀뉴브, 프로펠러 샤프트
			C	STKM 15 C	59(580) 이상	
		16종	A	STKM 16 A	52(510) 이상	밸브 록 카샤프트, 스티어링 시스템, 액셀튜브, 프로펠러 샤프트, 보잉로드
			C	STKM 16 C	63(620) 이상	
		17종	A	STKM 17 A	56(550) 이상	액셀 튜브, 보링 로드
			C	STKM 17 C	66(650) 이상	
		18종	A	STKM 18 A	45(440) 이상	수압, 철주 포크 튜브 유압 실린더
			B	STKM 18 B	50(490) 이상	
			C	STKM 18 C	52(510) 이상	
		19종	A	STKM 19 A	50(490) 이상	
			C	STKM 19 C	56(550) 이상	
			A	STKM 20 A	55(540) 이상	
3522	고속도 공구강 강재 (High-Speed Tool Steel)	텅스텐계		SKH 2	–	일반절삭용, 기타 각종 공구
				SKH 3	–	고속중 절삭용, 기타 각종 공구
				SKH 4	–	난삭재 절삭용, 기타 각종 공구
				SKH 10	–	고난삭재 절삭용, 기타 각종 공구
		몰리브텐계		SKH 51	–	인성을 요하는 일반 절삭용, 기타 각종공구
				SKH 52 SKH 53 SKH 54 SKH 55	–	비교적 인성을 요하는 고속도재 절삭용 기타 각종 공구

KS D	명 칭	종 별	기 호	인장강도 kg/mm² (N/mm²)	용 도
3522	고속도 공구강 강재 (High-Speed Tool Steel)	몰리브텐계	SKH 56 SKH 58 SKH 59	–	비교적 인성을 요하는 고속도중 절삭용 기타 각종 공구
3551	특수마대강 (Cold Rolled Special Steel Strip)	탄 소 강	S 30 CM	–	리테이너
			S 35 CM	–	사무용 기계부품, 프리쿠션 플레이트
			S 45 CM	–	클러치부품, 체인부품, 양산살대, 와샤
			S 50 CM		카메라 등 구조 부품, 체인 부품, 스프링클러치 부품, 와셔, 안전버클
			S 55 CM		스프링, 안전 작업호, 깡통따기, 톱손칼날, 양산살대, 카메라 등 구조부품
			S 60 CM		체인부품, 목공용 톱, 블라인드 안전작업화, 사무용 기계부품 와셔
			S 65 CM		안전 작업화, 클러치 부품, 스프링, 와셔
			S 70 CM		스프링, 와셔 목공용 톱, 사무기 부품

KS D	명 칭	종 별	기 호	인장강도 kg/mm² (N/mm²)	용 도
3551	특수마대강 (Cold Rolled Special Steel Strip)	탄 소 강	S 75 CM		클러치 부품, 스프링, 와셔
		탄소공구강	SK 2 M		면도날, 칼날, 쇠톱날, 셔터, 태엽
			SK 3 M		쇠톱날, 칼날, 스프링
			SK 4 M		펜촉, 태엽, 게이지, 스프링, 칼날, 메리야스용 바늘
			SK 5 M		태엽, 스프링, 칼날, 메리야스용 바늘, 게이지, 클러치, 부품, 공용 및 제재용 톱줄, 및 원형톱, 무용 기계부품
			SK 6 M		스프링, 칼날, 클러치 부품, 와셔, 구두밑창, 혼
			SK 7 M		스프링, 칼날, 혼, 목공용 톱, 와셔, 구두밑창, 클러치 부품
		합금공구강	SKS 2 M		쇠톱줄, 칼날, 메탈밴드톱
			SKS 5 M		칼날, 둥근톱, 띠톱
			SKS 51 M		칼날, 둥근톱, 띠톱
			SKS 7 M		칼, 목공용 원형톱 목공용 및 제재용 톱줄
			SKS 95 M		클러치 부품, 스프링, 칼날
		크 롬 강	SCr 420 M		체인부품
			SCr 435 M		체인부품, 사무기 부품
			SCr 440 M		체인부품, 사무기 부품
		니켈크롬강	SNC 450 M		사무용 기계부품
			SNC 631 M		사무용 기계부품
			SNC 836 M		사무용 기계부품
		니켈크롬몰리브덴강	SNCM 220 M		체인부품
			SNCM 415 M		안전 박클, 체인부품
		크롬몰리브덴롬	SCM 415 M		체인부품
			SCM 430 M		체인부품, 톱슨 칼날
			SCM 435 M		체임부품, 사무용 기계부품
			SCM 440 M		체인부품, 사무용 기계부품
		스 프 링 강	SUP 6 M		스프링
			SUP 9 M		스프링

KS D	명 칭	종 별	기 호	인장강도 kg/mm² (N/mm²)	용 도
3551	특수마대강 (Cold Rolled Special Steel Strip)	스 프 링 강	SUP 10 M		스프링
		망 간 강	SMn 438 M		체인부품
			SMn 443 M		체인부품
3556	피아노선 (Piano Wires)	1종	PW-1		주로 겹판 스프링용
		2종	PW-2		
		3종	PW-3		밸브 스프링용
3701	스프링 강 (Spring Steel)	1종(고탄소강재)	SPS 1	110 이상 (1079 이상)	주로 겹판 스프링용
		2종(실리콘망간재)	SPS 3	125 이상 (12226 이상)	주로 코일 스프링, 겹판 스프링 및 비틀림 막대스프링에 사용
			SPS 4		
		3종(망간크롬강재)	SPS 5		
			SPS 5 A		
		4종(크롬바나듐강재)	SPS 6		주로 코일 스프링 및 막대 스프링용
		5종(망간크롬보론강재)	SPS 7		주로 대형 겹판 및 코일 스프링용
		6종(실리콘크롬강재)	SPS 8		주로 코일 스프링용
		7종(크롬몰리브덴강재)	SPS 9		주로 대형 겹판 및 코일 스프링용

KS D	명 칭	종 별	기 호	인장강도 kg/mm² (N/mm²)	용 도
3707	크롬강재 (Chromium Steels)		SCr 415(구 21)		이음쇠, 축류
			SCr 420(구 22)		볼트, 너트
			SCr 430(구 2)		암류, 스터드
			SCr 435(구 3)		강력볼트, 암류
			SCr 440(구 4)		축류, 키, 핀
			SCr 445(구 5)		SCr 415와 SCr 420은 주로 표면경화용
3708	니켈크롬강 강 재 (Nickel Chromium Steels)		SNC 236(구 1)		볼트, 너트류
			SNC 415(구 21)		크랭크축, 기어류
			SNC 631(구 2)		축류, 기어류
			SNC 815(구 22)		피스톤핀, 기어
			SNC 836(구 3)		캠축, 기어류 * 415 및 815는 표면경화용
3710	탄 소 강 단 강 품 (Carbon Steel Forgings)		SF 340 A(구 34)	35~45	열처리 종류 : 어닐링, 노멀라이징 또는 노멀라이징템퍼링
			SF 490 A(구 40)	40~50	
			SF 440 A(구 45)	45~55	
			SF 490 A(구 50)	50~60	
			SF 540 A(구 55)	55~65	
			SF 590 A(구 60)	60~70	열처리 종류 : 퀜칭템퍼링
			SF 540 B(구 55)	55~70	
			SF 590 B(구 60)	60~75	
			SF 640 B(구 65)	65~80	
3711	크롬 몰리브덴강 강재 (Chromium Molybdenum Steels)		SCM 415		볼트, 프로펠러, 보스
			SCM 418		소형 축류
			SCM 420		강력 볼트, 축류, 암류
			SCM 421		대형 축류
			SCM 430		피스톤 핀, 축류, 기어
			SCM 432		기어, 축류
			SCM 435		기어, 축류
			SCM 440		기어, 축류
			SCM 445		* 415, 418, 420, 421, 822는 좋은 표면 경화용
			SCM 822		
3751	탄소공구강 (Carbon Tool Steels)	1종	STC 1	63 이상	경질 바이트, 면도날, 각종 줄
		2종	STC 2	63 이상	바이트, 제작용 공구, 드릴

KS D	명 칭	종 별	기 호	인장강도 kg/mm² (N/mm²)	용 도
3751	탄소공구강 (Carbon Tool Steels)	3종	STC 3	63 이상	탭, 나사절삭용, 다이스, 쇠톱날, 철공용 끌, 게이지, 태엽, 면도날
		4종	STC 4	61 이상	탭, 나사절삭용, 다이스, 쇠톱날, 철공용 끌, 면도날 목공용 띠톱, 펜촉
		5종	STC 5	59 이상	각인, 스냅, 태엽, 목공용 띠톱, 원형톱, 펜촉, 등사판줄, 톱날, 각인
		6종	STC 6	57 이상	각인, 스냅, 원형톱, 태엽, 우산대, 등사판줄
		7종	STC 7	56 이상	각인, 스냅, 프레스 형, 칼
3752	기계구조용 탄소강재 (Carbon Steel for Machine Structural Use)		SM 10 C	32이상(314 이상)	
			SM 12 C	38 이상(373 이상)	
			SM 15 C		
			SM 17 C	41 이상(402 이상)	
			SM 20 C		
			SM 22 C	45 이상(441 이상)	
			SM 25 C		
			SM 28 C	48 이상(471 이상)	
			SM 30 C		
			SM 33 C	52 이상(510 이상)	
			SM 35 C		
			SM 38 C	55 이상(539 이상)	
			SM 40 C		
			SM 43 C	58 이상(569 이상)	
			SM 45 C		
			SM 48 C	62 이상(608 이상)	
			SM 50 C		
			SM 53 C	66 이상(647 이상)	
			SM 55 C		
			SM 58 C	56 이상(647 이상)	
			SM 9 CK	40 이상(392 이상)	
			SM 15 CK	50 이상(450 이상)	
			SM 20 CK	55 이상(539 이상)	

KS D	명 칭	종 별		기 호	인장강도 kg/mm² (N/mm²)	용 도
3753	합금공구강 (Alloy Tool Steel)	절 삭 공구용	S 11종	STS 11	–	절삭 공구, 냉간 드로잉요 다이스
			S 2종	STS 2	–	탭, 드릴, 커터, 핵소우(Hack Saw)
			S 21종	STS 21	–	
			S 5종	STS 5		원형톱, 띠톱, 핵소우
			S 51종	STS 51	–	
			S 7종	STS 7		쇠톱
			S 8종	STS 8	–	줄
		내충격 공구용	S 4종	STS 8	–	끌, 펀치, 스냅
			S 41종	STS 41	–	
			S 43종	STS 43	–	착암기용 피스톤
			S 44종	STS 44	–	끌, 해딩 다이스
		주로냉간금형용	S 3종	STS 3		게이지, 탭, 다이스, 절단기, 칼날
			S 31종	STS 31		게이지, 칼날 프레스형틀
			S 93종	STS 93		게이지, 칼날 프레스형틀
			S 94종	STS 94		
			S 95종	STS 95		
			S 1종	STS 1	–	다이스, 분말 성형틀
			S 11종	STS 11	–	게이지, 휘밍다이 나사 전조롤러
			S 12종	STS 12	–	
		주로열간금형용	D 4종	STD 4	–	프레스형틀, 다이캐스팅용 다이, 압축다이스
			D 5종	STD 5	–	
			D 6종	STD 6	–	
			D 61종	STD 61	–	
			D 62종	STD 62		
			F 3종	STF 3	–	
			F 4종	STF 4	–	다이형틀, 프레스형틀
			F 7종	STF 7	–	
			F 8종	STF 8	–	프레스용 다이
4101	탄소강주강품 (Carbon Steel Casting)			SC 360	37 이상(360 이상)	전동기부품용
				SC 410	42 이상(410 이상)	일반구조용
				SC 450	46 이상(450 이상)	일반구조용
				SC 480	49 이상(480 이상)	일반구조용

KS D	명 칭	종 별	기 호	인장강도 kg/mm² (N/mm²)	용 도
4301	회주철품 (Gray Iron Casting)	1종	GC 100	10 이상	일반기계부품, 상수도 철관 난방용품
		2종	GC 150	15 이상	
		3종	GC 200	20 이상	약간의 경도를 요하는 부분
		4종	GC 250	25 이상	
		5종	GC 300	31 이상	실린더 헤드, 피스톤공작 기계부품
		6종	GC 350	36 이상	
4302	구상흑연 주 철 품 (Spheroidal graphite Iron Castings)	0종	GCD 370	37 이상(370 이상)	
		1종	GCD 400	37 이상(400 이상)	
		2종	GCD 450	42 이상(450 이상)	
		3종	GCD 500	50 이상(500 이상)	
		4종	GCD 600	60 이상(600 이상)	
		5종	GCD 700	70 이상(700 이상)	
		6종	GCD 800	80 이상(810 이상)	
4303	흑심가단 주 철 품 (Blackheart Malleable Iron Casting)	1종	BMC 270	28 이상(270 이상)	
		2종	BMC 310	32 이상(310 이상)	
		3종	BMC 340	35 이상(340 이상)	
		4종	BMC 360	37 이상(360 이상)	

KS D	명 칭	종 별		기 호	인장강도 kg/mm² (N/mm²)	용 도
4305	백심가단주철 (Whiteheat Malleable Iron Castings)	1종		VMC 330	32 이상(310 이상)	
		2종		VMC 370	36 이상(350 이상)	
		3종		VMC 440	45 이상(440 이상)	
		4종		VMC 490	50 이상(490 이상)	
		5종		VMC 540	55 이상(540 이상)	
5504	동판 (Copper Sheet and Plate)	1종	연 질	CuS 1−0	26 이하	전기와 열전도성이 좋고 전연성, 가공성, 내식성, 내루성이 요구된 곳. 전기부품, 증류기구 건축용, 화학 공업용 가스켓, 기물 등
			1/4 경질	CuS 1−1/4	22 이하	
			1/2 경질	CuS 1−1/2	25 이하	
			경 질	CuS 1−H	28 이하	
		2종	연 질	CuS 2−0	26 이하	
			1/4 경질	CuS 2−1/4	22 이하	
			1/2 경질	CuS 2−1/2	25 이하	
			경 질	CuS 2−H	28 이하	
6001	황동주물 (Brass Castings)	1종		YBsC 1	15 이상(147 이상)	플랜지, 전기 부속품, 전기부품, 일반기계부품 건축용 장식품, 일반기계부품, 전기부품
		2종		YBsC 2	20 이상(196 이상)	
		3종		YBsC 3	25 이상(245 이상)	
6002	청동주물 (Bronze Castings)	1종		BC 1	17 이상(167 이상)	유동성 피삭성이 좋다. 밸브, 주수기, 베어링 명판, 일반기계부품 등
		1종 C		BC 1 C	20 이상(196 이상)	
		2종		BC 2	25 이상(245 이상)	내압성, 내마모성, 내식성이 좋고, 또한 기계적 강도가 좋다. 베어링, 슬리브, 부시, 펌프몸체, 임펠러, 밸브, 기어, 절벽형 둥근창, 전동기어 부품 등
		2종 C		BC 2 C	28 이상(274 이상)	
		3종		BC 3	25 이상(245 이상)	내식성이 2종보다 약간 좋다, 베어링, 슬리브 부시, 펌프몸체, 임펠러, 밸브기어, 선박용 둥근창, 전동기기부품, 일반기계부품 등
		3종 C		BC 3 C	28 이상(274 이상)	
		6종		BC 6	20 이상(196 이상)	내압성, 내마모성, 피삭성이 좋다. 밸브 펌프몸체, 임펠러, 베어링, 슬리브, ,부시, 일반기계부품 등
		6종 C		BC 6 C	25 이상(245 이상)	
		7종		BC 7	22 이상(216 이상)	기계적 설질은 6종보다도 약간 좋다. 베어링, 소형펌프부품, 밸브, 연료펌프, 일반기계부품 등
		7종 C		BC 7 C	26 이상(255 이상)	

부록 2 재료기호

한국공업규격				일본공업규격	
규격번호	규격명	KS 기호	기호설명	JIS번호	JIS 기호
KSD 2301	형동	B−Tcu. C−Tcu	B−Billet, C−Cake, T−Tough Pitch	H 2123	B−Tuc. C−Tcu
KSD 2302	연 지금	Pb	Pb−Lead	H 2105	−
KSD 2304	알루미늄 지금	Al−Aluminium	Al− Aluminium	H 2102	−
KSD 2305	주석 지금	Sn	Sn−Tin	H 2108	−
KSD 2306	금속 크롬	Cr	Cr−Chromium	H 2313	Mcr
KSD 2307	니켈 지금	Ni	Ni−Nickel	H 2104	N
KSD 2308	은 지금	Ag	Ag−Silver	H 2141	−
KSD 2310	인동 지금	Pcu	P−Phosphor Cu−Copper	H 2501	Pcu
KSD 2312	금속 망간	M Mn E	M−Metal Mn− Mangnese E−Electric	H 2311	M Mn E
KSD 2313	금속 규소	MSi	M−Metal Si−Silicon	G 2312	MSn
KSD 2316	페로 티탄	FTiL	F−Ferro Ti−Titanium L−Low	G 2309	F TiH, F TiL
KSD 2320	주물용 황동 합금지금	BsIC	Bs−Brass. I−Ingot. C−Casting	G 2202	YBs CIn
KSD 2321	주물용 청동 합금지금	BrIC	B−Bronze I−Ingot C−Casting	G 2203	BCIn
KSD 2322	주물용 인청동 합금지금	PBrIC	P−Phosphor B−Bronze I−Ingot C−Casting	G 2204	PBCIn
KSD 2330	주물용 알루미늄 합금지금	AIC	Al−Aluminium C−Casting	G 2211	Cx V
KSD 2331	다이아캐스팅용 알루미늄 합금 및 알루미늄 재생 합금지금	AIDC	A−Aluminium I−Ingot D−Die C−Casing	G 2212	Dx V
KSD 2351	아연 지금	Zn	Zn−Zinc	G 2107	−
KSD 3501	열간 압연 연강판 및 강대	SHP	S−Steel H−Hat P−Plate	G 3131	SPHC, SPHD SPHE
KSD 3503	일반 구조용 압연 강재	SB	S−Steel B 보통(일반)	G 3101	SS
KSD 3504	철근콘크리트용 봉강	SBC	S−Steel B−ar C−Concrete	G 3112	SR. SD. SDC
KSD 3506	용융 아연 도금 강판 및 강대	SBHG	S−Steel B−보통 H−Hot G−Galvanized	G 3302	SPG
KSD 3507	배관용 탄소 강관	SPP, SPPW	S−Steel P− Pipe P−Piping W−Water	G 3452	SGP
KSD 3508	피복 아크 용접봉 심선재	SWRW	S−Steel W− Wire R−Rod W−Welding	G 3503	SWRY
KSD 3509	피아노 선재	PWR	P−Piano W−Wire R−Rod	G 3502	SWRS
KSD 3510	경간선	HSW	H−Hard S−Steel W−Wire	G 3521	SW
KSD 3511	재생 강재	SBR	S−Steel B−보토(일반) R−Rerolled	G 3111	SRB

한국공업규격				일본공업규격	
규격번호	규격명	KS 기호	기호설명	JIS번호	JIS 기호
KSD 3512	냉간압연 강판 및 강재	SBC	S−Steel B−보통(일반) C−Cold	G 3141	SPCC, SPCD SPCE
KSD 3515	용접구조용 압연 강재	SWS	S−Steel W−Welded S−Structure	G 3106	SM
KSD 3516	주석도금 강판 및 원판	ET, HD	E−Electric T−Tin H−Hot D−Dipped	G 3303	SPTE, SPTH

규격번호	규격명	KS 기호	기호설명	JIS번호	JIS 기호
KSD 3517	기계구조용 탄소 강관	STM	S−Steel T−Tube M−Machine	G 3445	STKM
KSD 3520	도장 용융 아연도금 강판 및 강대	SBPG	S−Steel B−보통(일반) P−Precoated G−Galvanized	G 3312	SCG
KSD 3521	압력 용기용 강판	SPPV	S−Steel P−Plate P−Pressure V−Vessel	G 3115	SPV
KSD 3522	고속도 공구강 강재	SKH	S−Steel K−공구 H−High Speed	G 4403	SKH
KSD 3523	중공강 강재	SKC	S−Steel K−공구 C−Chisel	G 4410	SKC
KSD 3525	고탄소 크롬 베어링강 강재	STB	ST−Stainless B−Bearing	G 4805	SUJ
KSD 3526	마봉강용 일반 강재	SGD	S−Steel G−General D−Drawn	G 3108	SGD
KSD 3527	철근콘크리트용 재생봉강	SBCR	S−Steel B−Bar C−Concrete R−Reinforcement	G 3117	SRR, SDR
KSD 3528	전기아연도금 강판 및 강대	SEHC, SECC SEHC, SEHD SECD, SECE	S−Steel E−Electrolytic H−Hot C−Commercial C−Cold D−Deep Drawn E Deep Drawn Extra	G 3313	SEHC, SECC SEHE, SEHD SECD, SECE
KSD 3530	일반 구조용 경량 형강	SBC	S−Steel B−보통(일반) C−Coldforming	G 3350	SSC
KSD 3532	내식 내열 초합금판	NCF	Consion−Resisting and Heat Resisting Super Alloy Sheets and plates	G 4901 G 4902	NCF
KSD 3533	고압가스용기용 강판 및 강대	SG	Steel Gas	G 3116	SG
KSD 3534	스프링용 스테인리스 강대	STSC	Stainless Steel Cold	G 4313	SUS
KSD 3535	스프링용 스테인리스 강선	STSC	Stainless Steel Cold	G 4314	SUS
KSD 3536	기계구조용 스테인리스강 강관	STST	Stainless Steel Tube	G 3446	SUS
KSD 3550	피복아크 용접봉 심선	SWW	S−Steel W−Wire W−Welding	G 3523	SWY
KSD 3552	철선	MSW	M−Mild S−Steel W−Wire	G 3532	SWH
KSD 3554	연강 선재	MSWR	M−Mild S−Steel W−Wire R−Rod	G 3505	SWRM
KSD 3555	강관용 열간 압연 탄소강 대	HRS	H−Hot R−Rolled S−Steel	G 3132	SPHT
KSD 3556	피아노선	PW	P−Piano B−보통(일반) V−Revet	G 3522	SWP
KSD 3557	리벳용 원형강	SBV	S−Steel B−보통 B−Boiler	G 3104	SV
KSD 3559	경강 선재	HSWR	H−Hard S−Steel W−Wire R−Rod	G 3506	SWRH
KSD 3560	보일러 및 압력용기용 탄소강 및 몰리브덴강 강판	SBB	S−Steel B−보통−B−Boiler	G 3103	SB
KSD 3561	마봉강	SB	S−Steel B−보통	G 3123	SS−B−D
KSD 3562	압력 배관용 탄소 강관	SPPS	S−Steel P−Pipe P−Pressure S−Service00	G 3454	STPG
KSD 3563	보일러 및 열교환기용 탄소 강관	STH	S−Steel T−tube H−Heat	G 3461	STB
KSD 3564	고압 배관용 탄소 강관	SPPH	S−Steel P−Pipe P−Pressure H−High	G 3455	STS
KSD 3565	상수도용 도복장 강관	STPW−A W−STPW−C	S−Steel T−Tube P−Pipe Water A−Aspalt C−Coaltar	G 3443	−

규격번호	규격명	KS 기호	기호설명	JIS번호	JIS 기호
KSD 3566	일반 구조용 탄소강관	SPS	S-Steel P-Pipe S-Structure	G 3444	STK
KSD 3568	일반 구조용 각형 강관	SPST	S-Steel P-Pipe S-Structure R-Rectangular	G 3466	STKR
KSD 3569	저온 배관용 탄소강관	SPLT	S-Steel P-Pipe L-Low T-Temperature	G 3460	STPL
KSD 3570	고온 배관용 강관	SPHT	S-Steel P-Pipe H-High T-Temperature	G 3456	STPT
KSD 3571	저온 열교환기용 강관	STLT	S-Steel T-Tube L-Low T-Temperature	G 3464	STBC
KSD 3572	보일러 열교환기용 합금강 강관	STHA	S-Steel T-Tube H-Heat A-Alloy	G 3462	STBA
KSD 3573	배관용 합금강 강관	SPA	S-Steel Pipe A-Alloy	G 3458	STPA
KSD 3574	기계구조용 합금강 강관	SRA	S-Steel T-Tube A-Alloy	G 3441	STKS
KSD 3575	고압가스 용기용 이음매 없는 강관	STHG	S-Steel T-Tube H-High G-Gas	G 3429	STH
KSD 3576	배관용 스테인리스 강관	STSxT	S-Steel T-Tube S-Stainless	G 3459	SUSTP
KSD 3577	보일러 열교환기용 스테인리스 강관	STSxTB	ST-Stainless ST-Steel T-Tubr	G 3463	SUScTB
KSD 3579	스프링용 오일 템퍼선	SWO	S-Spring W-Wire O-Oil	G 3560	SWO
KSD 3580	밸브 스프링용 오일 템퍼선	SWO-V	S-Spring W-Wire O-Oil V-Valve	G 3561	SWO-V
KSD 3581	밸브 스프링용 크롬 바나듐강 오일 템퍼선	SWOCV-V	S-Spring W-Wire O-Oil C-Chromium V-Vanadium V-Valve	G 3565	SWDCV-V
KSD 3582	밸브 스프링용 실리콘 크롬강 오일 템퍼선	SWOSC-V	S-Spring W-Wire O-Oil S-Silicon C-Chromium V-Valve	G 3566	SWOSC-V
KSD 3583	배관용 아크용접 탄소강 강관	SPW	S-Steel P-Pipe W-Welding	G 3457	STPY
KSD 3597	냉간 압조용 스테인리스 강선	STSW	Cold Rolled Stainless Steel Sheet and Wire	G 4315	SUS
KSD 3598	냉간 압연 스테인리스 강판 및 강대	STSP	Cold Rolled Stainless Steel Sheet and Plate	G 4305	SUS
KSD 3701	스프링강재	SPS	SP-Stainless S-Steel	G 4801	SUP
KSD 3702	스테인리스 강선재	SRSxWR	ST-Stainless S-Steel W-Wire R-Rod	G 4308	SUS
KSD 3703	스테인리스 강선	STScWSWH	ST-Stainless S-Steel W-Wire S-Soft H-Hard	G 4309	SUB
KSD 3705	열간압연스태인리스 강판 및 강대	STSxHP	ST-Stainless S-Steel H-Hot P-Plate	G 4306	SUS
KSD 3706	스테인리스 강봉	STScB	ST-Stainless S-Steel B-Bar	G 4303	SUS
KSD 3707	크롬강재	SCr	S-Steel Cr-Chromium	G 4104	SCR

규격번호	규격명	KS 기호	기호설명	JIS번호	JIS 기호
KSD 3708	니켈 크롬강 강재	SNC	S-Steel N-Nickel C-Chromium	G 4102	SNC
KSD 3709	니켈 크롬 몰리브덴 강재	SNCM	S-Steel N-Nickel C-Chromium M-Molybdenum	G 4103	SNCM
KSD 3710	탄소강 단강품	SF	S-Steel F-Forging	G 3201	SF
KSD 3711	크롬 몰리브덴강 강재	SCM	S-Steel C-Chromium M-Molybdenum	G 4105	SCM
KSD 3712	페로 망간	FMn	F-Ferro Mn-Manganese	G 2301	FMn
KSD 3713	페로 실리콘	FSi	F-Ferro Si-Silicon	G 2302	FSi
KSD 3714	페로 크롬	FCr	F-Ferro Cr-Chromium	G 2303	FCr
KSD 3715	페로 텅스텐	FW	F-Ferro W-Wolfram (Tungsten)	G 2306	FW
KSD 3716	페로 몰리브덴	FMO	F-Ferro M-Molybdenum	G 2307	FMo
KSD 3717	실리콘 망간	SiMn	Si-Silicon Mn-Manganese	G 2304	SiMn
KSD 3731	내열강봉	STR	Stainless Steel for Heat Resisting Steel	G 4311	SUH
KSD 3732	내열강판	STR	Stainless Steel for Heat Resisting Steel	G 4312	SUH
KSD 3751	탄소 공구 강재	STC	S-Steel T-Tool C-Carbon	G 4401	SK
KSD 3752	기계 구조용 탄소 강재	SM	S-Steel M-Machine	G 4051	SxC
KSD 3753	합금 공구 강재	STS	S-Steel T-Tool S-Special	G 4404	SKS, SKD, SKT
KSD 3802	무방향성 정전강판 및 강대	SRxC	S-Steel E-Electric C-Cold	G 2252	Sx
KSD 4101	탄소 주강품	SC	S-Steel C-Casting	G 5101	SC
KSD 4102	구조용고장력 탄소강 및 저합금강 주강품	HSC	H-High S-Steel C- Casting	G 5111	SSC, SCMn SCCrMO
KSD 4103	스테인리스 주강품	SSC	S-Stainless C-Casting	G 5121	SCS
KSD 1404	고망간강 주강품	HMnSC	H-High Mn-Manganese S-Steel C-Casting	G 5131	SCMnH
KSD 4105	내열강 주강품	HRSC	H-Heat R-Resistant S-Steel C-Casting	G 5122	SCH
KSD 4106	용접 구조용 주강품	SCW	S-Steel C-Casting W-Welded	G 5102	SCW
KSD 4301	회 주철품	GC	G-Gray C-Casting	G 5501	FC
KSD 4302	구상흑연 주철품	DC	D-Ductile C-Casting	G 5502	FCD
KSD 4303	흑심가단 주철품	BMC	B-Black M-Malleable C-Casting	G 5702	FCMB
KSD 4304	펄라이트 가단 주철품	PMC	P-Pearlite M-Malleable C-Casting	G 5704	FCMP

규격번호	규격명	KS 기호	기호설명	JIS번호	JIS 기호
KSD 4305	백심가단 주철품	WMC	W-White M-Malleable C-Casting	G 5703	FCMW

규격번호	규격명	KS 기호	기호설명	JIS번호	JIS 기호
KSD 5501	이음매없는 타프피치 동관	TCuP	T－Touph Pitch Cu－Copper Pipe	H 3606	TCuT
KSD 5502	타프피치 동봉	TCuBE TCuBD	T－Touphpitch Cu－Copper B－Bar E－Extruded D－Drawing	H 3405	TCuBE TCuBD
KSD 5503	쾌삭 황동본	MBsBE MBsBD	M－Machinable, Bs－Brass B－Bar E－Extruded D－Drawing	H 3422	BsBMD BsBME
KSD 5504	타프피치 동판	TCuS	T－Touch Pitch Cu－Copper S－Sheet	H 3103	TCuP
KSD 5505	황동판	BsS	Bs－Brass S－Sheet	H 3201	BsP
KSD 5506	인청동 및 양백판 및 조	PBS, PBT	P－Phospor B－Bronze S－Sheet T－Tape	H 3731	PBP, PBR
KSD 5507	단조용 황동봉	FBsBE, FBsBD	F－Forging Bs－Bronze B－Bar E－Extruded D－Drawing	H 3423	BsBFE, BsBFD
KSD 5508	스프링용 인청동판 및 조	PBSS PBTS	P－Phosphor B－Bronze S－Sheet S－Spring T－Tape	H 3732	PBSP SRPB
KSD 5509	악기 리이드용 황동판	BsMR	Bs－Brass M－Musical R－Reed	H 3207	BsPV
KSD 5510	이음매없는 황동판	BsSTX, BsS TxS	B－Brass S－Seamless T－Tube S－Special	H 3631	BsT
KSD 5511	인쇄용 동판	CuSP	Cu－Copper S－Sheet P－Prining	H 3102	CuPP
KSD 5512	납 및 납합금판	PbS	Pb－Lead S－Sheet	H 4301	PbP
KSD 5513	황동조	BsT	Bs－Brass T－Tape	H 3321	BsR
KSD 5514	함연 황동조	PbBsT	Pb－Lead Bs－Brass T－Tape	H 3322	PbBsR
KSD 5515	아연판	ZnP	Zn－Zinc P－Plate	H 4321	－
KSD 5516	인청 동봉	PBR	Pb－Lead Bs－Brass R－Rod	H 3741	PBB, R
KSD 5517	타프피치 동조	CuT	Cu－Copper T－Tape	H 3304	TCuR
KSD 5518	인청 동선	PBW	P－Phosphor B－Bronze W－Wire	H 3751	PEW
KSD 5520	고강도 황봉봉	HBsRE HBsRD	H－High Bs－Brass R－Rod E－Extruded D－Drawing	H 3425	HBsBD, HBsBE
KSD 5521	특수 알루미늄 청동봉	ABRF, ABRE, ABRD	A－Aluminium B－Bronze R－Rod F－Forging E－Extruded D－Drawing	H 3441	ABBD, ABBE, ABBF
KSD 5522	이음매없는 인탈산 동관	DCuP, DCuPs	D－Deoxidized Cu－Copper P－Pipe S－Special	H 3603	DVuT
KSD 5523	인탈산 동판	DCuS	D－Deoxidized Cu－Copper S－Sheet	H 3104	DCuP
KSD 5524	네이벌 황동봉	NBsBE, NBsBD	N－Naval Bs－Brass B－Bar E－Extruded D－Drawing	H 3424	NBsBD NBsBE
KSD 5525	이음매 없는 단동관	RBsPxE	R－Red Bs－Brass P－Pipe S－Special	H 3641	RBsT

규격번호	규격명	KS 기호	기호설명	JIS번호	JIS 기호
KSD 5526	백동관	NCuS	N−Nickel Cu−Copper S−Sheet	H 3251	GNP
KSD 5527	이음매없는 제지로울용 황동관	BsPp	Bs−Brass P−Paper	H 3634	BsPPp
KSD 5528	네이벌 황동판	NBsS	N−Naval Bs−Brass S−Sheet	H 3203	NBsP
KSD 5529	황동봉	BsBD, BsBE	Bs−Brass B−Bar d−Drawing E−Extrusion	H 3426	BsBD, BsBE
KSD 5530	동 버스바	CuBB	Cu−Copper B−Bus B−Bar	H 3361	CuBB
KSD 5531	뇌관용 동조	CuTD	Cu−Copper T−Tape D−Detonator	H 3302	CuRD
KSD 5532	베리륨 · 동 합금판 및 조	BeCuS, BeCuT	Be−Beryllium Cu−Copper S−Sheet T−Tape	H 3801 H 3801	BeCuP BeBuR
KSD 5533	베리륨 · 동합금봉	BeCuB	Be−Beryllium Cu−Copper B−Bar	H 3802	BeBuB
KSD 5534	베리륨 · 동합금선	BeCuW	Be−Beryllium Cu−Copper W−Wire	H 3803	BeCuW
KSD 5535	단동선	RBsW	R−Red Bs−Brass W−Wire	H 3551	RBsW
KSD 5536	특수알루미늄 철동판	ABS	A−Al B−Bronze S−Sheet	H 3208	ABP
KSD 5537	이음매없는 복수기용 황동관	BsPF	Bs−Brass P−Pipe F−(복수기)	H 3632	BsBT
KSD 5538	이음매없는 규소 청동관	SiBP	Si−Silicon B−Bronze P−Pipe	H 3651	SiBT
KSD 5539	이음매없는 니켈동합금관	NCuP	N−Nickel Cu−Copper P−Pipe	H 3661	NCuT
KSD 5540	조명 및 전자기기용 몰리브덴선	VMW	V−Vacuum Molybdenum W−Wire	H 4481	VNW
KSD 5545	동 및 동합금 용접관	BsPW	Bs−Brass P−Pipe W−Welding	H 3671	BsTW
KSD 5551	함연 황동선	PbBsW	Pb−Lead Bs−Brass W−Wire	H −	−
KSD 5552	함연 황동판	PbBsS	Pb−Lead Bs−Brass S−Sheet	H 3202	PbBsP
KSD 5553	타프피치 동선	CuW	Cu−Copper W−Wire	H 3504	TCuW
KSD 5554	황동선	BsW	Bs−Brass W−Wire	H 3521	BsW
KSD 5555	양백선	NSW	N−Nickel S−Silver W−Wire	H 3721	NSW
KSD 6001	황동 주물	BsC	Bs−Brass C−Casting	H 5101	YBsC
KSD 6002	청동 주물	BrC	Br−Bronze C−Casting	H 5111	BC
KSD 6003	화이트 메탈	WM	W−White M−Metal	H 5401	WJ
KSD 6004	베어링용 동연 합금주물	KM	K−Kelment M−Metal	H 5403	KJ
KSD 6005	아연합금 다이캐스팅	ZnDC	Zn−Zinc D−Die C−Casting	H 5301	ZDC
KSD 6006	알루미늄 합금 다이캐스팅	AlDC	Al−Aluminium D−Die C−Casting	H 5302	ADC
KSD 6007	고강도 황동 주물	HBsC	H−High Bs−Brass C−Casting	H 5102	HBsC
KSD 6008	알루미늄 합금 주물	ACxA	A−Aluminium C−Casting A−Alloy	H 5202	AC
KSD 6610	인청동 주물	PBC	P−Phosphor B−Bronze C−Casting	H 5113	PBC
KSD 6011	연입 청동 주물	PbBrC	Pb−Lead Br−Bronze C−Casting	H 5115	LBC

규격번호	규격명	KS 기호	기호설명	JIS번호	JIS 기호
KSD 6013	초경 합금	SGL	S−Special G−General D−Drawing	H 5501	SGD
KSD 6014	실리콘 청동 주물	SzBrC	Sz−Siluzin Br−Bronze C−Casting	H 5112	SzBC
KSD 6701	알루미늄 및 알루미늄 합금의 판 및 조	Axxxx S.R.C	A−Aluminium S−Sheet R−Ribbon C−Clad	H 4000	Axxxx P, R, E, PC
KSD 6702	일반 공업용 납 및 납 합금판	PbP	Pb−Lead P−Pipe	H 4311	PbT
KSD 6703	수도용 연관	PbPW	Pb− Lead P−Pipe W−Water	H 4312	PbTW
KSD 6705	알루미늄 및 알루미늄 합금 박	AIF	Al−Aluminium F−Foil	H 4191	AIH
KSD 6706	고순도 알루미늄 박	AIFS	Al−Aluminium F−Foil S−Special	H 4192	AOH
KSD 6713	알루미늄 및 알루미늄 합판 용접판	Axxxx	Al−Aluminium T−Tube W−Welded	H 4090	AxxxxTE, TDTES, TDS
KSD 6759	알루미늄 및 알루미늄 합금 압출형재	TW	Al−Aluminium E−Extruded	H 4100	Axxxx, S, SS
KSD 6761	이음매없는 알루미늄 및 알루미늄 합금판	AxxxxPE, PD	A−Aluminium P−Pipe E−Extruded D−Drawing	H 4080	AxxxxTE, TDTES, TDS
KSD 6762	알루미늄 및 알루미늄 합금의 판 및 판의 도체	AELS	Al−Aluminium E−Electric C−Conductor S−Shapd	H 4180	AxxxxPB SBSBC, TBS SBSCTB
KSD 6763	알루미늄 및 알루미늄 합금봉 및 선	AxxxxBE, BDBES, BDS	A−Al B−Bar E−Extrusion D−Drawing S−Special	H 4040	AxxxxBE, BD BES, BDS
KSD 6770	알루미늄 및 알루미늄 합금 단조품	AxxxFD, FH	Al−Aluminium F−Forging D−Die H−Hand	H 4140	AxxxxFD, FH
KSD 7002	PC 강선 및 PC 강연선	SWPC	S−Steel W−Wire P−Prestressed	H 3536	SWPR, SWPD
KSD 7009	PC 경강선	PWHD SWHR	S−Steel W−Wire H−Hard D−Deformed R−Round	H 3538	SWCR, SWCD
KSD 8302	니켈 및 니켈−크롬 도금	SN	S−Steel N−Nickel	H 8612	FNM, FGM
KSD 8303	알루미늄 및 알루미늄 합금의 양극 산화 도장 복합 피막	BN	B−Brass or B−Bronze N−Nickel	H 8613	BNM, BGM
KSD 8304	전기아연 도금	ZP, ZPC	Z−Zinc P−Plating C−Chromat	H 8610	ZM. ZMC
KSD 8308	응용 아연 도금	ZHD	Z−Zinc H−Hot D−Dipped	H 8641	HDZ
KSD 8309	용융 알루미늄 도금	AD	Al−Aluminium D−Dipped	H 8642	HDA
KSD 8320	알루미늄 용사	AS, ASP ASS, ASD	Al−Aluminium, S−Spray, P−Primer, S−Sealing D−Diffusion	H 8301	AS, ASP, ASS, ASD
KSD 8322	아연용사	ZnS	Zn−Zinc S−Spray	H 8300	ZS, ZSP
KSD 9005	포장용 대강	SSP	S−Steel S−Strip P−Packing	H 3141	SPCC, SPCD SPCE

규격번호	규격명	KS 기호	기호설명	JIS번호	JIS 기호
KSC 2503	전자 연철봉	SUYB	S−Steel U−Use Y−Yoke B−Bar	C 2503	SUYB
KSC 2504	전자 연철판	SUYP	S−Steel U−Use Y−Yoke P−Plate	C 2504	SUYP
KSC 2505	영구자석용 재료	Mc, Su	M−Magnet C−Casting	C2502	ME. MC. MP

참고문헌

1. 기계제도, 조선휘, 문운당
2. 기계제도, 이종원, 청문각
3. 기계제도와 CAD, 임진화, 보성각
4. 기계제도 : KS표준, 성환태, 형설출판
5. 건축설비설계도, 신치웅, 세진사
6. 건축설비제도, 정기범, 보성각
7. 최신건축설비제도, 최명찬, 기문당
8. 환경제도와 CAD, 방기웅, 동화기술
9. 배관(1, 2, 3), 노동부, 한국산업인력관리공단

건축설비설계

정가 19,000원

저　자 : 안교철
발행인 : 문형진

2009년 2월 20일 발행

발행처 도서출판 세 진 사
136-087 서울특별시 성북구 보문동 7가 112-8 (세진빌딩)
TEL : 922-6371~3, 923-3422 · 7224 / FAX : 927-2462
〈1976. 9. 21 / 등록 · 서울 제6-28호 / 등록번호〉

※ 파본은 구입하신 서점에서 교환해 드립니다.

http : //www.sejinbook.com
E-mail : sejinbook@hanmail.net